[항공정비사]
머리에 쏙쏙
항공법규

손형수 · 윤광수 공저

도서출판 세화

목차

항공법규 해설 및 기출문제 풀이

제1편 국제법, 사고조사관련 법 — 5

- 제1장 국제민간항공협약 — 6
- 제2장 국제항공운송협회 — 10
- 제3장 항공/철도 사고조사에 관한 법률 — 11

제2편 항공안전법 — 17

- 제1장 총칙 — 18
- 제2장 항공기 등록 — 35
- 제3장 항공기기술기준 및 형식증명 등 — 51
- 제4장 항공종사자 등 — 81
- 제5장 항공기의 운항 — 97
- 제6장 공역 및 항공교통업무 등 — 143
- 제7장 항공사업자 등에 대한 안전관리 — 154
- 제8장 외국항공기 — 163
- 제9장 경량항공기 — 167
- 제10장 초경량비행장치 — 174
- 제11장 보칙 — 182
- 제12장 벌칙 — 190

제3편 공항시설법 — 199

- 제1장 총칙 — 200
- 제2장 공항 및 비행장의 개발 — 203

제3장	공항 및 비행장의 관리·운영	208
제4장	항행안전시설	217
제5장	보칙	218

제4편 항공사업법   233

제1장	총칙	234
제2장	항공운송사업	239
제3장	항공기사용사업 등 항공관련사업	246
제4장	외국인 국제항공운송사업	251
제5장	항공교통이용자 보호	253

부록

항공·철도 사고조사에 관한 법률	260
국제항공법	272
국제민간항공협약	281

제1편

국제법, 사고조사관련 법

1. 국제민간항공협약(Convention International Civil Aviation. '시카고협약')
2. 국제항공운송협회(IATA International Air Transport Association)
3. 항공/철도 사고조사에 관한 법률
+ 제1편 기출문제 풀이

제1장 국제법, 사고조사관련 법
국제민간항공협약
(Convention International Civil Aviation. '시카고협약')

발달

(1) 1944.11.1. 시카고 국제회의에서 민간항공운영을 위한 기본조약 채택, 52개국 체결
(2) 1944.12.7. 국제민간항공회의에서 국제민간항공협약의 제정, 국제민간항공기구 설치 제안, 항공의 자유 확립 문제 협의
(3) 1945. 6.6. 잠정적으로 국제민간항공기구가 발족
(4) 1947. 4.4. 국제민간항공협약 발효되어 1947.10. 국제기구로 정식 창설

목적

국제민간항공이 안전하고 정연하게 발달하도록 국제항공운송업체가 기회균등주의를 기초로 하여 확립되어서 건전하고 또 경제적으로 운영 되도록 하게 하기 위하여 일정한 원칙과 작정에 대한 의견이 일치하여, 이에 본 협약을 결정한다.

국제민간항공협약의 구성 총 4부 22장 96조, 19개 부속서

(1) Part 1 : 영공과 관련된 주권, 정기항공 인가, 항공규칙, 세관, 등록, 사고조사 등
(2) Part 2 : 국제민간항공기구의 조직과 임무
(3) Part 3 : 국제항공운송, 항공로 및 공항의 지정
(4) Part 4 : 기타 항공협정
(5) 19개 부속서 : 1년에 약 300여 개 변경(표준, 권고, 선택)되며, 국내법에 적용
　① Annex1　항공종사자 자격증명　　② Annex2　항공규칙
　③ Annex3　국제항행을 위한 기상서비스　④ Annex4　항공지도
　⑤ Annex5　공중 및 지상운항도표 측정단위　⑥ Annex6　항공기 운항

⑦ Annex7 항공기 국적과 등록부호
⑧ Annex8 항공기 감항성
⑨ Annex9 출입국절차 간소화
⑩ Annex10 항공통신
⑪ Annex11 항공관제서비스
⑫ Annex12 수색 및 구조
⑬ Annex13 항공기 사고 및 준사고조사
⑭ Annex14 공항
⑮ Annex15 항공정보서비스
⑯ Annex16 환경보호
⑰ Annex17 보안 : 위해로부터 민간항공 보호
⑱ Annex18 위험물 항공안전수송
⑲ Annex19 안전관리

국내항공법규

시카고협약 및 부속서에서 정한 표준 및 권고방식에 따라 국내항공법규를 제정하여 운영

(1) 표준(Standards) : 필수적인(necessary) 기준으로 체약국에서 정한 기준이 '표준'과 다를 경우, 체약국은 ICAO에 즉시 통보

(2) 권고방식(Recommended Practices) : 준수하는 것이 바람직한(desirable) 기준으로 체약국에서 정한 기준이 '권고방식'과 다를 경우, 체약국은 ICAO에 차이점을 통보할 것이 요청됨

국제민간항공협약의 주요원칙

(1) 에어 카보타지(Air Cabotage 국내운송) 금지 원칙(협약 제7조)
제3국 항공기가 유상으로 자국내에서 여객/화물 운송사업을 금지할 수 있도록 규정(국내수송은 자국항공기만 운항)

(2) 하늘의 자유(Freedoms of the air) : 국제항공운송을 위한 하늘의 자유를 규정
① 제1의 자유 : 영공통과의 자유(타국의 영공을 무착륙으로 횡단할 수 있는 자유)
② 제2의 자유 : 운송 목적 외에 기술적인 이유로 착륙할 수 있는 자유
(급유, 정비, 승무원 교체 등 기술상의 목적으로 착륙)
③ 제3의 자유 : 자국에서 승객, 화물을 싣고 상대국에 수송할 수 있는 자유
④ 제4의 자유 : 상대국에서 승객, 화물을 싣고 자국으로 수송할 수 있는 자유
⑤ 제5의 자유 : 상대국과 제3국간 승객, 화물을 수송할 수 있는 자유
⑥ 제6의 자유 : 상대국과 제3국간 자국을 경유하여 승객, 화물을 수송할 수 있는 자유
⑦ 제7의 자유 : 자국을 벗어나 상대국과 제3국만 왕래하면서 승객, 화물을 수송할 수 있는 자유
⑧ 제8의 자유 : 자국을 출발하여 상대국 국내지점간 승객, 화물을 수송할 수 있는 자유
⑨ 제9의 자유 : 상대국 내에서 국내지점간 승객, 화물을 수송할 수 있는 자유

(3) 민간항공기에만 적용, 국가 항공기는 제외(협약 제3조)
① 국가 항공기라 함은 군용기, 세관용 항공기, 경찰용 항공기
② 국가 항공기는 타국의 영역의 상공을 비행하거나 또는 그 영역에 착륙하여서는 아니 된다.
③ 자국의 국가 항공기에 관한 규칙을 제정하는 때에는 민간항공기의 항행의 안전을 위하여 타당한 고려를 할 것을 약속한다.

(4) 항공기에 휴대해야 할 서류(협약 제29조)
① 등록증명서 : 국적 및 등록기호, 항공기 형식, 제조사, 제조번호, 등록인의 주소, 성명 등 기재
② 감항증명서 : 기술적 안전기준에 적합하다는 증명
③ 각 승무원의 유효한 면장
④ 항공일지 : 항공기의 사용, 정비, 개조에 관한 기록부
⑤ 무선기를 장비할 때에는 항공기국의 면허장
⑥ 여객을 운송할 때에는 그 성명, 탑승지 및 목적지의 기록표 : 탑승지, 목적지를 좌석 등급별로 정리
⑦ 화물을 운송할 때에는 화물의 목록 및 세목 신고서 : 적하물의 내용, 중량, 적재지 및 적하지별 정리

(5) 사고조사(협약 제26조)
① "체약국의 항공기가 다른 체약국 영역 내에서 사고를 일으켰을 경우, 그 사고가 발생한 나라는 자국의 법률이 허용하는 한도 내에서 국제민간항공기구가 권고하는 수속에 따라 사고의 사정을 조사하여야 할 의무를 갖는다"라고 규정하고 있음
② 사고 항공기의 등록국에는 조사에 참석할 입회인을 파견할 기회를 주도록 하여야 하며, 항공기 등록국에는 조사한 사항을 보고하여야 한다.

국제민간항공기구(International Civil Aviation Organization)

(1) ICAO 본부 위치 : 캐나다 퀘백주 몬트리올

(2) 설립목적
① 국제민간항공의 안전하고 정연한 발전을 보장
② 평화적 목적을 위한 항공기 설계와 운송기술 장려
③ 국제민간항공을 위한 항공로, 공항 및 항공시설 발전을 촉진
④ 안전하고 정확하며 능률적이고 경제적인 항공운송
⑤ 불합리한 경쟁으로 발생하는 경제적 낭비방지
⑥ 체약국이 국제항공기업을 운영할 수 있는 공정한 기회 보장

⑦ 체약국간에 차별대우를 피한다
⑧ 국제항공에 있어서의 비행의 안전을 증진
⑨ 국제민간항공의 모든 부분의 전반적 발전 촉진

항공보안 및 항공범죄 관련 주요 국제 항공 조약

(1) 1963, 동경 협약 : 항공기 내에서 행한 범죄 및 기타 행위에 관한 협약

(2) 1970, 헤이그 협약 : 항공기의 불법 납치 억제를 위한 협약

(3) 1971, 몬트리올 협약 : 민간항공의 안전에 대한 불법적 행위의 억제를 위한 협약

(4) 1988, 몬트리올 의정서 : 국제민간항공의 공항에서의 불법적 행위방지에 관한 의정서

(5) 1991, 플라스틱 폭발물 표지협약 : 탐색목적의 플라스틱 폭발물의 표지에 관한 협약

(6) 2010, 북경협약 : 국제민간항공에 관한 불법행위 억제를 위한 협약

(7) 2010, 북경의정서 : 항공기의 불법 납치 억제를 위한 협약 보충의정서

(8) 2014, 몬트리올 의정서 : 항공기의 불법 납치 억제를 위한 협약 보충의정서

(9) 1944, 시카고 협약 : 국제민간항공협약 부속서 17 항공보안

제2장 국제법, 사고조사관련 법
국제항공운송협회
(IATA, International Air Transport Association)

발달

(1) IATA는 1919년 설립된 국제항공수송협회를 계승하여 1945. 4.19 쿠바의 아바나에서 조직이 구성

(2) 제2차 대전 후 항공수송이 비약적으로 발전함에 따라 여러 가지 문제에 대처하고, 국제항공운송사업에 종사하는 항공회사 간의 협조강화를 목적으로 설립(회원 – ICAO 가맹국 항공기업)

설립 목적

(1) 세계인류의 이익을 위해 안전하고 정기적이며 또한 경제적인 항공운송의 발달을 촉진함과 동시에 제반 문제의 연구

(2) 국제민간항공의 협력기관으로서 항공기업 간의 협력 도모

(3) ICAO 및 기타 국제기구와 협력 도모

제3장 항공/철도 사고조사에 관한 법률

국제법, 사고조사관련 법

※ 국제 민간항공의 질서와 발전에 있어서 가장 기본이 되는 국제조약, 대표적인 국제 항공법

사고조사위원회

(1) 항공/철도사고 등의 원인규명과 예방을 위한 사고조사를 독립적으로 수행하며, 국토교통부에 항공·철도사고조사위원회를 둔다.

(2) 국토교통부장관은 사고조사에 대해서는 관여하지 못함

위원회 구성과 임무

(1) **구성** : 위원장 1인 포함 12명 이내의 위원으로 구성, 위원 임기 3년(연임 가능)

(2) **결격사유**
  ① 심신장애로 인하여 직무를 수행할 수 없다고 인정되는 경우
  ② 직무상의 의무를 위반하여 위원으로서의 직무수행이 부적당하게 된 경우

(3) **임무**
  ① 사고조사
  ② 사고조사 보고서의 작성·의결 및 공표
  ③ 안전권고
  ④ 사고조사에 필요한 조사·연구
  ⑤ 사고조사 관련 연구·교육기관의 지정
  ⑥ 그 밖에 항공사고조사에 관하여 규정하고 있는 「국제민간항공조약」 및 동 조약부속서에서 정한 사항

사고조사 방해의 죄

3년 이하의 징역 또는 3천만원 이하의 벌금

(1) 규정을 위반하여 항공·철도사고 등에 관하여 보고를 하지 아니하거나 허위로 보고를 한 자 또는 정당한 사유없이 자료의 제출을 거부 또는 방해한 자

(2) 규정을 위반하여 사고현장 및 그 밖에 필요하다고 인정되는 장소의 출입 또는 관계 물건의 검사를 거부 또는 방해한 자

(3) 규정을 위반하여 관계 물건의 보존·제출 및 유치를 거부 또는 방해한 자

(4) 규정을 위반하여 관계 물건을 정당한 사유 없이 보존하지 아니하거나 이를 이동·변경 또는 훼손시킨 자

제1편 국제법, 사고조사관련 법
기출문제풀이

01 기술착륙의 자유란?

① 제1의 자유 ② 제2의 자유
③ 제3의 자유 ④ 제5의 자유

02 워싱턴에서 여객 및 화물을 적재하여 자국인 우리나라로 비행하여 하기하는 자유는?

① 제2의 자유 ② 제3의 자유
③ 제4의 자유 ④ 제5의 자유

03 ICAO의 소재지는?

① 캐나다 몬트리올
② 스위스 제네바
③ 미국 시카고
④ 프랑스 파리

04 국제항공에 종사하는 체약국의 모든 민간항공기가 휴대하여야할 서류가 아닌 것은?

① 등록증명서
② 감항증명서
③ 항공일지
④ 형식증명서

05 국제민간항공기구(ICAO)에 관한 설명 중 틀린 것은?

① 1944년 시카고 국제민간항공회의 의제로서 국제민간항공기구의 설립이 제안되었다.
② 1946년 "국제민간항공에 관한 잠정적 협정"에 의거 정식으로 설립되었다.
③ 국제민간항공기구의 소재지는 캐나다 몬트리올이다.
④ 국제민간항공기구는 국제민간항공의 안전 및 건전한 발전의 확보를 목적으로 한다.

06 국제민간항공협약(시카고조약)에 대한 설명으로 틀린 것은?

① 1947년 발효되었다.
② 완전한 상공의 자유를 확립하였다.
③ 완전하고 배타적인 주권을 인정하고 있다.
④ 국제민간항공협약을 보완하는 협정으로 국제항공업무통과협정 등이 있다.

07 항공기 사고에 관한 조사, 보고, 통지 등의 기준을 정하고 있는 국제민간항공협약 부속서는?

① 부속서 13 ② 부속서 14
③ 부속서 15 ④ 부속서 16

[정답] 01 ② 02 ③ 03 ① 04 ④ 05 ② 06 ② 07 ①

08 항공종사자의 면허에 관한 국제민간항공협약 부속서는?

① 제1부속서　　② 제7부속서
③ 제8부속서　　④ 제13부속서

09 다음 중 항공기 소음에 관한 국제민간항공협약 부속서는?

① 부속서 8　　② 부속서 12
③ 부속서 16　　④ 부속서 18

10 국제민간항공협약 부속서는 몇 개의 부속서로 되어 있는가?

① 13개　　② 16개
③ 19개　　④ 21개

11 체약국의 항공기에 사고가 발생했을 경우 사고조사의 책임은 어디에 있는가?

① 항공기 제작국
② 사고가 발생한 국가
③ 국제민간항공기구(ICAO)
④ 항공기 등록국

12 다음 중에서 옳은 것은?

① ICAO 회원국의 군용기는 무해항공의 자유를 인정한다.
② 정기 국제항공업무에 종사하는 ICAO 회원국의 항공기는 상호 간에 있어서 기술착륙의 자유를 인정하고 있다.
③ 정기 국제항공업무에 종사하는 ICAO 회원국 항공기는 상호 간에 있어 여객, 화물을 사전에 허가없이 운반하는 자유를 인정한다.
④ ICAO 회원국의 군용기는 특별협정에 의해서만 상대국의 영역 내에 착륙할 수 있다.

13 국제민간항공협약에서 규정한 국가항공기가 아닌 것은?

① 군 항공기　　② 산림청 항공기
③ 세관 항공기　　④ 경찰 항공기

14 국제항공운송협회(IATA)의 설립 목적과 관계 없는 것은?

① 안전하고 정기적이며 또한 경제적인 항공운송의 발달 촉진
② 국제항공 운송기술의 증진
③ 국제민간 항공운송에 종사하고 있는 항공기업 간의 협력을 위한 수단 제공
④ 국제민간항공기구(ICAO) 및 기타 국제기구와 협력 도모

15 국제항공운송협회(IATA)의 설립목적이 아닌 것은?

① 국제항공사업 기회 균등 보장
② 국제민간항공기구 협력
③ 안전한 항공운항 발달 촉진
④ 국제민간항공 및 기타 국제기관 협력

[정답] 08 ① 09 ③ 10 ③ 11 ② 12 ④ 13 ② 14 ② 15 ①

16 국제항공운송협회(IATA)의 설립 목적과 관계 없는 것은?

① 안전한 항공운송의 발달 촉진
② 각 체약국간 이득 적정 분배
③ 국제기관과의 협력 도모
④ 항공기업 간의 협력

17 국제항공운송협회(IATA)의 목적과 관계없는 것은?

① 안전한 항공운송의 발달 촉진
② 국가항공기의 관리
③ 항공기업 간의 협력을 위한 수단 제공
④ 국제민간항공기구 및 기타 국제기관과의 협력 도모

18 국제 민간항공의 운송 절차, 운임의 결정 및 항공운송대리점에 관한 규정을 결정하는 기관은?

① IATA
② ICAO
③ FAA
④ 미국운송협회

해설

① 국제항공운송협회(International Air Transport Association, IATA)
② 국제민간항공기구(International Civil Aviation Organization, ICAO)
③ 미연방항공국(Federal Aviation Administration, FAA)

[정답] 16 ② 17 ② 18 ①

제2편

항공안전법

1. 제1장　총칙
2. 제2장　항공기 등록
3. 제3장　항공기기술기준 및 형식증명 등
4. 제4장　항공종사자 등
5. 제5장　항공기의 운항
6. 제6장　공역 및 항공교통업무 등
7. 제7장　항공사업자 등에 대한 안전관리
8. 제8장　외국항공기
9. 제9장　경량항공기
10. 제10장　초경량비행장치
11. 제11장　보칙
12. 제12장　벌칙

제1장 항공안전법 총칙

제1조 항공안전법의 목적

「국제민간항공협약」 및 같은 협약의 부속서에서 채택된 표준과 권고되는 방식에 따라 항공기, 경량항공기 또는 초경량비행장치의 안전하고 효율적인 항행을 위한 방법과 국가, 항공사업자 및 항공종사자 등의 의무 등에 관한 사항을 규정함을 목적으로 한다.

제2조 용어의 정의

1. **항공기** : 공기의 반작용으로 뜰 수 있는 기기

    (1) 비행기, 헬리콥터
      ① 유인 : 최대이륙중량 600kg(수상용은 650kg)초과, 탑승좌석 1개 이상, 발동기 1개 이상
      ② 무인 : 자체중량 150kg 초과, 발동기 1개 이상

    (2) 비행선
      ① 유인 : 탑승좌석 1개 이상, 발동기 1개 이상
      ② 무인 : 자체중량 180kg 초과 or 비행선 길이 20m 초과
      ※ 유인비행선은 무조건 항공기, 무인 180kg이하는 초경량비행장치

    (3) 활공기 : 자체중량 70kg 초과

    (4) 대통령령으로 정하는 기기
      ① 최대이륙중량, 좌석 수, 속도 또는 자체중량 등 경량, 초경량비행장치에 해당하지 않는 것
      ② 지구 대기권 내외를 비행할 수 있는 항공우주선

2. **경량항공기 기준** : 비행기, 헬리콥터, 자이로플레인, 동력파라슈트 등
    최대이륙중량 600kg(수상비행용은 650kg)이하, 자체중량 115kg 초과 , 최소비행가능속도 45노트 이하, 좌석 2개 이하, 단발 왕복발동기, 여압 안되고, 프로펠러 각도조정 안되고, 고정된 착륙장치 장착

3. 초경량 비행장치

   (1) **동력비행장치** : 고정익 비행장치, 자체중량 115kg 이하, 탑승좌석 수 1개

   (2) **회전익 비행장치** : 자이로플레인/헬리콥터, 자체중량 115kg 이하, 탑승좌석 수 1개

   (3) **행글라이더, 패러글라이더** : 자체중량 70kg 이하

   (4) **무인동력비행장치** : 무인비행기, 무인헬리콥터, 무인 멀티콥터, 자체중량 150kg 이하

   (5) **무인비행선** : 자체중량 180kg 이하, 길이 20m 이하

   (6) **기구류** : 기체의 성질, 온도차이 등을 이용한 비행장치

       • 유인자유기구, 무인자유기구, 계류식 기구

   (7) **동력 패러글라이더** : 추진력 장치가 부착된 패러글라이더

      착륙장치가 있는 115kg이하, 좌석 1개, 또는 착륙장치가 없는 비행장치

   (8) **낙하산류** : 항력을 발생시켜 낙하하는 사람이나 물체의 속도를 느리게 하는 비행장치

   (9) 그 밖에 국토교통부장관이 종류, 크기, 중량, 용도 등을 고려하여 정하여 고시하는 비행장치

4. 국가기관 등 항공기

   (1) 국가, 지방자치단체, 국립공원공단이 소유·임차한 항공기(군, 세관, 경찰용 항공기 제외)

   (2) 수행업무

       ① 재난·재해 등으로 인한 수색·구조

       ② 산불 진화 및 예방

       ③ 응급환자 후송 등 구조·구급활동

       ④ 공공의 안녕과 질서유지를 위해 필요한 업무

5. **모의비행훈련장치** : 항공기 조종실을 모방한 장치

   • 기계·전기·전자장치 등에 대한 통제기능, 비행성능 및 특성이 실제 항공기와 동일하게 재현될 수 있게 고안된 장치

6. "**항공업무**"란?

   (1) 항공기의 운항(무선설비의 조작을 포함) 업무, 항공기 조종연습은 제외

   (2) 항공교통관제(무선설비의 조작을 포함) 업무, 항공교통관제연습은 제외

   (3) 항공기의 운항관리 업무(비행계획, 승객/수하물 운송관리, 비행정보관리 등)

   (4) 정비·수리·개조(이하 "정비등") 수행된 항공기·발동기·프로펠러(이하 "항공기등"), 장비품, 부품이 안전하게 운용될 수 있는 성능이 있는(이하 "감항성")지를 확인하는 업무 및 경량항공기 또는 그 장비품·부품의 정비사항을 확인하는 업무

7. 항공기 사고 관련용어

(1) 항공기 사고

사람이 비행을 목적으로 항공기에 탑승하였을 때부터 탑승한 모든 사람이 항공기에서 내릴 때까지 항공기 운항과 관련하여 발생한 사고

① 사람 : 사망, 중상, 행방불명(1년간 생사가 분명하지 않은 경우)

  ※ 제외 : 자연적인 원인, 본인/타인이 유발, 밀항

② 항공기 : 파손, 구조적 손상, 항공기의 위치를 파악할 수 없거나 항공기에 접근이 불가능한 경우

  ※ 구조적 손상 : 비행특성에 악영향을 미쳐 대수리 또는 구성품 교체

시행규칙 별표 1 : 항공기의 손상/파손/구조상의 결함

- 항공기의 손상/파손/구조상의 결함
  ① 항공기에서 발동기가 떨어져 나간 경우
  ② 발동기 덮개 또는 역추진장치 구성품이 떨어져 항공기를 손상
  ③ 발동기 구성품이 발동기 덮개를 관통한 경우(배기구를 통해 유출된 경우는 제외)
  ④ 레이돔 파손으로 항공기 구조 또는 시스템에 중대한 손상
  ⑤ 플랩, 슬랫, 윙렛 등이 손실된 경우. 다만, 외형변경목록(CDL)을 적용할 수 있는 경우는 제외
  ⑥ landing gear 가 완전히 나오지 않은 상태에서 착륙하여 항공기 손상
  ⑦ 항공기 내부의 감압 또는 여압을 조절 못하는 구조적 손상
  ⑧ 항공기준사고 또는 항공안전장애로 심각한 손상이 발견된 경우
  ⑨ 비상탈출로 중상자가 발생했거나 항공기가 심각한 손상을 입은 경우
  ⑩ 그 밖에 항공기의 손상·파손 또는 구조상의 결함이 발생한 경우

- 중대한 손상/파손/구조상의 결함으로 보지 않는 경우
  ① 덮개와 부품(accessory)을 포함하여 한 개의 발동기의 고장 또는 손상
  ② 프로펠러, 날개 끝(wing tip), 안테나, 프로브(probe), 베인(vane), 타이어, 브레이크, 바퀴, 페어링(faring), 패널(panel), 착륙장치 덮개, 방풍창 및 항공기 표피의 손상
  ③ 주회전익, 꼬리회전익 및 착륙장치의 경미한 손상
  ④ 우박 또는 조류와 충돌 등에 따른 경미한 손상(레이돔(radome)의 구멍을 포함)

---

(2) 경량항공기 사고 : 비행을 목적으로 경량항공기의 발동기가 시동되는 순간부터 비행이 종료되어 발동기가 정지되는 순간까지 발생한 사고

① 사람 : 사망, 중상, 행방불명
② 경량항공기 : 추락, 충돌, 화재발생, 경량항공기 위치를 파악할 수 없거나 경량항공기에 접근이 불가능한 경우

(3) 초경량비행장치 사고 : 초경량비행장치를 비행목적으로 이륙하는 순간부터 착륙하는 순간까지 발생한 사고
① 사람 : 사망, 중상, 행방불명
② 초경량비행장치 : 추락, 충돌, 화재발생, 위치 확인 및 접근 불가능한 경우

> **시행규칙 제7조 (사망·중상의 범위)**
>
> ① 법 제2조제6호가목, 같은 조 제7호가목 및 같은 조 제8호가목에 따른 사람의 사망은 항공기사고, 경량항공기사고 또는 초경량비행장치사고가 발생한 날부터 30일 이내에 그 사고로 사망한 경우를 포함한다.
> ② 법 제2조제6호가목, 같은 조 제7호가목 및 같은 조 제8호가목에 따른 중상의 범위는 다음 각 호와 같다.
>   1. 항공기사고, 경량항공기사고 또는 초경량비행장치사고로 부상을 입은 날부터 7일 이내에 48시간을 초과하는 입원치료가 필요한 부상
>   2. 골절(코뼈, 손가락, 발가락 등의 간단한 골절은 제외한다)
>   3. 열상(찢어진 상처)으로 인한 심한 출혈, 신경·근육 또는 힘줄의 손상
>   4. 2도나 3도의 화상 또는 신체표면의 5퍼센트를 초과하는 화상(화상을 입은 날부터 7일 이내에 48시간을 초과하는 입원치료가 필요한 경우만 해당한다)
>   5. 내장의 손상
>   6. 전염물질이나 유해방사선에 노출된 사실이 확인된 경우

(4) 항공기 준사고 : 항공안전에 중대한 위해를 끼쳐 항공기 사고로 이어질 수 있었던 것

> **시행규칙 별표 2 : 항공기 준사고의 범위**
>
> ① 다른 항공기와 충돌위험이 있었던 근접비행(500피트 미만)이 발생한 경우 또는 경미한 충돌이 있었으나 안전하게 착륙한 경우
> ② 비행 중 지표, 수면, 장애물과의 충돌을 가까스로 회피한 경우
> ③ 항공기, 차량, 사람 등이 다른 항공기와의 충돌을 가까스로 회피한 경우
> ④ 항공기가 다음 장소에서 이/착륙하거나 포기한 경우 : 폐쇄된 활주로, 사용 중인 활주로, 허가 받지 않은 활주로, 유도로, 도로 등
> ⑤ 이/착륙 중 활주로 시단에 못 미치거나, 종단을 초과, 활주로 이탈한 경우
> ⑥ 이륙 또는 초기 상승 중 규정된 성능에 도달하지 못한 경우
> ⑦ 비행 중 운항승무원이 조종업무를 정상적으로 수행할 수 없는 경우(Pilot Incapacitation)
> ⑧ 연료량 또는 연료배분 이상으로 비상선언을 한 경우
> ⑨ 항공기 시스템의 고장, 항공기 동력 또는 추진력의 손실, 기상 이상, 항공기 운용한계의 초과 등으로 조종상의 어려움이 발생한 경우
> ⑩ 항공기에 중대한 손상이 발견된 경우
>   가. 지상 운항 중 다른 항공기나 장애물, 차량, 장비, 동물과 접촉·충돌
>   나. 비행 중 조류, 우박, 그 밖의 물체와 충돌, 기상 이상 등

다. 항공기 이/착륙 중 지면과 접촉·충돌 또는 끌림(다만, 경미한 접촉으로 이/착륙에 지장이 없는 경우는 제외)
　　　라. 착륙바퀴가 완전히 펴지지 않거나 올려진 상태로 착륙
　⑪ 비행 중 운항승무원이 비상용 산소를 사용해야 하는 상황이 발생한 경우
　⑫ 운항 중 터빈발동기의 내부 부품이 외부로 떨어지거나 분해된 경우
　⑬ 운항 중 발동기, 조종실, 객실, 화물칸 등에서 화재·연기가 발생한 경우
　⑭ 비행 중 항행에 필요한 다중시스템 중 2개 이상의 고장으로 지장을 준 경우
　⑮ 비행 중 2개 이상의 항공기 시스템 고장이 동시에 발생하여 비행에 심각한 영향을 미치는 경우
　⑯ 운항 중 항공기 외부의 인양물이나 탑재물이 항공기로부터 분리된 경우 또는 비상조치를 위해 의도적으로 인양물이나 탑재물이 항공기로부터 분리한 경우

(5) 항공안전장애 : 항공기사고 및 항공기준사고 외에 항공기의 운항 등과 관련하여 항공안전에 영향을 미치거나 미칠 우려가 있는 것 (시행규칙 별표20의2, 항공안전법 2조 10항)

시행규칙 제134조 별표 20의2 : 의무보고 대상 항공안전장애의 범위

① 비행중
　가. 항공기 공중충돌경고장치에 회피기동(ACAS RA)이 발생한 경우
　나. 항공교통관제기관의 항공기 감시장비에 근접충돌경고가 표시된 경우
　다. 지형·수면·장애물 등과 최저 장애물회피고도가 확보되지 않았던 경우
　라. 비행금지구역 또는 비행제한구역에 허가 없이 진입한 경우
　마. 관제기관의 허가없이 비행경로, 비행고도 이탈 한 경우
② 이륙, 착륙
　가. 활주로에 항공기 동체 꼬리, 날개 끝, 엔진덮개 등의 접촉
　나. 비행교범 강하속도, "G" 값 등 초과(hard landing), 최대착륙중량을 초과한 착륙(heavy landing)
　다. 활주로 접지구역(touch-down zone)에 못 미치는 착륙(short landing)
　　　정해진 접지구역(touch-down zone)을 초과한 착륙(long landing)
　라. 부적절한 기재·외장으로 이륙을 중단하거나 강행한 경우
　마. 시스템 기능장애 등 정비요인으로 이륙을 중단한 경우
　바. 항공교통관제지시, 기상 등의 사유로 이륙을 중단하거나 강행한 경우
③ 지상운항
　가. 다른 항공기, 장애물, 차량, 장비, 항행안전시설 등과 접촉·추돌·충돌한 경우
　나. 항공기가 유도로를 이탈한 경우
　다. 항공기, 차량, 사람 등이 허가 없이 유도로에 진입한 경우
　라. 항공기, 차량, 사람 등이 허가 없이 또는 잘못된 허가로 보호구역 또는 활주로에 진입하였으나 다른 항공기의 안전 운항에 지장을 주지 않은 경우
④ 운항준비
　가. 지상조업 중 다량의 기름유출 등 비정상상황이 발생한 경우
　나. 위험물 처리과정에서 부적절한 라벨링, 포장, 취급 등이 발생한 경우

⑤ 항공기 화재 및 고장
　가. 운항 중 경미한 화재 또는 연기가 발생하여
　　㉠ 항공기 고장으로 조종실, 객실에 연기, 유해가스가 발생한 경우
　　㉡ 객실 조리기구 또는 탑승자의 물품에서 경미한 화재·연기가 발생한 경우
　　㉢ 화재경보시스템이 작동한 경우(담배연기나 일시적인 경우 제외)
　나. 운항 중 연료 공급/덤핑시스템 고장이나 연료 누출이 발생한 경우
　다. 지상운항 활주 중 제동시스템 구성품의 고장이 발생한 경우
　라. 운항 중 착륙장치의 내림, 올림, 문 열림, 닫힘이 발생한 경우
　마. 제작사 기술자료에 따른 최대허용범위를 초과한 항공기 구조의 균열, 영구적인 변형이나 부식이 발생한 경우
　바. 대수리가 요구되는 항공기 구조 손상이 발생한 경우
　사. 항공기 결함으로 결항, 항공기 교체, 회항 등이 발생한 경우
　아. 운항 중 엔진 덮개가 풀리거나 이탈한 경우
　자. 발동기 또는 항공기 손상에 의한 발동기 연소 정지
　차. 외부 물체의 유입 또는 흡입구 얼음 등의 유입으로 발동기 연소 정지
　카. 운항 중 배기시스템 고장으로 발동기 또는 구성품이 파손된 경우
　타. 고장, 결함 또는 기능장애로 항공기에서 발동기를 장탈한 경우
　파. 운항 중 프로펠러 페더링 또는 과속 제어 시스템에 고장이 발생한 경우
　하. 운항 중 비상조치가 필요한 고장이 발생한 경우
　거. 비상탈출을 위한 시스템, 구성품 또는 탈출용 장비가 고장, 결함, 기능장애 또는 비정상적으로 전개한 경우(훈련, 시험, 정비 또는 시현 시 발생한 경우를 포함한다)
　너. 운항 중 화재경보시스템이 오작동 한 경우
⑥ 공항 및 항행서비스
　가. 항공등화시설이 중단된 경우
　나. 활주로, 유도로, 계류장에 중대한 손상을 입었거나 화재가 발생한 경우
　다. 안전 운항에 지장을 줄 수 있는 물체 또는 위험물이 활주로, 유도로 등 공항 이동지역에 방치된 경우
　라. 항공교통통신 장애가 발생한 경우
　　㉠ 관제기관 과 양방향 무선통신이 두절되어 관제교신을 하지 못한 상황
　　㉡ 항공기에 대한 항공교통관제업무가 중단된 상황
　마. 다음의 어느 하나에 해당하는 상황이 발생한 경우
　　㉠ 항공정보통신시설 의 운영이 중단된 상황
　　㉡ 항공정보통신시설 과 항공기 간 송·수신 장애가 발생한 상황
　　㉢ 그 외의 예비장비(전원시설을 포함) 장애가 24시간 이상 발생 상황
　바. 활주로 또는 유도로 등 이동지역에서 차량, 장비, 사람 등이 충돌하여 항공기 운항에 지장을 초래한 경우
⑦ 기타
　가. 운항 중 우박, 드론, 무인비행장치 등 물체와 충돌·접촉, 또는 충돌우려 등이 발생한 경우
　나. 운항 중 여압조절 실패, 비상장비의 탑재 누락, 비정상적 문·창문 열림 등 객실의 안전이 우려된 상황이 발생한 경우(준사고 제외)
　다. 승무시간 기준 내에서 운항승무원의 최대승무시간이 연장된 경우라. 비행 중 정상적인

　　　　　　조종을 할 수 없는 정도의 레이저 광선에 노출된 경우
　　　마. 급격한 고도, 자세 변경으로 객실승무원이 부상을 당하여 업무수행이 곤란한 경우
　　　바. 객실승무원의 건강, 심리상태 등의 사유로 해당 객실승무원의 교체 또는 하기를 위하여 목적지공항이 아닌 공항에 착륙하는 경우
　　　사. 항공기가 조류 또는 동물과 충돌 한 경우

(6) **항공안전위해요인** : 항공기사고, 항공기준사고 또는 항공안전장애를 발생시킬 수 있거나 발생 가능성의 확대에 기여할 수 있는 상황, 상태 또는 물적·인적요인 등

(7) **위험도(Safety risk)** : 항공안전위해요인이 항공안전을 저해하는 사례로 발전할 가능성과 심각도

(8) **항공안전데이터** : 항공안전의 유지, 증진 등을 위하여 사용되는 자료
　　① 항공기 등에 발생한 고장, 결함, 기능장애에 관한 보고
　　② 비행자료 및 분석결과
　　③ 레이더 자료 및 분석결과
　　④ 제59조 및 제61조에 따라 보고된 자료
　　⑤ 「항공·철도 사고조사에 관한 법률」 조사결과
　　⑥ 항공안전 활동 과정에서 수집된 자료 및 결과보고
　　⑦ 기상업무에 관한 정보
　　⑧ 공항운영자가 항공안전관리를 위해 수집·관리하는 자료 등
　　⑨ 시스템에서 관리되는 정보
　　⑩ 업무수행 중 수집한 정보·통계 등
　　⑪ 항공안전을 위해 국제기구, 외국정부 등이 우리나라와 공유한 자료
　　⑫ 그 밖에 국토교통부령으로 정하는 자료

(9) **항공안전정보** : 항공안전데이터를 안전관리 목적으로 사용하기 위하여 가공(加工)·정리·분석한 것

8. 운항 관련용어

(1) **비행정보구역(FIR)**
　　① 항공기, 경량항공기, 초경량비행장치의 안전하고 효율적인 비행과 수색 또는 구조에 필요한 정보를 제공하기 위한 공역
　　② 「국제민간항공협약」 및 같은 협약 부속서에 따라 국토교통부장관이 그 명칭, 수직 및 수평 범위를 지정·공고한 공역
　　※ 한반도의 공역으로 지나가는 민간 항공기의 안전 운항을 위한 정보 제공과 항공기 사고 발생시 수색, 구조 제공에 대한 책임 구역
　　※ FIR : Flight Information Region

(2) **영공** : 대한민국 영토(헌법3조)와 영해의 상공(영해 및 접속수역법)
　※ 영해 : 해안 기선으로부터 바깥쪽 12해리 선까지 이르는 수역

(3) **항공로** : 항공기 항행에 적합하다고 국토교통부장관이 지정한 지구 표면상에 표시한 공간의 길
　※ 항공노선 : 항공사가 지상의 두 지점 사이의 항로로를 따라 항공수송을 행하는 길

(4) **계기비행** : 항공기의 자세, 고도, 위치, 비행방향 측정을 항공기에 장착된 계기에만 의존하여 비행하는 것

(5) **계기비행방식** : 계기비행을 하는 사람이 항공교통업무증명을 받은 자의 지시에 따라 비행 이동·이륙·착륙의 순서 및 시기와 비행의 방법에 따라 비행하는 방식

9. 항공종사자 관련용어

(1) **항공종사자**
　① 항공안전법 34조에 따라 항공종사자 자격증명을 받은 사람
　② 자격증명 종류
　　가. 항공기 운항업무(조종연습 제외)
　　　• 운송용/사업용/자가용/부 조종사
　　　• 항공사/항공기관사
　　나. 항공기 운항 관제업무 : 항공교통관제사
　　다. 항공기 운항에 필요한 업무(비행계획, 연료산출, 운항정보) : 운항관리사
　　라. 정비·수리·개조된 항공기·발동기·프로펠러 장비품·부품에 대하여 안전하게 운용될 수 있는 성능(감항성)이 있는 지를 확인하는 업무 : 항공정비사

(2) **승무원**
　① 운항승무원 : 항공안전법에 따라 자격증명을 받고, 항공기에 탑승하여 항공업무에 종사하는 사람
　② 객실승무원 : 항공기에 탑승하여 비상시 승객을 탈출시키는 등 안전업무를 수행하는 사람

(3) **피로위험관리 시스템**(FRMS : Fatigue Risk Management System)
　① 운항승무원, 객실승무원이 충분한 주의력이 있는 상태에서 업무를 할 수 있도록 피로관련 위험요소를 경험과 과학적 관리 및 지식에 기초하여 지속적으로 감독, 관리하는 시스템
　② 항공사 비행스케줄 규정, 승무원 피로관리 대책, 비행시간/휴식시간 규정

10. 비행장 관련용어

(1) **비행장** : 이/착륙을 위하여 사용되는 일정한 구역(육지/수면)

(2) **비행장시설** : 비행장에 설치된 이륙·착륙 시설과 그 부대시설

(3) 공항 : 공항시설을 갖춘 공공용 비행장

(4) 공항시설 : 공항구역에 있는 시설과 공항구역 밖에 있는 시설
   ① 항공기의 이륙·착륙 및 항행을 위한 시설과 부대시설 및 지원시설
   ② 항공 여객 및 화물의 운송을 위한 시설과 부대시설 및 지원시설

(5) 활주로 : 항공기 착륙과 이륙을 위하여 공항 또는 비행장에 설정된 구역

(6) 착륙대 : 항공기가 활주로를 이탈하는 경우 항공기와 탑승자의 피해를 줄이기 위하여 활주로 주변에 설치하는 안전지대

(7) 이착륙장 : 비행장 외에 경량항공기 또는 초경량비행장치의 이/착륙을 위하여 사용되는 육지 또는 수면의 일정한 구역

11. 항행안전관련 용어

(1) 항행안전시설 : 유선통신, 무선통신, 인공위성, 불빛, 색채 또는 전파를 이용하여 항공기의 항행을 돕기 위한 시설
   ① 항공등화 : 불빛, 색채, 형상을 이용하여 항공기의 항행을 돕기 위한 시설
   ② 항행안전무선시설 : 전파를 이용하여 항공기의 항행을 돕기 위한 시설
   ③ 항공정보통신시설 : 전기통신을 이용하여 항공교통업무에 필요한 정보를 제공·교환하기 위한 시설

> **공항시설법 시행규칙 제5조~8조 : 항행안전시설**
>
> ① 항행안전 무선시설 : 전파를 이용하여 항공기의 항행을 돕기 위한 시설
>   가. 거리측정시설(DME)
>   나. 계기착륙시설(ILS/MLS/TLS)
>   다. 다변측정감시시설(MLAT)
>   라. 레이더시설(ASR/ARSR/SSR/ARTS/ASDE/PAR)
>   마. 무지향표지시설(NDB)
>   바. 범용접속데이터통신시설(UAT)
>   사. 위성항법감시시설(GNSS Monitoring System)
>   아. 위성항법시설(GNSS/SBAS/GRAS/GBAS)
>   자. 자동종속감시시설(ADS, ADS−B, ADS−C)
>   차. 전방향표지시설(VOR)
>   카. 전술항행표지시설(TACAN)
> ② 항공정보통신시설 : 전기통신을 이용하여 항공교통업무에 필요한 정보를 제공·교환하기 위한 시설
>   가. 항공고정통신시설
>   • 항공고정통신시스템(AFTN/MHS)
>   • 항공관제정보교환시스템(AIDC)

- 항공정보처리시스템(AMHS)
- 항공종합통신시스템(ATN)
나. 항공이동통신시설
- 관제사·조종사간데이터링크 통신시설(CPDLC)
- 단거리이동통신시설(VHF/UHF Radio)
- 단파데이터이동통신시설(HFDL)
- 단파이동통신시설(HF Radio)
- 모드 S 데이터통신시설
- 음성통신제어시설(VCCS, 항공직통전화시설 및 녹음시설을 포함)
- 초단파디지털이동통신시설(VDL, 항공기출발허가시설 및 디지털공항정보방송시설 포함)
- 항공이동위성통신시설[AMS(R)S]
③ 항공정보방송시설 : 공항정보방송시설(ATIS)

12. 관제관련 용어

(1) 관제권
① 항공교통안전을 위하여 비행장, 공항, 주변공역에 지정한 공역
② 비행정보구역내의 B, C, D 등급 공역중에서 시계/계기 비행을 하는 항공기에 항공교통관제업무를 제공하는 공역(30개)

(2) 관제구
① 항공교통안전을 위하여 지표면(수면) 200m이상 공역에 지정한 공역
② 비행정보구역내의 A, B, C, D, E 등급 공역에서 시계/계기 비행을 하는 항공기에 항공교통관제업무를 제공하는 공역(1개)

◆ **항공안전법 적용특례** 군용, 세관, 경찰 항공기, 국가기관 등 항공기, 임대차 항공기

제3조 군용, 세관, 경찰 항공기의 적용 특례

1. 군용항공기와 이에 관련된 항공업무에 종사하는 사람은 이 법을 적용하지 아니한다.
2. 세관업무 또는 경찰업무에 사용하는 항공기와 이에 관련된 항공업무에 종사하는 사람에 대하여는 이 법을 적용하지 아니한다.(제51조 무선설비, 제67조 비행규칙, 제68조제5호 무인항공기 비행금지, 제79조 비행제한, 제84조제1항 관제지시만 적용)
3. 「대한민국과 아메리카합중국 간의 상호방위조약」 제4조에 따라 아메리카합중국이 사용하는 항공기와 이에 관련된 항공업무에 종사하는 사람에 대하여는 제2항을 준용한다.

제4조 국가기관등 항공기의 적용 특례

1. 국가기관 등 항공기 : 국가, 지방자치단체, 공공기관이 소유·임차한 항공기 [제66조(이착륙 장소), 제69조(긴급항공기 지정)~위험물등, 제73조(전자기기 사용제외), 제132조(항공안전활동) 등 제외]

2. 재해·재난 등으로 인한 수색·구조, 화재의 진화, 응급환자 후송, 공공목적으로 긴급히 운항하는 경우 일부 조항 비적용 [(제53조 항공기연료), 제67조(비행규칙), 제68조(항공기 비행중 금지행위), 제77조 제1항(항공기술기준), 7호(항공기 운항), 제79조(비행제한), 제84조 제1항(항공통관제 업무 지시준수)]

제5조 임대차 항공기의 운영에 대한 권한 및 의무 이양의 적용 특례

「국제민간항공협약」에 따라 외국에 등록된 항공기를 임차하여 운영하거나 대한민국에 등록된 항공기를 외국에 임대하여 운영하게 하는 경우 그 임대차(賃貸借) 항공기의 운영에 관련된 권한과 의무가 운영국가로 이양된 경우 등록하지 않아도 됨

※ 참조 : 외국과 항공기 임대차시 권한 이양에 관한 안내서

국제민간항공조약에 의거 우리나라와 타 체약국간 임대·차 항공기의 안전감독 등 감항성에 관한 책임과 권한이 이양되는 경우에 적용한다.
- 정비프로그램은 일반적으로 등록국의 인가를 받으나, 임차 항공기의 경우에는 임차국의 정비프로그램을 적용할 수 있음

제6조 항공정책 기본계획 수립

1. 작성주기 : 5년 마다 수립(연도별 시행계획 수립)

2. 내용
   (1) 항공안전정책의 목표 및 전략
   (2) 항공기사고·경량항공기사고·초경량비행장치 사고 예방 및 운항 안전에 관한 사항
   (3) 항공기·경량항공기·초경량비행장치의 제작·정비 및 안전성 인증체계에 관한 사항
   (4) 비행정보구역·항공로 관리 및 항공교통체계 개선에 관한 사항
   (5) 항공종사자의 양성 및 자격관리에 관한 사항
   (6) 그 밖에 항공안전의 향상을 위하여 필요한 사항

제1장 총칙 기출문제풀이

01 항공안전법의 목적이 아닌 것은?
① 안전하고 효율적인 항행을 위한 방법 규정
② 국가 의무사항 규정
③ 항공사업자 및 항공종사자 의무사항 규정
④ 항공기술 발전을 위한 규정

02 항공안전법 시행령의 목적은?
① 항공안전법에서 규정한 대통령의 권한을 명시한다.
② 항공안전법의 내용 중 표준 등의 세부사항을 규정한다.
③ 항공안전법에서 규정한 것 중에서 미비된 것을 규정한다.
④ 항공안전법의 위임사항 및 시행에 필요한 사항을 규정한다.

[해설]
항공안전법 시행령 제1조(목적)

03 항공안전법 시행규칙의 목적에 대한 설명 중 맞는 것은?
① 대통령령으로 발표된다.
② 국토교통위원회의 이름으로 발표된다.
③ 국제조약에서 규정된 사항을 시행하기 위해 필요사항을 규정한다.
④ 항공안전법 및 시행령에서 위임된 사항과 그 시행에 필요사항을 규정한다.

[해설]
항공안전법 시행규칙 제1조(목적)

04 다음 중 항공안전법에서 정한 항공기의 정의를 바르게 설명한 것은?
① 사람이 탑승 조종하여 민간항공에 사용하는 비행기, 비행선, 활공기, 헬리콥터 기타 대통령령이 정하는 기기
② 대통령령으로 정하는 것으로서 항공에 사용할 수 있는 기기
③ 사람이 탑승 조종하여 항공에 사용할 수 있는 기기
④ 공기의 반작용으로 뜰 수 있는 기기로서 국토교통부령으로 정하는 기준에 해당하는 비행기, 헬리콥터, 비행선, 활공기

[해설]
항공안전법 제2조(정의), 제1호

[정답] 01 ④ 02 ④ 03 ④ 04 ④

05 항공안전법에 의한 항공기의 정의를 옳게 설명한 것은?

① 민간항공에 사용되는 대형 항공기를 말한다.
② 공기의 반작용으로 뜰 수 있는 기기를 말한다.
③ 민간항공에 사용하는 비행선과 활공기를 제외한 모든 것
④ 비행기, 비행선, 활공기, 헬리콥터를 말한다.

해설

항공안전법 제2조(정의)

06 항공법규에서 규정한 용어의 정의 중 틀린 것은?

① 항공종사자란 항공업무에 종사하는 종사자를 말한다.
② 객실승무원이란 항공기에 탑승하여 비상시 승객을 탈출시키는 등 안전업무를 수행하는 사람을 말한다.
③ 비행장이란 항공기의 이착륙을 위하여 사용되는 육지 또는 수면의 일정한 구역으로서 대통령령으로 정하는 것을 말한다.
④ 공항이란 공항시설을 갖춘 공공용 비행장으로서 국토교통부장관이 그 명칭, 위치 및 구역을 지정, 고시한 것을 말한다.

해설

항공안전법, 공항시설법 제2조(정의)

07 항공안전법에서 규정하는 항공업무가 아닌 것은?

① 운항관리   ② 무선시설의 조작
③ 항공기의 조종연습   ④ 항공교통관제

해설

항공안전법 제2조(정의), 제5호 참조

08 다음 중 항공안전법에서 규정하는 항공업무에 속하지 않는 것은?

① 항공기의 조종연습
② 무인항공기의 운항
③ 무선설비의 조작
④ 정비 또는 개조한 항공기에 대한 확인

해설

항공안전법 제2조(정의), 제5호 참조

09 다음 중 항공안전법에서 규정하는 항공기사고의 범위에 해당되지 않는 것은?

① 사람의 사망, 중상 또는 행방불명
② 항공기의 파손 또는 구조적 손상
③ 항공기의 위치를 확인할 수 없거나 항공기에 접근이 불가능한 경우
④ 엔진 또는 객실이나 화물칸에서 화재 발생

해설

항공안전법 제2조(정의) 제6호 참조

10 다음 중 기장이 국토교통부장관에게 보고하여야 할 항공기 사고가 아닌 것은?

① 항공기의 파손 또는 구조상 손상
② 비행장 및 항행안전시설의 기능장애
③ 사람의 사망, 중상 또는 행방불명
④ 항공기의 위치를 확인할 수 없거나 항공기에 접근이 불가능한 경우

해설

항공안전법 제2조(정의) 제6호 참조

[정답] 05 ② 06 ① 07 ③ 08 ① 09 ④ 10 ②

11 다음 중 항공안전법에서 정한 항공기의 범위에 속하지 않는 것은?

① 비행선 ② 활공기
③ 수상기 ④ 비행기

> 해설

항공안전법 제2조(정의) 제1호 참조

12 항공법규에서 사용하는 용어의 정의를 틀리게 설명한 것은?

① "항공등화"란 전파에 의하여 항공기의 항행을 돕기 위한 항행안전시설을 말한다.
② "항공종사자"란 항공안전법 규정에 의한 항공종사자 자격증명을 받은 사람을 말한다.
③ "비행장"이란 항공기의 이륙(이수), 착륙(착수)을 위하여 사용되는 육지 또는 수면을 말한다.
④ "항공로"란 국토교통부장관이 항공기의 항행에 적합하다고 지정한 지구의 표면상에 표시한 공간의 길을 말한다.

> 해설

항공안전법, 공항시설법 제2조(정의)

13 항공종사자의 정의로 맞는 것은?

① 항공사에 근무하는 자
② 항공안전법 제36조에 의하여 항공업무에 종사하는 자
③ 항공안전법 제34조제1항의 규정에 의한 항공종사자 자격증명을 받은 자
④ 항공기의 운항을 위하여 지상업무에 종사하는 자

> 해설

항공안전법 제2조(정의), 제14호 참조

14 항공기의 감항성이란?

① 항공기가 안전하게 비행할 수 있는 성능
② 기술기준을 충족한다는 것
③ ICAO 기준을 충족한다는 것
④ 항공기가 비행 중에 나타내는 성능

> 해설

항공안전법 제2조(정의) 제5호라목 참조

15 다음 중 항공안전법에서 정한 국가기관등항공기에 속하는 것은?

① 해군 초계기
② 경찰청 항공기
③ 산림청 헬기
④ 세관 업무용 항공기

> 해설

항공안전법 제2조(정의) 제2호 참조

16 다음 중 항공안전법에서 정한 국가기관등항공기에 속하지 않는 것은?

① 군, 경찰, 세관용 항공기
② 재난, 재해 등으로 인한 수색, 구조용 항공기
③ 산불의 진화 및 예방용 항공기
④ 응급환자의 후송 등 구조, 구급활동용 항공기

> 해설

항공안전법 제2조(정의) 제4호 참조

[정답] 11 ③ 12 ① 13 ③ 14 ① 15 ③ 16 ①

17 다음 중 항공법규에서 규정하는 항공업무가 아닌 것은?

① 항공교통관제 업무
② 객실승무원의 서비스업무
③ 항공기의 운항관리 업무
④ 정비 또는 개조한 항공기에 대한 감항성 여부 확인 업무

해설

항공안전법 제2조(정의), 제5호 참조

18 다음 중 세관업무 또는 경찰업무에 사용하는 항공기에 적용되는 법은?

① 제51조 무선설비의 설치, 운용
② 제53조 항공기의 연료
③ 제71조 위험물의 포장 및 용기의 검사 등
④ 제73조 전자기기의 사용제한

해설

항공안전법 제3조(군용항공기 등의 적용 특례) 제2항

19 다음 중 항공기의 범위에 속하는 기기의 기준으로 맞는 것은?

① 최대이륙중량이 500킬로그램을 초과하는 비행장치
② 비행 중에 프로펠러의 각도를 조종할 수 있는 비행장치
③ 최대 실속속도 또는 최소 정상비행속도가 40노트를 초과하는 비행장치
④ 조종사 좌석을 포함한 탑승 좌석이 2개 이상인 비행장치

해설

항공안전법 시행규칙 제3조(항공기인 기기의 범위)

20 국토교통부령이 정하는 초경량비행장치에 속하는 동력비행장치의 기준으로 맞는 것은?

① 좌석이 1개인 고정익비행장치로서 자체중량이 115kg 이하일 것
② 고정익비행장치로서 자체중량이 150kg 이하일 것
③ 조종사 좌석을 포함한 탑승좌석 수가 1개 이상일 것
④ 단발 왕복발동기를 장착할 것

해설

항공안전법 시행규칙 제5조(초경량비행장치의 기준)

21 좌석이 1개인 비행장치로서 초경량비행장치의 범위에 속하는 동력비행장치의 자체중량은?

① 자체중량 225kg 이하
② 자체중량 175kg 이하
③ 자체중량 115kg 이하
④ 자체중량 100kg 이하

해설

항공안전법 시행규칙 제5조(초경량비행장치의 기준)

22 초경량비행장치의 범위에 속하지 않는 것은?

① 행글라이더
② 동력패러글라이더
③ 동력활공기
④ 유인자유기구

해설

항공안전법 시행규칙 제5조(초경량비행장치의 기준)

[정답] 17 ② 18 ① 19 ② 20 ① 21 ③ 22 ③

23 항공기사고에 따른 사망 또는 중상에 대한 적용기준이 아닌 것은?

① 항공기에 탑승한 사람이 사망하거나 중상을 입은 경우
② 항공기 발동기의 후류로 인하여 사망하거나 중상을 입은 경우
③ 자기 자신이나 타인에 의하여 사망하거나 중상을 입은 경우
④ 항공기로부터 이탈된 부품으로 인하여 사망하거나 중상을 입은 경우

해설

항공안전법 시행규칙 제6조(사망·중상 등의 적용기준) 제1호 참조

24 다음 중 중상의 범위에 포함되지 않는 것은?

① 부상을 입은 날부터 7일 이내에 24시간을 초과하는 입원치료를 요하는 부상
② 심한 출혈, 신경, 근육 또는 힘줄의 손상
③ 골절
④ 내장의 손상

해설

항공안전법 시행규칙 제7조(사망·중상의 범위)

25 다음 중 항행안전무선시설이 아닌 것은?

① 무지향표지시설(NDB)
② 계기착륙시설(ILS)
③ 자동방향탐지시설(ADF)
④ 레이더시설(RADAR)

해설

공항시설법 시행규칙 제7조(항행안전무선시설)

26 다음 중 항공기준사고의 범위에 포함되지 않는 것은?

① 다른 항공기와 충돌위험이 있었던 것으로 판단되는 근접비행이 발생한 경우
② 조종사가 연료량으로 인해 비상선언을 한 경우
③ 운항 중 발동기 화재가 발생한 경우
④ 운항 중 엔진 덮개가 풀리거나 이탈한 경우

해설

항공안전법 시행규칙 제9조 관련, 별표 2(항공기준사고의 범위)

27 다음 중 국토교통부령으로 정하는 항공안전장애의 범위에 속하지 않는 것은?

① 비행 중 엔진 덮개의 풀림이나 이탈
② 비행 중 엔진의 연소정지로 인한 엔진의 정지
③ 조종사가 비상선언(Emergency call)을 하여야 하는 연료의 부족 발생
④ 비행 중 의도하지 아니한 착륙장치의 내림이나 올림

해설

항공안전법 시행규칙 제10조 관련, 별표 20의 2(항공안전장애의 범위)

28 국토교통부령으로 정하는 항공안전장애의 범위에 포함되지 않는 것은?

① 운항 중 엔진 덮개가 풀리거나 이탈한 경우
② 항행안전무선시설의 운영이 중단된 경우
③ 공중충돌경고장치 회피기동(ACAS RA)이 발생한 경우
④ 항공기가 지상에서 운항 중 다른 항공기나 장애물과 접촉 또는 충돌하여 감항성이 손상된 경우

[정답] 23 ③ 24 ① 25 ③ 26 ④ 27 ③ 28 ④

> **해설**

항공안전법 시행규칙 제10조 관련, 별표 20의 2(항공안전장애의 범위)

29 다음 중 국토교통부령이 정하는 항공안전장애보고의 범위에 해당되지 않는 것은?

① 안전운항에 지장을 줄 수 있는 물체가 활주로에 방치된 경우
② 항공기가 허가없이 이륙, 착륙을 위해 지정된 보호구역에 진입하여 다른 항공기와 충돌할 뻔한 경우
③ 운항 중 항공기와 관제기관 간 양방향 무선통신이 두절되어 적시에 교신을 수행하지 못한 경우
④ 주기 중인 항공기가 차량과 충돌한 경우

> **해설**

항공안전법 시행규칙 제10조 관련, 별표 20의 2(항공안전장애의 범위)

30 다음 중 국토교통부장관에게 보고하여야 할 항공안전장애의 범위에 속하지 않는 것은?

① 운항 중 엔진 덮개의 풀림이나 이탈
② 비행 중 비상상황이 발생하여 산소마스크를 사용한 경우
③ 운항 중 비상조치를 하게 하는 항공기 구성품 또는 시스템의 고장
④ 운항 중 대수리가 요구되는 항공기 구조 손상이 발생한 경우

> **해설**

항공안전법 시행규칙 제10조 관련, 별표 20의 2(항공안전장애의 범위)

[정답] 29 ② 30 ②

항공안전법
항공기 등록

제7조 항공기 등록

1. **등록(登錄, Registration)** : 일정한 사실이나 법률관계를 행정관청에 비치된 등록대장에 기재하는 공증행위
    (1) 등록을 하여야 항공기 운항할 수 있는 권리·효력 발생
    (2) 등록 않고 항공기 운항하면 법률위반으로 처벌 대상

2. **등록 대상** : 항공기를 소유·임차하여 사용할 수 있는 권리가 있는 자
    ※ 임차(Lease) : 항공기 소유권의 변동 없이 항공기의 사용에 관한 권한을 이관하는 계약

3. 항공운송사업자가 항공기를 등록하려는 경우 필요한 정비인력을 갖추어야 함

4. **등록 효력**
    (1) 대한민국 국적 취득
    (2) 항공기에 대한 권리·의무를 갖는다
        ① 항공기 소유권 취득, 상실, 변경 효력 발생(즉 신규, 이전, 변경, 말소등록)
        ② 항공기 임차권 효력

제10조 항공기 등록의 제한

1. **아래의 사람이 소유하거나, 임차한 항공기는 등록할 수 없다**
    (1) 대한민국 국민이 아닌 사람
    (2) 외국정부 또는 외국의 공공단체
    (3) 외국의 법인 또는 단체
    (4) 외국인(정부 등) 주식이나 지분의 1/2 이상을 소유 또는 사실상 지배하는 법인
    (5) 법인 등기사항증명서상의 대표자가 외국인이거나, 임원수의 1/2 이상을 외국인이 차지하는 법인

※ 단, 위에서 소유하거나 임차한 항공기를 대한민국의 국민 또는 법인이 임차하여 사용할 수 있는 항공기는 등록할 수 있다.

2. 외국 국적을 가진 항공기는 등록할 수 없다.

외국 국적의 항공기를 등록하기 위해서는 말소신청하고 대한민국에 등록을 해야 함(항공사가 임차한 항공기는 임차등록을 하여야 함)

3. 등록이 필요 없는 항공기

(1) 군·세관·경찰업무에 사용하는 항공기
(2) 외국에 임대할 목적으로 도입한 항공기로서 외국 국적을 취득할 항공기
(3) 국내에서 제작한 항공기로서 소유자가 결정되지 아니한 항공기
(4) 외국에 등록된 항공기를 임차하여 법 제5조 임대차 운영에 대한 권한 및 의무이양의 적용특례에 따라 운영하는 항공기

> **법 제5조 임대차 항공기의 운영에 대한 권한 및 의무 이양의 적용 특례**
>
> 「국제민간항공협약」에 따라 외국에 등록된 항공기를 임차하여 운영하거나 대한민국에 등록된 항공기를 외국에 임대하여 운영하게 하는 경우 그 임대차(賃貸借) 항공기의 운영에 관련된 권한과 의무가 운영국가로 이양된 경우 등록하지 않아도 됨

> **외국과 항공기 임대차시 권한 이양에 관한 안내서**
>
> [시행 2021. 5. 31.] [국토교통부예규 제315호, 2021. 5. 31., 타법개정]
> ① 자국에 등록된 항공기가 타 국가의 운항증명소지자에 의해 운영되는 경우 국제민간항공조약에 따라 등록국의 감독책임을 항공기의 운영국가에 이관하는 협정을 체결하여 책임을 이양
> ② 임대·차 항공기의 안전감독 등 감항성에 관한 책임과 권한이 이양
> ③ 정비프로그램은 일반적으로 등록국의 인가를 받으나, 임차 항공기의 경우에는 임차국의 정비프로그램을 적용할 수 있음

제11조 항공기 등록사항

등록원부 기록사항

항공기의 형식, 제작자, 제작번호, 정치장, 등록 연월일, 등록기호, 소유자 또는 임차인·임대인의 성명 또는 명칭과 주소 및 국적

항공기등록규칙 [별지 제1호서식]

항공기 등록원부
(표 시 부)

항공기 등록원부 면수란		총 면중제 면	
등록기호란	등록기호	항공기 제작 연월일	

표   시   란

등록의 목적		항공기의 종류		항공기의 형식	
항공기의 제작자		항공기의 제작번호		항공기의 정치장	
신규등록 연월일		등록회복 연월일		등록회복의 사유		접수 번호		등록공무원 인	

말 소 등 록 란

말소원인		등록 연월일		접수 번호		등록공무원 인	

표시의 변경·경정란

사 항	등록 연월일	접수번호	등록공무원 인

항공기 등록원부
(소 유 권 부)

등록기호란		항공기 등록원부 면수란		총 면중제 면	
순위번호란		사 항 란	등록 연월일	접수번호	등록공무원 인
주등록	부기등록				

항공기 등록원부
(기 타 권 리 부)

등록기호란		항공기 등록원부 면수란		총 면중제 면	
순위번호란		사 항 란	등록 연월일	접수번호	등록공무원 인
주등록	부기등록				

제13-15조 항공기 변경·이전·말소등록

1. **신청시기**: 변경·이전·말소 사유가 있는 날부터 15일 이내
2. **변경등록**: 항공기의 정치장, 소유자/임차인의 성명/명칭/주소/국적 변경
3. **이전등록**: 항공기 소유권·임차권의 양도·양수
4. **말소등록**
   (1) 항공기 멸실·해체(정비·개조·수송·보관 제외, 수명도래)한 경우
   (2) 항공기 존재여부를 1개월(사고 2개월) 이상 확인할 수 없는 경우
   (3) 항공기를 양도·임대하여 외국 국적을 취득하는 경우
   (4) 임차기간 만료로 항공기를 사용할 수 있는 권리가 상실된 경우
   (5) 말소등록 대상자가 신청하지 않으면, 장관이 7일 이상 최고 후, 직권 등록말소, 말소 후 국토부 장관은 그 사실을 소유자 등 및 그 밖의 이해관계인에게 알려야 한다.

항공기등록규칙 [별지 제6호서식]

항공기 【 】 정치장
     【 】 등록명의인 표시   변경등록 신청서

※ [ ]에는 해당되는 곳에 √표를 합니다.   (앞 쪽)

접수번호	접수일자		처리기간	5일

신청인	성명 또는 명칭
	주소

항공기	종류	등록기호
	형식	등록증명서 번호

소유자	성명 또는 명칭
	주소·국적

변경내역	변경 전	변경 후	변경연월일

등록원인 및 원인행위 연월일	

「항공안전법」 제13조 및 「항공기등록규칙」 제21조에 따라 항공기 ([ ]정치장, [ ]등록명의인 표시) 변경등록을 신청합니다.

년 월 일

신청인 :

(서명 또는 인)

국토교통부장관 귀하

제17-18조 등록기호표

등록기호지정 신청 – 형식별, 등록순으로 지정

1. **등록기호표** : 크기 7×5cm, 내화금속, 보기 쉬운 곳에 부착(출입구 안쪽 위)
   출입구 없는 경우(무인기) – 항공기 동체의 외부 표면에 부착
2. **등록기호표 내용** : 등록부호(국적기호+등록기호), 소유자등 명칭
   국적기호, 등록기호 순으로 표시, 장식체를 사용해서는 아니 되며, 국적기호는 로마자의 대문자 "HL"로 표시
   ※ 국적기호 : 한국 HL, 등록기호 : 4자리 숫자
3. 등록기호의 첫 글자가 문자인 경우 국적기호-등록기호 사이에 (-)
4. 항공기에 표시하는 등록부호는 지워지지 아니하고 배경과 선명하게 대조되는 색으로 표시
5. 항공기에 붙인 등록기호표를 훼손해서는 안 됨
6. 등록기호표를 표시하지 아니한 항공기는 운항해서는 안 됨

[표] 항공기 또는 경량항공기 등록기호

구분	종류	발동기 종류 및 장착수량		등록기호
항공기 종류 Category of Aircraft	활공기	–		0000~0599
	비행선	–		0600~0799
	비행기 Airplane	피스톤 발동기 Piston Engine	단발기	1000~1799
			다발기	2000~2799
		터보프롭 발동기 Turbo-Prop Engine	단발기	5100~5199
			쌍발기	5200~5299
			삼발기	5300~5399
			사발기	5400~5499
		터보제트발동기 Turbo-jet Engine	단발기	7100~7199
			쌍발기	7200~7299 7500~7599 7700~7799 7800~7899 8000~8099 8200~8299
			삼발기	7300~7399

항공기 종류 Category of Aircraft	비행기 Airplane	터보제트발동기 Turbo-jet Engine	사발기	7400~7499 7600~7699 8400~8499 8600~8699
		피스톤 발동기 Piston Engine	단발기	6100~6199
			쌍발기	6200~6299
	회전익항공기 Helicopter	터보 발동기 Turbo Engine	단발기	9100~9199 9300~9399 9500~9599
			다발기	9200~9299 9400~9499 9600~9699
경량항공기		–		C001~C799
임시지정		국내 생산 실험 및 연구 목적 그 밖의 경우		001S~999S 001X~999X 001Y~999Y
무인항공기		–		001U~999U

항공안전법 시행규칙 제14조 : 항공기에 등록부호의 표시

① 비행기, 활공기
    가. 주 날개에 표시하는 경우 : 오른쪽 날개 윗면, 왼쪽 날개 아랫면 중앙
    나. 꼬리 날개에 표시하는 경우 : 수직 꼬리 날개의 양쪽 면에(끝에서 5cm이상)
    다. 동체에 표시하는 경우 : 동체의 양쪽 면의 수평안정판 앞에
② 헬리콥터
    가. 동체 아랫면에 표시하는 경우 : 윗부분이 동체좌측을 향하게 표시
    나. 동체 옆면에 표시하는 경우 : 주 회전익 축과 보조 회전익 축 사이 또는 동력장치가 있는 부근의 양 측면에
③ 비행선
    가. 선체에 표시하는 경우 : 최대 횡단면 부근의 윗면과 양 옆면에 표시
    나. 수평안정판에 표시하는 경우 : 오른쪽 윗면과 왼쪽 아랫면에 등록부호의 윗부분이 수평안정판의 앞 끝을 향하게 표시
    다. 수직안정판에 표시하는 경우: 수직안정판의 양 쪽면 아랫부분에 표시
④ 등록부호 높이
    가. 비행기와 활공기에 표시하는 경우
      • 주 날개에 표시하는 경우에는 50센티미터 이상
      • 수직 꼬리 날개 또는 동체에 표시하는 경우에는 30센티미터 이상

나. 헬리콥터에 표시하는 경우
- 동체 아랫면에 표시하는 경우에는 50센티미터 이상
- 동체 옆면에 표시하는 경우에는 30센티미터 이상

다. 비행선에 표시하는 경우
- 선체에 표시하는 경우에는 50센티미터 이상
- 수평안정판과 수직안정판에 표시하는 경우에는 15센티미터 이상

⑤ 등록부호의 폭·선 등
　가. 문자와 숫자 폭과 붙임표(—)의 길이 : 문자 및 숫자의 높이의 2/3, 다만 영문자 I와 아라비아 숫자 1은 제외
　나. 선의 굵기 : 문자 및 숫자의 높이의 1/6
　다. 간격 : 문자 및 숫자의 폭의 1/4 ~ 1/2

⑥ 등록기호표, 등록부호를 표시하지 않아도 되는 항공기
　가. 국내에서 수리·개조 또는 제작한 후 수출할 항공기
　나. 국내에서 제작되거나 외국으로부터 수입하는 항공기로서 대한민국의 국적을 취득하기 전 항공기
　다. 항공기 제작자, 연구기관 등에서 연구 및 개발 중인 항공기

⑦ 등록부호 표시의 예외
　부득이한 사유가 있다고 인정하는 경우 또는 국가기관등항공기에 대해서는 등록부호의 표시 위치, 높이, 폭 등에 대하여 국토부장관과 협의하여 따로 정할 수 있음

제2장 항공기 등록 기출문제풀이

01 다음 중 항공기 등록의 종류가 아닌 것은?

① 이전등록
② 변경등록
③ 말소등록
④ 임차등록

해설

항공안전법 제13조~제15조

02 항공기의 등록에 대한 설명 중 틀린 것은?

① 등록된 항공기는 대한민국의 국적을 취득한다.
② 세관이나 경찰업무에 사용하는 항공기는 등록할 필요가 없다.
③ 항공기에 대한 임차권은 등록하여야 제3자에게 효력이 있다.
④ 국토교통부장관의 허가를 필요로 한다.

해설

항공안전법 제7조(항공기등록), 제8조(항공기 국적의 취득), 제9조(항공기 소유권 등)

03 다음 중 등록을 필요로 하지 아니하는 항공기는?

① 법 제145조 단서의 규정에 의하여 허가를 받은 항공기
② 국내에서 제작되거나 외국으로부터 수입하는 항공기
③ 국내에서 수리·개조 또는 제작한 후 수출할 항공기
④ 외국에 임대할 목적으로 도입한 항공기로서 외국 국적을 취득할 항공기

해설

항공안전법 시행령 제4조

04 다음 중 등록을 하여야 하는 항공기는?

① 군용으로 사용하는 항공기
② 세관업무용으로 사용하는 항공기
③ 산림화재를 진압하기 위하여 사용하는 항공기
④ 경찰업무용으로 사용하는 항공기

해설

항공안전법 시행령 제4조

[정답] 01 ④ 02 ④ 03 ④ 04 ③

05 다음 중 등록을 요하지 아니하는 항공기가 아닌 것은?

① 외국에 임대할 목적으로 도입한 항공기로서 외국국적을 취득할 항공기
② 국내에서 제작한 항공기로서 제작자 외의 소유자가 결정되지 아니한 항공기
③ 외국에 등록된 항공기를 임차하여 운영하는 경우의 당해 항공기
④ 대한민국 국민이 사용할 수 있는 권리가 있는 외국인 소유 항공기

해설

항공안전법 시행령 제4조

06 다음 중 소유하거나 임차한 항공기를 등록할 수 있는 경우는?

① 외국정부 또는 외국의 공공단체
② 외국의 법인 또는 단체
③ 외국의 국적을 가진 항공기를 임차한 법인 또는 단체
④ 외국인이 주식이나 지분의 2분의 1 이상을 소유하고 있는 법인

해설

항공안전법 제10조

07 다음 중 항공기 등록의 제한사유가 아닌 것은?

① 대한민국의 국민이 아닌 자
② 외국인이 주식의 1/2 이상을 소유하는 법인
③ 외국의 공공단체 또는 법인
④ 외국인 소유 항공기를 임차한 자

해설

항공안전법 제10조(항공기 등록의 제한)

08 다음 중 대한민국 국적으로 등록할 수 있는 항공기는?

① 외국에서 우리나라 국민이 제작한 항공기
② 외국에서 우리나라 국민이 수리한 항공기
③ 외국인 국제항공운송사업자가 국내에서 해당 사업에 사용하는 항공기
④ 외국 항공기의 국내 사용 단서에 따라 국토교통부장관의 허가를 받은 항공기

해설

항공안전법 제10조

09 다음 중 국토교통부장관에게 보고하여야 할 항공안전장애의 범위에 속하지 않는 것은?

① 운항 중 엔진 덮개의 풀림이나 이탈
② 운항 중 항공기 구조상의 결함 발생
③ 운항 중 비상조치를 하게 하는 항공기 구성품 또는 시스템의 고장
④ 비행 중 정상적인 조종을 할 수 없는 정도의 레이저 광선에 노출

해설

항공안전법 시행규칙 제10조 별표 3(항공안전장애의 범위)

10 항공기 등록시 필요한 서류가 아닌 것은?

① 등록원인 증명 서류
② 감항증명서
③ 등록면허세 납부증명서
④ 항공기 취득가격 증명서

해설

항공기등록규칙 제22조(등록신청에 필요한 서류)

[**정답**] 05 ④ 06 ③ 07 ④ 08 ① 09 ② 10 ②

11 다음 중 등록을 필요로 하지 아니하는 항공기에 해당되지 않는 것은?

① 군 또는 세관에서 사용하거나 경찰업무에 사용하는 항공기
② 국내에서 제작한 항공기로서 제작자 외의 소유자가 결정되지 않은 항공기
③ 외국에 임대할 목적으로 도입한 항공기
④ 국토교통부의 점검용 항공기

해설

항공안전법 시행령 제4조(등록을 필요로 하지 아니하는 항공기의 범위)

12 다음 중 등록을 필요로 하는 항공기는?

① 군 또는 세관에서 사용하거나 경찰업무에 사용하는 항공기
② 대한민국 국민이 사용할 수 있는 권리가 있는 외국인 소유 항공기
③ 외국에 임대할 목적으로 도입한 항공기로서 외국 국적을 취득할 항공기
④ 국내에서 제작한 항공기로서 제작자 외의 소유자가 결정되지 아니한 항공기

해설

항공안전법 시행령 제4조(등록을 필요로 하지 아니하는 항공기의 범위)

13 다음 중 항공기 등록의 제한사유가 아닌 것은?

① 외국정부 또는 외국의 공공단체
② 대한민국의 국민이 아닌 사람
③ 외국의 법인 또는 단체
④ 외국인 소유 항공기를 임차한 사람

14 항공기 등록의 제한 사유에 대한 것이다. 해당 되지 않는 것은?

① 대한민국의 국민이 아닌 사람
② 외국정부 또는 외국의 공공단체
③ 외국인이 대표자이거나 외국인이 임원수의 2분의 1 이상인 법인
④ 외국의 법인 또는 단체가 주식이나 지분의 3분의 1 이하를 소유하고 있는 법인

해설

항공안전법 제10조(항공기 등록의 제한)

15 소유자 등이 항공기의 등록을 신청한 경우에 국토교통부장관이 항공기등록원부에 기록해야 할 사항이 아닌 것은?

① 항공기의 형식
② 제작 연월일
③ 항공기의 정치장
④ 등록기호

해설

항공안전법 제11조(항공기 등록사항)

16 항공기의 등록원부에 기재해야 할 사항이 아닌 것은?

① 항공기의 형식
② 항공기의 등록기호
③ 항공기의 부품일련번호
④ 소유자 또는 임차인의 성명, 명칭과 주소

해설

항공안전법 제11조(항공기 등록사항)

[정답] 11 ④ 12 ② 13 ④ 14 ④ 15 ② 16 ③

17 항공기의 등록원부에 기재하는 사항이 아닌 것은?

① 항공기의 형식
② 항공기의 제작자
③ 항공기의 등록연월일
④ 항공기의 감항증명번호

해설

항공안전법 제11조(항공기 등록사항) 제1항 참조

18 다음 중 변경등록의 신청을 하여야 할 사유는?

① 소유자의 변경
② 항공기의 등록번호 변경
③ 항공기 형식의 변경
④ 정치장의 변경

해설

항공안전법 제13조(항공기 변경등록)

19 항공기 소유자가 서울에서 부산으로 이사를 갔을 경우 해야 하는 등록은?

① 이전등록　　② 말소등록
③ 변경등록　　④ 신규등록

해설

항공안전법 제13조(항공기 변경등록)

20 변경등록, 이전등록의 신청은 사유가 있는 날부터 며칠 이내에 해야 하는가?

① 7일　　② 10일
③ 15일　　④ 20일

해설

항공안전법 제13조(항공기 변경등록), 제14조(항공기 이전등록)

21 사고로 인해 항공기가 멸실된 경우 말소등록은 사유가 있는 날부터 며칠 이내에 해야 하는가?

① 7일　　② 10일
③ 12일　　④ 15일

해설

항공안전법 제15조(항공기 말소등록)

22 말소등록의 사유가 발생하여도 소유자가 말소등록의 신청을 하지 않는 경우 국토교통부장관은 며칠 이상의 기간을 정하여 말소등록을 할 것을 최고하여야 하는가?

① 3일　　② 5일
③ 7일　　④ 9일

해설

항공안전법 제15조(항공기 말소등록)

23 다음 중 말소등록을 해야 하는 경우는?

① 항공기사고 등으로 항공기의 위치를 1개월 이내에 확인할 수 없다.
② 보관을 위해 항공기를 해체하였다.
③ 임차기간이 만료되었다.
④ 대한민국 국민이 아닌 자에게 항공기를 양도하였다. (단, 대한민국 국적은 유지함)

해설

항공안전법 제15조(항공기 말소등록)

[정답] 17 ④　18 ④　19 ③　20 ③　21 ④　22 ③　23 ③

24 다음 중 말소등록을 신청하여야 하는 경우가 아닌 것은?

① 항공기의 존재여부가 1개월 이상 불분명한 경우
② 항공기를 보관하기 위하여 해체한 경우
③ 대한민국의 국민이 아닌 자에게 항공기를 임대한 경우
④ 임차기간의 만료로 항공기를 사용할 수 있는 권리가 상실된 경우

해설

항공안전법 제15조(항공기 말소등록)

25 말소등록의 사유로 맞는 것은?

① 항공기를 보관하기 위하여 해체한 경우
② 외국인에게 항공기를 양도한 경우
③ 항공기의 소유권을 이전한 경우
④ 항공기의 정치장을 변경한 경우

해설

항공안전법 제15조(항공기 말소등록)

26 항공기에 출입구가 있는 경우, 항공기 등록기호표의 부착위치는?

① 주출입구
② 객실 내부
③ 주출입구 윗부분 안쪽
④ 주출입구 바깥쪽

해설

항공안전법 시행규칙 제12조(등록기호표의 부착)

27 다음 중 국적 및 등록기호의 표시에 관한 설명 중 틀린 것은?

① 등록기호표는 강철 등 내화금속으로 되어 있어야 한다.
② 등록기호표는 가로 7센티미터, 세로 5센티미터의 직사각형이다.
③ 등록기호표는 항공기 주출입구 윗부분 안쪽 보기쉬운 곳에 붙여야 한다.
④ 등록기호표에는 국적기호 또는 등록기호, 소유자의 명칭 중 하나만 표시한다.

해설

항공안전법 시행규칙 제12조(등록기호표의 부착)

28 등록기호표에 포함되어야 할 내용은?

① 국적기호, 식별부호와 항공기 기종
② 국적기호, 식별부호와 소유자 명칭
③ 국적기호, 등록기호와 항공기 기종
④ 국적기호, 등록기호와 소유자 명칭

해설

항공안전법 시행규칙 제12조(등록기호표의 부착)

29 다음 등록기호표에 대한 설명 중 맞는 것은?

① 등록기호표에 적어야 할 사항은 국적기호 및 등록기호와 제작연월일이다.
② 등록기호표는 강철 등과 같은 내화금속으로 만든다.
③ 등록기호표는 항공기 출입구 윗부분의 바깥쪽 보기 쉬운 곳에 부착한다.
④ 등록기호표의 크기는 가로 5cm, 세로 7cm의 직사각형이다.

[정답] 24 ② 25 ② 26 ③ 27 ④ 28 ④ 29 ②

해설

항공안전법 시행규칙 제12조(등록기호표의 부착)

30 등록기호표에 포함되지 않는 것은?

① 국적기호 ② 등록기호
③ 항공기 기종 ④ 소유자 명칭

해설

항공안전법 시행규칙 제12조(등록기호표의 부착)

31 우리나라의 국적기호는?

① HL ② KOR
③ KAL ④ ZK

해설

국적기호는 국제전기통신조약에 의하여 각국에 할당된 무선국의 호출부호 중에서 선정

32 항공기 등록기호표의 크기는?

① 가로 7센티미터, 세로 5센티미터의 직사각형
② 가로 9센티미터, 세로 7센티미터의 직사각형
③ 가로 5센티미터, 세로 7센티미터의 직사각형
④ 가로 7센티미터, 세로 9센티미터의 직사각형

해설

항공안전법 시행규칙 제12조(등록기호표의 부착)

33 항공기 등록기호표의 부착에 대한 설명으로 틀린 것은?

① 항공기에 출입구가 있는 경우 주출입구 윗부분의 안쪽 보기 쉬운 곳에 붙여야 한다.

② 가로 7cm, 세로 5cm의 내화금속으로 만든다.
③ 등록기호표는 주익면과 미익면에 부착한다.
④ 국적기호 및 등록기호와 소유자 등의 명칭을 기재한다.

해설

항공안전법 시행규칙 제12조(등록기호표의 부착)

34 항공기 등록부호의 표시 방법에 대한 설명 중 틀린 것은?

① 국적기호는 로마자의 대문자 HL로 표시한다.
② 등록기호의 첫 글자가 문자인 경우 국적기호와 등록기호 사이에 붙임표를 삽입한다.
③ 등록기호는 국적기호의 앞에 표시한다.
④ 등록기호는 지워지지 않고 배경과 선명하게 대조되도록 표시한다.

해설

항공안전법 시행규칙 제13조(국적 등의 표시)

35 항공기 등록부호 표시에 관한 설명으로 틀린 것은?

① 등록기호는 국적기호 뒤에 표시
② 등록부호는 지워지지 아니하고 배경과 선명하게 대조되는 색으로 표시
③ 등록기호는 장식체의 4개의 아라비아 숫자로 표시
④ 국적기호는 장식체가 아닌 로마자의 대문자 HL로 표시

해설

항공안전법 시행규칙 제13조(국적 등의 표시)

[정답] 30 ③ 31 ① 32 ① 33 ③ 34 ③ 35 ③

36 항공기의 국적기호 및 등록기호 표시 방법 중 틀린 것은?

① 등록기호는 국적기호의 뒤에 이어서 표시해야 한다.
② 국적기호는 장식체가 아닌 로마자의 대문자 HL로 표시해야 한다.
③ 등록기호의 첫 글자가 숫자인 경우 국적기호와 등록기호 사이에 붙임표를 삽입하여야 한다.
④ 등록부호는 지워지지 아니하고 배경과 선명하게 대조되도록 표시해야 한다.

> 해설
> 항공안전법 시행규칙 제13조(국적 등의 표시)

37 항공기 등록부호의 표시방법에 대한 설명이 아닌 것은?

① 국적기호는 로마자 대문자로 표시한다.
② 국적기호는 등록기호 앞에 있다.
③ 등록기호는 영어로 표시한다.
④ 등록기호는 지워지지 아니하고 배경과 선명하게 대조되는 색으로 표시한다.

> 해설
> 항공안전법 시행규칙 제13조(국적 등의 표시)

38 등록부호의 표시방법에 대한 설명 중 맞는 것은?

① 국적기호는 장식체가 아닌 로마자의 대문자 HL로 표시하여야 한다.
② 등록기호는 장식체의 4개의 아라비아 숫자로 표시하여야 한다.
③ 국적기호는 등록기호의 뒤에 이어서 표시하여야 한다.
④ 등록기호의 첫 글자가 숫자인 경우 국적기호와 등록기호 사이에 붙임표를 삽입하여야 한다.

> 해설
> 항공안전법 시행규칙 제13조(국적 등의 표시)

39 헬리콥터 등록부호의 표시에 사용하는 각 문자와 숫자의 높이는?

① 동체 아랫면 50cm 이상, 동체 옆면 20cm 이상
② 동체 아랫면 50cm 이상, 동체 옆면 30cm 이상
③ 동체 아랫면 20cm 이상, 동체 옆면 50cm 이상
④ 동체 아랫면 30cm 이상, 동체 옆면 50cm 이상

> 해설
> 항공안전법 시행규칙 제15조(등록부호의 높이)

40 등록부호에 사용하는 각 문자와 숫자의 높이가 틀린 것은?

① 비행기 주날개에 표시하는 경우 50cm 이상
② 활공기 주날개에 표시하는 경우 30cm 이상
③ 헬리콥터 동체 옆면에 표시하는 경우 30cm 이상
④ 비행선 선체에 표시하는 경우 50cm 이상

> 해설
> 항공안전법 시행규칙 제15조(등록부호의 높이)

[정답] 36 ③ 37 ③ 38 ① 39 ② 40 ②

41 등록부호에 사용하는 각 문자와 숫자의 높이에 대한 설명 중 잘못된 것은?

① 비행기와 활공기의 주 날개에 표시하는 경우에는 50cm 이상
② 비행기와 활공기의 수직 꼬리날개에 표시하는 경우에는 30cm 이상
③ 헬리콥터의 동체 아랫면에 표시하는 경우에는 30cm 이상
④ 헬리콥터의 동체 옆면에 표시하는 경우에는 30cm 이상

해설

항공안전법 시행규칙 제15조(등록부호의 높이)

42 등록부호에 사용되는 각 문자와 숫자의 폭, 선의 굵기 및 간격에 대한 설명 중 틀린 것은?

① 선의 굵기는 문자 및 숫자의 높이의 6분의 1
② 간격은 문자의 폭의 4분의 1 이상 2분의 1 이하
③ 문자와 숫자의 폭은 문자 높이의 3분의 2. 다만, 아라비아 숫자 중 1은 그러하지 아니하다.
④ 간격은 문자의 폭의 4분의 1 이상 2분의 1 이하. 다만, 아라비아 숫자의 경우에는 높이의 6분의 1 이하

해설

항공안전법 시행규칙 제16조(등록부호의 폭·선 등)

43 등록부호에 사용하는 각 문자와 숫자의 크기에 대한 설명 중 잘못된 것은?

① 문자의 폭은 문자 높이의 3분의 2로 한다.
② 숫자의 폭은 문자 높이의 2분의 1로 한다.
③ 선의 굵기는 문자 및 숫자의 높이의 6분의 1로 한다.
④ 문자의 간격은 문자의 폭의 4분의 1 이상 2분의 1 이하로 한다.

해설

항공안전법 시행규칙 제16조(등록부호의 폭·선 등)

44 등록부호에 사용하는 각 문자와 숫자의 크기에 대한 설명 중 잘못된 것은?

① 모든 영문자와 아라비아 숫자의 폭은 문자 및 숫자의 높이의 3분의 2로 한다.
② 폭은 문자 높이의 3분의 2로 한다.
③ 선의 굵기는 문자 및 숫자의 높이의 6분의 1로 한다.
④ 간격은 각 문자의 폭의 4분의 1 이상 2분의 1 이하로 한다.

해설

항공안전법 시행규칙 제16조(등록부호의 폭·선 등)

45 항공기 등록기호표의 부착은 누가 하는가?

① 항공기 소유자
② 국토교통부 담당 공무원
③ 항공기 제작자
④ 유자격 정비사

해설

항공안전법 제17조(항공기 등록기호표의 부착)

[정답] 41 ③ 42 ④ 43 ② 44 ① 45 ①

46 항공기 등록기호표는 언제 부착하는가?

① 항공기를 등록할 때
② 항공기를 등록한 후에
③ 감항증명 신청시
④ 감항증명을 받을 때

해설

항공안전법 제17조(항공기 등록기호표의 부착)

47 항공기를 운항하기 위하여 표시하여야 할 사항이 아닌 것은?

① 국적기호
② 등록기호
③ 당해국의 국기
④ 소유자의 성명 또는 명칭

해설

항공안전법 제18조(항공기 국적 등의 표시) 제1항

[정답] 46 ② 47 ③

항공안전법
항공기기술기준 및 형식증명 등

제19조 항공기 기술기준

1. 항공기의 항행안전을 확보하기 위하여 항공기등, 장비품, 부품에 대한 기술상의 기준

   (1) 항공기 기술기준 포함내용

   ① 항공기등의 감항기준
   ② 항공기등의 환경기준(배출가스 배출기준 및 소음기준을 포함한다)
   ③ 항공기등이 감항성을 유지하기 위한 기준
   ④ 항공기등, 장비품 또는 부품의 식별 표시 방법
   ⑤ 항공기등, 장비품 또는 부품의 인증절차

   (2) 항공기 기술기준 구성내용

   ① KAS Part 1 총칙
   ② KAS Part 21 항공기 등, 장비품 및 부품 인증절차
   ③ KAS Part 22 활공기에 대한 기술기준
   ④ KAS Part 23 감항분류가 보통(N)인 비행기에 대한 기술기준
   ⑤ KAS Part 25 감항분류가 수송(T)
   ⑥ KAS Part 26 수송류 비행기에 대한 감항성유지와 안전성 향상기준
   ⑦ KAS Part 27 감항분류가 보통(N)인 회전익항공기
   ⑧ KAS Part 29 감항분류가 수송(TA TB) 회전익항공기
   ⑨ KAS Part 30 비행선
   ⑩ KAS Part 33 엔진
   ⑪ KAS Part 34 연료·배기가스 배출기준
   ⑫ KAS Part 35 프로펠러
   ⑬ KAS Part 36 소음
   ⑭ KAS Part 45 식별 표시
   ⑮ KAS Part VLR 경회전익항공기(VLR)류 회전익항공기

> **항공기 감항유형별 분류 : 고정익, 회전익**
>
> - 고정익
>   ① 곡예 A(Acrobatic) : 최대 하중배수 6.0, 최대 이륙중량이 5,700kg 이하로서, 보통 N류에 적용하는 비행 및 곡예비행에 적합할 것
>   ② 실용 U(Utility) : 최대 하중배수 4.4, 최대 이륙중량이 5,700kg 이하로서, 보통 N류에 적용하는 비행 및 60도 경사를 넘는 선회비행, 도래비행(Lazy Flight), 급상승 방향전환(chandelle), 급선회(Steep Turns) 비행에 적합한 것
>   ③ 보통 N(Normal) : 최대 하중배수 2.5−3.8, 최대 이륙중량이 5,700kg 이하로서, 보통의 비행(60도 경사를 넘지 않는 선회 및 실속)에 적합한 것
>   ④ 커뮤터 C(Commuter) : 최대 하중배수 3.8, 최대 이륙중량이 19,000lbs 이하인 비행기
>   ⑤ 수송 T(Transport) : 최대 하중배수 2.5이상, 항공수송 사업용으로 적합한 비행기
>
> - 회전익
>   ① 보통 N(Normal) : 최대 하중배수 3.5, 최대 이륙중량이 2,700kg 이하의 회전익 항공기
>   ② 수송 TA(Transport A) : 최대 하중배수 2.0, 항공수송 사업용으로 적합한 다발 회전익 항공기, 임계발동기가 정지되어도 안전하게 운항할 수 있는 것
>   ③ 수송 TB(Transport B) : 최대 하중배수 2.0, 최대 이륙중량이 9,000kg 이하인 회전익 항공기, 항공수송 사업용으로 적합할 것

제20조 형식증명/제한형식증명/부가형식증명

1. 형식증명/제한형식증명/부가형식증명

   (1) **형식증명** : 항공기등의 설계가 항공기기술기준에 적합한지를 검사한 후 발행하는 증명

   (2) **제한형식증명** : 설계가 항공기의 특정한 업무와 관련된 항공기기술기준에 적합하고, 제시된 운용범위에서 안전하게 운항할 수 있음을 증명
   ※ 산불진화, 수색구조, 응급구조 등 특정한 업무에 사용되는 항공기

   (3) **부가형식증명** : 형식증명, 제한형식증명, 형식증명승인을 받은 항공기등의 설계변경을 한 경우 받아야 하는 증명

2. 형식증명/제한형식증명 신청 및 변경 신청

   (1) 신청서류

   ① 인증계획서(Certification Plan), 항공기 3면도
   ② 발동기의 설계·운용 특성 및 운용한계에 관한 자료(발동기만 해당)

(2) 증명을 위한 검사범위
① 해당 형식의 설계에 대한 검사
② 해당 형식의 설계에 따라 제작되는 항공기등의 제작과정에 대한 검사
③ 항공기등의 완성 후의 상태 및 비행성능 등에 대한 검사
※ 형식설계를 변경하는 경우에는 변경하는 사항에 대한 검사만 해당

(3) 증명서 발급 : '항공기 기술기준'에 적합한지 검사 후 발급

(4) 증명서 양도/양수 : 장관에게 양도사실 보고 후 재발급 신청

3. 부가형식증명

(1) 형식증명/제한형식증명/형식증명승인을 받은 항공기등의 설계를 변경하기 위하여 받아야 하는 증명

(2) 신청서류
① 항공기기술기준에 대한 적합성 입증계획서
② 설계도면 및 설계도면 목록
③ 부품표 및 사양서
④ 그 밖에 참고사항을 적은 서류

(3) 부가형식증명을 위한 검사범위
① 변경되는 설계에 대한 검사
② 변경되는 설계에 따라 제작되는 항공기등의 제작과정에 대한 검사
③ 완성 후의 상태 및 비행성능에 관한 검사

4. 형식증명/제한형식증명/부가형식증명 취소 및 효력정지

(1) 취소 : 거짓, 부정한 방법으로 형식증명/부가형식증명을 받은 경우

(2) 취소 또는 6개월이내 효력정지 : 항공기 등이 형식증명/부가형식증명 당시의 '항공기 기술기준'에 적합하지 아니한 경우

제21조 형식증명승인/부가형식증명승인

1. 형식증명승인/부가형식증명승인

(1) **형식증명승인** : 항공기등의 설계에 대하여 외국정부로부터 받은 형식증명이 항공기기술기준에 적합하다는 국토교통부에서 발급하는 증명

(2) **부가형식증명승인** : 외국정부로부터 그 설계에 관한 부가형식증명을 받은 사항이 있는 경우에 항공기기술기준에 적합하다는 국토교통부에서 발급하는 증명

2. 형식증명승인/부가형식증명승인 방법

(1) 아래의 항공기는 발동기와 프로펠러를 포함하여 신청할 수 있고, 항공안전협정을 체결한 국가로부터 형식증명을 받았을 경우 그 항공기와 발동기, 프로펠러는 형식증명승인을 받은 것으로 본다.
  ① 최대이륙중량 5,700kg 이하의 비행기
  ② 최대이륙중량 3,175kg 이하의 헬리콥터

(2) 그 외 항공안전협정을 체결한 국가로부터 형식증명/부가형식증명을 받았을 경우, 검사의 일부를 생략할 수 있음

3. 형식증명승인 신청 등

(1) 신청서류
  ① 외국정부의 형식증명서, 형식증명자료집, 설계 개요서
  ② 항공기기술기준에 적합함을 입증하는 자료
  ③ 비행교범 또는 운용방식을 적은 서류
  ④ 정비방식을 적은 서류
  ⑤ 그 밖에 참고사항을 적은 서류

(2) 형식증명승인을 위한 검사 범위
  ① 해당 형식의 설계에 대한 검사
  ② 해당 형식의 설계에 따라 제작되는 항공기등의 제작과정에 대한 검사

(3) (일부생략)인 경우 서류확인으로 대체 가능
  ① 외국 정부의 형식증명서
  ② 형식증명자료집

4. 부가형식증명승인 신청 등

(1) 신청서류
  ① 외국정부의 부가형식증명서, 변경되는 설계 개요서
  ② 변경되는 설계가 항공기기술기준에 적합함을 입증하는 자료
  ③ 변경되는 설계에 따라 개정된 비행교범(운용방식을 포함한다)
  ④ 변경되는 설계에 따라 개정된 정비교범(정비방식을 포함한다)
  ⑤ 그 밖에 참고사항을 적은 서류

(2) 일부생략인 경우 신청서류
  ① 외국정부의 부가형식증명서
  ② 변경되는 설계에 따라 개정된 비행교범(운용방식을 포함)

③ 변경되는 설계에 따라 개정된 정비교범(정비방식을 포함)
④ 부가형식증명을 발급한 해당 외국정부의 신청서 서신

  (3) 검사 범위
    ① 변경되는 설계에 대한 검사
    ② 변경되는 설계에 따라 제작되는 항공기등의 제작과정에 대한 검사

5. 형식증명승인/부가형식증명승인 취소 및 효력정지
  (1) **취소** : 거짓, 부정한 방법으로 형식증명승인/부가형식증명승인 받은 경우
  (2) **취소 또는 6개월이내 효력정지** : 항공기 등이 형식증명승인/부가형식증명승인 당시의 '항공기 기술기준'에 적합하지 아니한 경우

제22조 제작증명

1. **제작증명** : 인가된 설계에 일치하게 항공기등을 제작할 수 있는 기술, 설비, 인력 및 품질관리체계 등을 갖추고 있음을 증명

2. **제작증명 신청서류**
  (1) 품질관리규정
  (2) 제작하려는 항공기등의 제작 방법 및 기술 등을 설명하는 자료
  (3) 제작 설비 및 인력 현황
  (4) 품질관리 및 품질검사의 체계를 설명하는 자료
  (5) 제작하려는 항공기등의 감항성 유지 및 관리체계를 설명하는 자료

3. **검사범위** : 해당 항공기등에 대한 제작기술, 설비, 인력, 품질관리체계, 제작관리체계 및 제작과정
  ※ 항공기등, 장비품, 부품의 감항성에 영향을 미칠 수 있는 설비의 이전이나 증설 또는 품질관리체계의 변경이 있는 경우 보고해야 함

4. 제작증명서는 타인에게 양도/양수할 수 없음

5. **제작증명 취소 및 효력정지**
  (1) **취소** : 거짓, 부정한 방법으로 제작증명을 받은 경우
  (2) **취소 또는 6개월이내 효력정지** : 항공기 제작증명 당시 '항공기 기술기준'에 적합하지 아니하게 된 경우

제23조 감항증명 및 감항성 유지

1. **감항증명** : 항공기가 안전하게 비행할 수 있는 성능(감항성)이 있다는 증명
   (1) **표준 감항증명** : 항공기가 형식증명 또는 형식증명승인에 따라 인가된 설계에 일치하게 제작되고, 안전하게 운항할 수 있다는 증명
   (2) **특별 감항증명** : 항공기가 제한형식증명을 받았거나 항공기의 연구, 개발 등의 항공기에 대하여 제작자 또는 소유자등이 제시한 운용범위를 검토하여 안전하게 운항할 수 있다는 증명

2. **감항증명 대상**
   (1) 감항증명을 받지 아니한 항공기를 운항하여서는 아니 된다.
   (2) 대한민국 국적을 가진 항공기가 아니면 받을 수 없다.

   > **예외적으로 감항증명을 받을 수 있는 항공기**
   > ① 국제항공 발전에 지장을 초래하지 아니하는 범위에서 운항횟수 및 사용 항공기의 기종(機種)을 제한하여 사업을 허가 받은 (외국)항공기
   > ② 국내에서 수리·개조 또는 제작한 후 수출할 항공기
   > ③ 국내에서 제작되거나 외국으로부터 수입하는 항공기로서 대한민국의 국적을 취득하기 전에 감항증명을 신청한 항공기

3. **감항증명 신청/검사범위 등**
   (1) **신청서류**
      ① 비행교범, 정비교범
      ② 그 밖에 감항증명과 관련하여 필요하다고 인정하여 고시하는 서류
   (2) **감항증명을 받지 아니한 항공기는 운항할 수 없음**
      ① 유효기간 : 1년
      ② 감항성 유지능력 등을 고려하여 국토교통부령으로 정하는 바에 따라 유효기간을 연장하거나 단축할 수 있다.
   (3) **감항증명은 대한민국 국적 항공기만 가능**
   (4) **감항증명 검사범위**
      ① 해당 항공기의 설계, 제작과정, 완성 후의 상태와 비행성능이 항공기기술기준에 적합하고 안전하게 운항할 수 있는지 여부를 검사
      ② 해당 항공기의 운용한계를 지정하여야 한다.

가. 속도에 관한 사항

나. 발동기 운용성능에 관한 사항

다. 중량 및 무게중심에 관한 사항

라. 고도에 관한 사항

마. 그 밖에 성능한계에 관한 사항

(5) 검사의 일부생략
① 형식증명, 제한형식증명 받은 항공기 : 설계에 대한 검사
② 형식증명승인을 받은 항공기 : 설계에 대한 검사와 제작과정에 대한 검사
③ 제작증명을 받은 자가 제작한 항공기 : 제작과정에 대한 검사
④ 감항성이 있다는 승인을 받아 수입하는 신규생산 완제기 : 비행성능에 대한 검사

(6) 감항성 유지 방법
① 해당 항공기의 운용한계 범위에서 운항할 것
② 제작사에서 제공하는 정비교범, 기술문서 또는 국토교통부장관이 고시하는 정비방법에 따라 정비등을 수행할 것
③ 감항성 개선 또는 검사·정비등의 명령에 따른 정비등을 수행할 것

(7) 감항증명 취소 및 효력정지
① 취소 : 거짓, 부정한 방법으로 감항증명을 받은 경우
② 취소 또는 6개월이내 효력정지 : 항공기가 감항증명 당시의 '항공기 기술기준'에 적합하지 아니하게 된 경우

4. 특별감항증명의 대상

(1) 항공기 개발 관련된 경우
① 항공기 제작자, 연구기관 등에서 연구 및 개발 중인 경우
② 판매 등을 위한 전시 또는 시장조사에 활용하는 경우
③ 조종사 양성을 위하여 조종연습에 사용하는 경우

(2) 항공기제작, 정비, 수출 등 관련된 경우
① 제작·정비·수리 또는 개조 후 시험비행을 하는 경우
② 정비·수리 또는 개조를 위한 장소까지 승객·화물을 싣지 아니하고 비행하는 경우
③ 수입하거나 수출하기 위하여 승객·화물을 싣지 아니하고 비행하는 경우
④ 설계에 관한 형식증명을 변경하기 위하여 운용한계를 초과하는 시험비행을 하는 경우

(3) 무인항공기를 운항하는 경우

(4) 특정업무수행에 사용하는 경우

① 재난·재해 등으로 인한 수색·구조에 사용되는 경우
② 산불의 진화 및 예방에 사용되는 경우
③ 응급환자의 수송 등 구조·구급활동에 사용되는 경우
④ 씨앗 파종, 농약 살포 또는 어군(魚群)의 탐지 등 농·수산업에 사용되는 경우
⑤ 기상관측, 기상조절 실험 등에 사용되는 경우

(5) 이외에 공공의 안녕과 질서유지를 위한 업무를 수행하는 경우로서 국토교통부장관이 인정하는 경우

제24조 감항승인

1. 감항승인
우리나라에서 제작, 정비등을 수행한 항공기등, 장비품, 부품을 타인에게 제공하는 경우, 항공기등, 장비품, 부품이 항공기기술기준 또는 기술표준품 형식승인기준에 적합하다는 국토교통부장관의 감항승인을 받을 수 있다.

2. 감항승인을 신청할 수 있는 대상
(1) 항공기를 외국으로 수출하려는 경우
(2) 발동기·프로펠러, 장비품 또는 부품을 타인에게 제공하려는 경우

3. 감항승인 신청
(1) 항공기기술기준, 기술표준품형식승인기준에 적합함을 입증하는 자료
(2) 정비교범(제작사가 발행한 것)
(3) 그 밖에 감항성개선 명령의 이행 결과 등 국토교통부장관이 정하여 고시하는 서류

4. 감항승인 취소 및 효력정지
(1) **취소** : 거짓, 부정한 방법으로 감항승인 받은 경우
(2) **취소 또는 6개월이내 효력정지** : 감항승인 당시의 기술기준 또는 기술표준품의 형식승인기준에 적합하지 아니하게 된 경우

제25조 소음기준 적합증명

1. 소음기준 적합증명 대상
(1) 터빈발동기를 장착한 항공기, 국제선을 운항하는 항공기
(2) 항공기 감항증명 받는 경우
(3) 수리, 개조 등으로 항공기 소음치가 변동된 경우

2. 소음기준 적합증명을 받지 아니한 항공기, 항공기 기술기준에 적합하지 않은 항공기는 운항할 수 없음

3. 예외 (소음기준적합증명의 기준에 적합하지 아니한 항공기의 운항허가)
   (1) 생산업체, 연구기관 또는 제작자 등이 항공기 또는 그 장비품 등의 시험·조사·연구·개발을 위하여 시험비행을 하는 경우
   (2) 항공기의 제작 또는 정비등을 한 후 시험비행을 하는 경우
   (3) 항공기 정비등을 위한 장소까지 승객·화물을 싣지 않고 비행하는 경우
   (4) 항공기의 설계에 관한 형식증명을 변경하기 위하여 운용한계를 초과하는 시험비행을 하는 경우

제27조 기술표준품 형식승인

1. **형식승인 목적** : 항공기등의 감항성을 확보하기 위함

2. **승인 대상** : 장비품
   장비품을 설계·제작하려는 자는 기술표준품의 설계·제작에 대하여 국토교통부장관의 승인 필요 (항공안전협정 체결 국가는 받은 것으로 인정)

3. **기술표준품 형식승인 신청**
   (1) 기술표준품 인증계획서
   (2) 설계도면·설계도면 목록 및 부품목록
   (3) 제조규격서 및 제품사양서
   (4) 품질관리규정
   (5) 당해 기술표준품의 감항성 유지 및 사후인증관리계획서
   (6) 그 밖의 참고사항을 기재한 서류

4. **형식승인이 면제되는 기술표준품** : 형식승인을 받은 것으로 본다.
   (1) 형식증명을 받은 항공기에 포함되어 있는 기술표준품
   (2) 형식증명승인을 받은 항공기에 포함되어 있는 기술표준품
   (3) 감항증명을 받은 항공기에 포함되어 있는 기술표준품

5. **형식승인을 받지 아니한 기술표준품** : 제작·판매 또는 항공기에 사용해서는 안 됨

6. **기술표준품 형식승인 검사**

(1) 기술표준품 형식승인 기준에 적합하게 설계되었는지 여부
(2) 설계·제작과정에 적용되는 품질관리체계
(3) 기술표준품 관리체계
(4) 기술표준품의 최소성능표준에 대한 적합성
(5) 도면, 규격서, 제작공정 등에 관한 내용
(6) 기술표준품을 제작할 수 있는 기술·설비 및 인력 등에 관한 내용
(7) 기술표준품의 식별방법 및 기록유지 등에 관한 내용

> ※ 항공기기술기준위원회 (위원장 : 항공기술과장, 위원 6명)
> ① 항공기기술기준 및 기술표준품형식승인기준의 적합성에 관한 조언
> ② 항공기기술기준/기술표준품형식승인기준의 제·개정안 심의/의결

7. 형식승인 취소 및 효력정지

(1) **취소** : 거짓, 부정한 방법으로 기술표준품 형식승인 받은 경우
(2) **취소 또는 6개월이내 효력정지** : 기술표준품형식승인 당시의 기술표준품형식승인기준에 적합하지 아니하게 된 경우

제28조 부품등 제작자증명

1. **부품등 제작자증명** : 항공기 기술기준에 적합하게 장비품, 부품을 제작할 수 있는 인력, 설비, 기술, 검사체계를 갖추고 있는지에 대한 증명

2. **부품등(장비품+부품) 제작자증명의 신청**

    (1) 부품등 식별서
    (2) 항공기기술기준에 대한 적합성 입증 계획서 또는 확인서
    (3) 부품등의 설계도면·설계도면 목록 및 부품등의 목록
    (4) 부품등의 제조규격서 및 제품사양서
    (5) 해당 부품등의 감항성 유지 및 관리체계를 설명하는 자료
    (6) 그 밖에 참고사항을 적은 서류

3. **부품등 제작자증명의 검사범위**

    부품등이 항공기기술기준에 적합하게 설계되었는지 여부, 품질관리체계, 제작과정 및 부품등 관리체계에 대한 검사

4. 부품등 제작자증명을 받지 아니한 장비품, 부품의 제작, 판매, 사용 금지

> **예외로 부품등 제작자증명을 받지 않아도 되는 경우**
>
> ① 형식증명/부가형식증명/형식증명승인/부가형식증명승인 당시 장착된 장비품, 부품 제작자가 제작하는 같은 종류의 장비품/부품을 제작하는 경우
> ② 기술표준품 형식승인을 받아 제작하는 기술표준품
> ③ 「산업표준화법」 제15조제1항에 따라 인증받은 항공 분야 부품등
> ④ 전시·연구 또는 교육목적으로 제작되는 부품등
> ⑤ 국제적으로 공인된 규격에 합치하는 부품등 중 국토교통부장관이 정하여 고시하는 부품등

5. 제작자 증명 취소 및 효력정지

(1) **취소** : 거짓, 부정한 방법으로 부품 등 제작자증명을 받은 경우
(2) **취소 또는 6개월이내 효력정지** : 부품등 제작자증명 당시 항공기 기술기준에 적합하지 않게 된 경우

제29조 과징금 부과

1. 부과 대상
   (1) 형식증명, 부가형식증명, 제작증명, 기술표준품형식승인 또는 부품등제작자 증명의 효력정지를 명하는 경우로서 그 증명이나 승인의 효력정지가 항공기 이용자 등에게 심한 불편을 주거나 공익을 해할 우려가 있는 경우 효력정지 처분에 갈음하여 부과
   (2) 부과기준은 대통령령으로 정한다.
2. **부과 금액** : 1억 원 이하
3. **징수 방법** : 납부기한(20일이내)까지 과징금을 내지 않으면 국세체납처분의 예에 따라 징수

> **항공안전법 시행령 제5조 별표1**

(단위: 백만원)

위반행위	근거 법조문	과징금의 금액
가. 항공기등이 형식증명 또는 부가형식증명 당시의 항공기기술기준에 적합하지 않게 된 경우	법 제20조 제7항제2호	20
나. 항공기등이 제작증명 당시의 항공기기술기준에 적합하지 않게 된 경우	법 제22조 제5항제2호	20
다. 기술표준품이 기술표준품형식승인 당시의 기술표준품 형식승인기준에 적합하지 않게 된 경우	법 제27조 제4항제2호	20
라. 장비품 또는 부품이 부품등제작자증명 당시의 항공기 기술기준에 적합하지 않게 된 경우	법 제28조 제5항제2호	10

제30조 수리/개조승인

1. **수리/개조승인** : 항공기등, 장비품, 부품을 수리하거나 개조하려면, 그 수리·개조가 항공기기술 기준에 적합한지에 대하여 수리/개조승인을 받아야 한다.

2. **승인 받은 업무범위를 초과하는 수리/개조**
    (1) 정비조직인증을 받아 수리/개조
    (2) 정비조직인증을 받은 자에게 위탁하여 수리/개조

3. **수리/개조승인 신청**
    (1) 수리계획서 또는 개조계획서를 첨부하여 작업을 시작하기 10일 전까지 지방항공청장에게 제출
    (2) 포함내용
        ① 수리·개조 신청사유 및 작업 일정
        ② 작업을 수행하려는 인증된 정비조직의 업무범위
        ③ 수리·개조에 필요한 인력, 장비, 시설 및 자재 목록
        ④ 해당 항공기등 또는 부품등의 도면과 도면 목록
        ⑤ 수리·개조 작업지시서

4. **수리/개조승인을 받은 것으로 보는 경우(항공기 기술기준에 적합한 경우)**
    (1) 기술표준품 형식승인을 받은 자가 제작한 기술표준품을 직접 수리/개조
    (2) 부품등제작자증명을 받은 자가 제작한 장비품, 부품을 직접 수리/개조
    (3) 정비조직인증을 받은 자가 항공기등을 수리/개조하는 경우

제31조 항공기/장비품/조직/시설/인력 등 검사

1. 각종 증명·승인, 정비조직인증을 할 때에는 해당 항공기등 및 장비품을 검사하거나 이를 제작 또는 정비하려는 조직, 시설 및 인력 등을 검사

2. **검사관 임명 자격**
    (1) 항공정비사 자격증명을 받은 사람
    (2) 항공분야 기사 이상의 자격 취득한 사람
    (3) 항공기술 관련 분야에서 학사 이상의 학위를 취득한 후 3년 이상 항공기의 설계, 제작, 정비, 품질보증 업무에 종사한 경력이 있는 사람
    (4) 국가기관등항공기의 설계, 제작, 정비, 품질보증 업무에 5년 이상 종사한 경력이 있는 사람

제32조 항공기등의 정비등의 확인

1. **정비등의 확인**
   항공기, 장비품, 부품에 대하여 정비를 한 경우에는 항공정비사 자격증명을 받은 사람으로서, 다음의 자격요건을 갖춘 사람으로부터 감항성을 확인 받아야 한다.
   (경미한 정비 제외, 법30조의 수리·개조 승인을 받은 것은 제외)
   (1) 항공운송사업자 또는 항공기사용사업자에 소속된 사람 중 동일한 항공기 종류 또는 동일한 정비분야에 대해 최근 24개월 이내에 6개월 이상의 정비경험이 있는 사람
   (2) 정비조직인증을 받은 항공기정비업자에 소속된 사람 중 동일한 항공기 종류 또는 동일한 정비분야에 대해 최근 24개월 이내에 6개월 이상의 정비경험이 있는 사람
   (3) 자가용항공기를 정비하는 사람 중 해당 항공기 형식에 대하여 제작사가 정한 교육기준 및 방법에 따라 교육을 이수하고, 동일한 항공기 종류 또는 동일한 정비분야에 대해 최근 24개월 이내에 6개월 이상의 정비경험이 있는 사람
   (4) 제작사가 정한 교육기준 및 방법에 따라 교육을 이수한 사람 또는 이와 동등한 교육을 이수하여 국토교통부장관/지방항공청장으로부터 승인을 받은 사람

2. **경미한 정비의 범위** ☞ 시행규칙 68조
   (1) 간단한 보수를 하는 예방작업으로서 리깅(Rigging) 또는 간극의 조정작업 등 복잡한 결합작용을 필요로 하지 아니하는 규격장비품 또는 부품의 교환작업
   (2) 감항성에 미치는 영향이 경미한 범위의 수리작업으로서, 그 작업의 완료 상태를 확인하는 데에 동력장치의 작동 점검과 같은 복잡한 점검을 필요로 하지 아니하는 작업
   (3) 윤활유 보충 등 비행전후에 실시하는 단순하고 간단한 점검 작업

3. **정비등을 확인하는 방법**
   (1) 정해진 정비프로그램 또는 검사프로그램에 따른 방법
   (2) 국토부장관의 인가를 받은 기술자료 또는 절차에 따른 방법
   (3) 제작사에서 제공한 정비매뉴얼 또는 기술자료에 따른 방법
   (4) 제작국가 정부가 승인한 기술자료에 따른 방법
   (5) 국토부장관 또는 지방항공청장이 인정하는 기술자료에 따른 방법

4. **국외정비 확인**
   (1) 감항성을 확인받기 곤란한 대한민국 외의 지역에서 항공기등, 장비품 또는 부품에 대하여 정비등을 하는 경우 자격요건을 갖춘 사람으로부터 감항성 확인 받아야 함

(2) 국외정비 확인자

① 외국정부가 발급한 항공정비사 자격증명을 받은 사람

② 외국정부가 인정한 항공기정비사업자에 소속된 사람으로서 항공정비사 자격증명을 받은 사람과 동등하거나 그 이상의 능력이 있는 사람

제33조 항공기 고장, 결함, 기능장애 보고 의무

1. 보고 의무자

(1) 형식증명, 부가형식증명, 제작증명, 기술표준품형식승인 또는 부품등제작자증명을 받은 자 : 항공기 설계, 제작 결함으로 고장, 결함, 기능장애가 발생한 것을 알게 된 때, 장관에게 보고(96시간 이내)

(2) 항공운송사업자, 항공기사용사업자 : 항공기를 운영하거나 정비하는 중에 고장, 결함, 기능장애가 발생한 것을 알게 된 때, 장관에게 보고(96시간이내)

2. 대상결함 : 시행규칙 별표3의 5항. 항공안전장애

3. 보고서식 : 시행규칙 별지 제34호서식

제3장 항공기기술기준 및 형식증명 등
기출문제풀이

01 국토교통부장관이 고시하는 항공기기술기준에 포함되어야 할 사항이 아닌 것은?
① 감항기준
② 식별표시 방법
③ 성능 및 운용한계
④ 인증절차

해설
항공안전법 제19조(항공기기술기준)

02 항공기의 항행안전을 확보하기 위한 "항공기기술기준"은 누가 정하여 고시하는가?
① 국토교통부장관
② 한국교통안전공단 이사장
③ 항공기제작사 사장
④ 교육과학기술부장관

해설
항공안전법 제19조(항공기기술기준)

03 다음 중 비행기의 감항분류와 그 기호가 잘못 연결된 것은?
① N – 보통
② U – 실용
③ C – 수송
④ A – 곡기

해설
⑤ KAS Part 25 감항분류가 수송(T)

04 항공기 감항유별 기호가 옳지 않는 것은?
① N : 보통
② U : 실용
③ K : 곡기
④ T : 수송

05 항공기소유자에게 교부되는 운용한계 지정서에 포함될 사항이 아닌 것은?
① 항공기의 등급
② 감항증명번호
③ 항공기의 국적
④ 항공기의 제작일련번호

해설
항공안전법 시행규칙 별지 제18호 서식(운용한계 지정서)

06 항공기 감항증명 시 운용한계는 무엇에 의하여 지정하는가?
① 항공기의 종류, 등급, 형식
② 항공기의 중량
③ 항공기의 사용연수
④ 항공기의 감항분류

해설
항공안전법 시행규칙 제39조(항공기의 운용한계 지정)

[정답] 01 ③ 02 ① 03 ③ 04 ③ 05 ① 06 ④

07 국토교통부장관이 항공기등, 장비품 또는 부품의 안전을 확보하기 위하여 고시하는 항공기기술기준에 포함되어야 할 사항이 아닌 것은?

① 항공기등이 감항성을 유지하기 위한 기준
② 항공기등의 인증절차
③ 항공기등의 환경기준
④ 항공기등의 정비조직 인증기준

해설

항공안전법 제19조(항공기기술기준)

08 다음 중 형식증명을 받지 않아도 되는 것은?

① 항공기   ② 터빈 엔진
③ 주요 장비   ④ 프로펠러

해설

항공안전법 제20조(형식증명 등) 제1항 참조

09 형식증명을 위한 검사범위는?

① 당해 형식의 설계가 기술기준에 적합한지 검사한다.
② 당해 형식의 설계 및 제작과정을 검사한다.
③ 당해 형식의 설계, 제작과정 및 완성후의 상태를 검사한다.
④ 당해 형식의 설계, 제작과정 및 완성후의 상태와 비행성능을 검사한다.

해설

항공안전법 시행규칙 제20조(형식증명 등을 위한 검사범위)

10 다음 중 형식증명을 위한 검사범위에 해당되지 않는 것은?

① 해당 형식의 설계에 대한 검사
② 제작과정에 대한 검사
③ 완성 후의 상태 및 비행성능에 대한 검사
④ 제작공정의 설비에 대한 검사

해설

항공안전법 시행규칙 제20조(형식증명 등을 위한 검사범위)

11 다음 중 설계, 제작하려는 경우 형식승인을 받아야 하는 것은?

① 모든 장비품
② 사고한계 부품
③ 제작사에서 만든 부품
④ 국토교통부장관이 고시하는 장비품

해설

항공안전법 제20조(기술표준품 형식승인)

12 다음 중 형식증명의 대상이 아닌 것은?

① 항공기
② 장비품
③ 발동기
④ 프로펠러

해설

항공안전법 제20조(형식증명 등)

[정답] 07 ④ 08 ③ 09 ④ 10 ④ 11 ④ 12 ②

13 형식증명에 대한 설명 중 틀린 것은?

① 항공기·발동기 또는 프로펠러를 제작하려는 자는 그 항공기등의 설계에 관하여 국토교통부장관의 형식증명을 받을 수 있다.
② 국토교통부장관은 항공기기술기준에 적합한지의 여부를 검사하여 이에 적합하다고 인정되는 경우에는 형식증명서를 발급한다.
③ 형식증명서를 양도·양수하려는 자는 국토교통부장관에게 양도사실을 보고하고 형식증명서 재발급을 신청하여야 한다.
④ 형식증명은 대한민국의 국적을 가진 항공기가 아니면 이를 받을 수 없다. 다만 국토교통부령이 정하는 항공기의 경우에는 그러하지 아니하다.

해설

항공안전법 제20조(형식증명 등)

14 다음 중 형식증명을 위한 검사범위로 맞는 것은?

① 설계
② 설계, 제작과정
③ 설계, 제작과정, 완성후의 상태
④ 설계, 제작과정, 완성후의 상태, 비행성능

해설

항공안전법 시행규칙 제20조(형식증명 등을 위한 검사범위)

15 다음 중 형식증명승인을 받았다고 볼 수 있는 것은?

① 대한민국과 감항성에 관한 항공안전협정을 체결한 국가로부터 형식증명을 받은 항공기
② 항공안전법에 따른 형식증명을 받은 항공기
③ 항공안전법에 따른 감항증명을 받은 항공기
④ 항공안전법에 따른 수리,개조승인을 받은 항공기

해설

항공안전법 제21조(형식증명승인) 제2항

16 형식증명을 받은 항공기등을 제작하고자 할 때 국토교통부장관으로부터 받을 수 있는 것은?

① 감항증명 ② 제작증명
③ 형식증명승인 ④ 부품등제작자증명

해설

항공안전법 제22조(제작증명) 제1항 참조

17 형식증명을 받은 항공기등을 제작하려는 자는 국토교통부장관으로부터 항공기기술기준에 적합하게 항공기등을 제작할 수 있는 ( ), ( ), ( ) 및 ( ) 등을 갖추고 있음을 인증하는 제작증명을 받을 수 있다. 빈칸에 알맞은 말은?

① 설계, 제작과정, 인력, 제작관리체계
② 설계, 설비, 인력, 제작관리체계
③ 기술, 설비, 인력, 품질관리체계
④ 기술, 제작과정, 인력, 품질관리체계

해설

항공안전법 제22조(제작증명)

18 다음 중 제작증명 신청서에 첨부하여야 할 서류가 아닌 것은?

① 비행교범 또는 운용방식을 기재한 서류
② 제작설비 및 인력현황
③ 제작하려는 항공기의 감항성 유지 및 관리체계
④ 제작하려는 항공기의 제작방법 및 기술 등을 설명하는 자료

[정답] 13 ④ 14 ④ 15 ① 16 ② 17 ③ 18 ①

해설

항공안전법 시행규칙 제32조(제작증명의 신청)

19 제작증명서에 기재되는 사항이 아닌 것은?

① 신청인의 주소
② 형식 또는 모델
③ 제작공장 위치
④ 제작자의 성명 또는 주소

해설

항공안전법 시행규칙 제34조 관련 별지 제12호 서식(제작증명서)

20 다음 중 제작증명 신청서에 첨부하여야 할 서류가 아닌 것은?

① 품질관리규정
② 제작설비, 인력현황
③ 비행교범 또는 운용방식을 기재한 서류
④ 품질관리체계를 설명하는 자료

해설

항공안전법 시행규칙 제32조(제작증명의 신청)

21 제작증명을 위한 검사 범위가 아닌 것은?

① 설계
② 제작기술
③ 설비, 인력
④ 품질관리체계

해설

항공안전법 시행규칙 제33조(제작증명을 위한 검사 범위)

22 감항증명을 위한 검사시 국토교통부령이 정하는 바에 따라 검사의 일부를 생략할 수 있는 경우가 아닌 것은?

① 형식증명을 받은 항공기
② 성능 및 품질검사를 받은 항공기
③ 형식증명승인을 받은 항공기
④ 제작증명을 받은 제작자가 제작한 항공기

해설

항공안전법 제23조(감항증명 및 감항성 유지)

23 다음 중 항공기를 항공에 사용할 수 있는 경우는?

① 특별감항증명을 받은 경우
② 항공우주산업개발촉진법에 의한 생산증명을 받은 경우
③ 외국으로부터 형식증명을 받은 항공기
④ 외국으로부터 수입한 항공기

해설

항공안전법 제23조(감항증명 및 감항성 유지)

24 감항증명을 함에 있어서 국토교통부령으로 정하는 바에 따라 검사의 일부를 생략할 수 있는 경우가 아닌 것은?

① 제작증명을 받은 제작자가 제작한 항공기
② 형식증명승인을 얻은 항공기
③ 형식증명을 받은 항공기
④ 외국으로부터 수입한 항공기

해설

항공안전법 제23조(감항증명 및 감항성 유지)

[정답] 19 ① 20 ③ 21 ① 22 ② 23 ① 24 ④

25 감항증명을 할 때 검사의 일부를 생략할 수 있는 항공기가 아닌 것은?

① 형식증명을 받은 항공기
② 형식증명승인을 받은 항공기
③ 제작증명을 받은 제작자가 제작한 항공기
④ 형식승인을 받은 항공기

해설
항공안전법 제23조(감항증명 및 감항성 유지)

26 감항증명 시 국토교통부령으로 정하는 바에 따라 검사의 일부를 생략할 수 있는 경우가 아닌 것은?

① 형식증명을 받은 항공기
② 부가형식증명을 받은 항공기
③ 형식증명승인을 받은 항공기
④ 제작증명을 받은 제작자가 제작한 항공기

해설
항공안전법 제23조(감항증명 및 감항성 유지)

27 감항증명의 유효기간은?

① 1년으로 하며, 국토교통부장관이 정하여 고시하는 항공기는 6월의 범위 내에서 단축할 수 있다.
② 국토교통부령이 정하는 기간으로 하며, 항공운송사업 외에 사용되는 항공기에 대해서는 6월의 범위 내에서 연장할 수 있다.
③ 1년으로 하며, 항공운송사업에 사용되는 항공기에 대해서는 항공기의 사용연수·비행시간 등으로 고려하여 국토교통부장관이 정하여 고시한다.
④ 1년으로 하며, 국토부장관이 정하여 고시하는 정비방법에 따라 정비등이 이루어지는 경우 그 기간을 연장할 수 있다.

해설
항공기 기술기준 21.181(감항증명 유효기간)

28 감항증명의 유효기간을 연장할 수 있는 경우는?

① 항공기 형식 및 소유자등의 감항성 유지능력 등을 고려하여 국토교통부령으로 정하는 바에 따라 유효기간을 연장할 수 있다.
② 정비조직인증을 받은 자의 정비능력을 고려하여 기종별 소음등급에 따라 유효기간을 연장할 수 있다.
③ 정비조직인증을 받은 자에게 정비 등을 위탁하는 경우 유효기간을 연장할 수 있다.
④ 항공기의 감항성을 지속적으로 유지하기 위하여 국토부장관이 정하여 고시하는 정비방법에 따라 정비 등이 이루어지는 경우 유효기간을 연장할 수 있다.

해설
항공안전법 제23조(감항증명 및 감항성 유지)

29 대한민국의 국적을 가진 항공기로서 항공기를 항공에 사용할 수 있는 경우는?

① 국빈을 모시는 비행
② 외국과의 합의에 의한 비행
③ 특별감항증명을 받은 경우
④ 허가를 받지 아니하고 실시하는 수리 또는 개조를 위한 장소까지의 공수비행

해설
항공안전법 제23조(감항증명 및 감항성 유지) 제3항 참조

[정답] 25 ④ 26 ② 27 ④ 28 ④ 29 ③

30 감항증명은 누구에게 신청하여야 하는가?

① 국토교통부장관 ② 항공안전본부장
③ 항공교통관제소장 ④ 해당 자치단체장

해설

항공안전법 제23조(감항증명 및 감항성 유지) 제1항

31 감항증명에 대한 설명 중 틀린 것은?

① 감항증명을 받은 경우 유효기간 이내에는 감항성 유지에 대한 검사를 받지 않는다.
② 국토교통부장관이 승인한 경우를 제외하고는 대한민국 국적을 가진 항공기만 감항증명을 받을 수 있다.
③ 유효기간은 1년이며, 국토교통부장관이 정하여 고시하는 정비방법에 따라 정비등이 이루어지는 경우 연장이 가능하다.
④ 안정성검사 결과 안전성확보가 곤란하다고 인정하는 경우에는 감항증명의 효력을 정지시키거나 유효기간을 단축시킬 수 있다.

해설

항공안전법 제23조(감항증명 및 감항성 유지)

32 외국에서 형식증명을 받은 새로운 형식의 항공기를 도입하여 국내에서 사용하려는 경우 받아야 하는 것은?

① 감항증명 ② 형식증명
③ 제작증명 ④ 소음기준적합증명

해설

항공안전법 제23조(감항증명 및 감항성 유지) 제3항

33 정비등을 한 항공기등, 장비품 또는 부품을 타인에게 제공하려는 자는 누구에게 감항승인을 받아야 하는가?

① 국토교통부장관
② 항공기 담당 정비주임
③ 교통안전공단 과장
④ 항공정비사 면허를 가진 사람

해설

항공안전법 제24조(감항승인)

34 특별감항증명의 대상이 아닌 것은?

① 항공기의 생산업체 또는 연구기관이 시험, 조사, 연구를 위하여 시험비행을 하는 경우
② 항공기의 제작, 정비, 수리 또는 개조 후 시험비행을 하는 경우
③ 운용한계를 초과하지 않는 시험비행을 하는 경우
④ 항공기를 수입하기 위하여 승객이나 화물을 싣지 아니하고 비행을 하는 경우

해설

항공안전법 시행규칙 제37조(특별감항증명의 대상)

35 다음 중 특별감항증명의 대상이 아닌 것은?

① 장비품 등의 시험, 조사, 연구, 개발을 위하여 행하는 시험비행
② 항공기의 제작, 정비, 수리 또는 개조 후 행하는 시험비행
③ 항공기의 정비 또는 수리, 개조를 위한 장소까지의 공수비행
④ 현지답사를 위해 일시적으로 행하는 비행

[정답] 30 ① 31 ① 32 ① 33 ① 34 ③ 35 ④

해설

항공안전법 시행규칙 제37조(특별감항증명의 대상)

36 항공기 검사관의 자격요건으로 맞는 것은?
① 항공정비사 자격증명이 있는 사람
② 항공산업기사 자격증명을 취득한 후 3년 이상 항공기 정비업무에 종사한 경력이 있는 사람
③ 항공기술 관련 학사 이상의 학위를 취득한 후 2년 이상 항공기 정비업무에 종사한 경력이 있는 사람
④ 국가기관등항공기의 설계, 제작, 정비 또는 품질보증 업무에 3년 이상 종사한 경력이 있는 사람

해설

항공안전법 제31조(항공기등의 검사 등)

37 감항증명 신청시 첨부하여야 할 서류가 아닌 것은?
① 비행교범
② 정비교범
③ 당해 항공기의 정비방식을 기재한 서류
④ 국토교통부장관이 필요하다고 인정하여 고시하는 서류

해설

항공안전법 시행규칙 제35조(감항증명의 신청)

38 예외적으로 감항증명을 받을 수 없는 항공기는?
① 자가용으로 사용하려는 항공기
② 법 제101조 단서에 따라 허가를 받은 항공기
③ 국내에서 수리, 개조 또는 제작한 후 수출할 항공기
④ 수입할 항공기의 국적 취득 전 감항검사 신청을 한 항공기

해설

항공안전법 시행규칙 제36조(예외적으로 감항증명을 받을 수 있는 항공기)

39 다음 중 예외적으로 감항증명을 받을 수 있는 항공기가 아닌 것은?
① 국내에서 수리, 개조 또는 제작한 후 수출할 항공기
② 국내에서 수리, 개조 또는 제작한 후 시험비행을 하는 항공기
③ 법 제101조 단서의 규정에 의하여 허가를 받은 항공기
④ 외국으로부터 수입하는 항공기로서 대한민국의 국적을 취득하기 전에 감항증명을 신청한 항공기

해설

항공안전법 시행규칙 제36조(예외적으로 감항증명을 받을 수 있는 항공기)

40 예외적으로 감항증명을 받을 수 있는 항공기가 아닌 것은?
① 국내에서 수리, 개조 또는 제작한 후 수출할 항공기
② 외국인 국제항공운송사업자가 당해 사업에 사용하는 항공기
③ 외국국적을 가진 항공기의 국내 사용 항공기로서 국토교통부장관의 허가를 받은 항공기
④ 외국으로부터 수입하는 항공기로서 대한민국의 국적을 취득하기 전에 감항증명을 위한 검사를 신청한 항공기

[정답] 36 ① 37 ③ 38 ① 39 ② 40 ②

해설
항공안전법 시행규칙 제36조(예외적으로 감항증명을 받을 수 있는 항공기)

41 감항증명의 항공기기술기준 검사범위가 아닌 것은?

① 항공기 정비과정
② 설계, 제작과정
③ 완성후의 상태
④ 비행성능

42 감항증명을 받았던 사실이 있는 항공기의 감항증명 신청서 제출 시기는?

① 검사 희망일 5일전까지
② 검사 희망일 7일전까지
③ 검사 희망일 10일전까지
④ 검사 희망일 12일전까지

해설
항공기 기술기준 21.176(신청)

43 항공기, 장비품 또는 부품에 대하여 정비 등에 관한 감항성개선을 명할 때 국토교통부장관이 소유자에게 통보하여야 하는 사항이 아닌 것은?

① 해당되는 항공기, 장비품 또는 부품의 종류
② 해당되는 항공기, 장비품 또는 부품의 형식
③ 정비 등을 하여야 할 시기 및 그 방법
④ 정비 등을 수행하는데 필요한 기술자료

해설
항공안전법 시행규칙 제45조(항공기등·장비품 또는 부품에 대한 감항성개선 명령 등)

44 다음 중 감항증명의 유효기간을 연장할 수 있는 항공기는?

① 항공운송사업에 사용되는 항공기
② 국제항공운송사업에 사용되는 항공기
③ 국토교통부장관이 정하여 고시하는 정비방법에 따라 정비 등이 이루어지는 항공기
④ 항공기의 종류, 등급 등을 고려하여 국토교통부장관이 정하여 고시하는 항공기

해설
항공안전법 시행규칙 제41조(감항증명의 유효기간을 연장할 수 있는 항공기)

45 소음기준적합증명은 언제 받아야 하는가?

① 감항증명을 받을 때
② 항공기를 등록할 때
③ 수리, 개조승인을 받을 때
④ 운용한계를 지정할 때

해설
항공안전법 제25조(소음기준적합증명)

46 항공기의 항행안전을 확보하기 위한 기술상의 기준에 적합한지의 여부를 검사하여야 하는 항공기가 아닌 것은?

① 항공안전법에 의한 소음기준적합증명을 받는 항공기
② 항공안전법에 의한 형식증명을 받는 항공기
③ 항공안전법에 의한 감항증명을 받는 항공기
④ 항공안전법에 의한 수리, 개조승인을 받는 항공기

[정답] 41 ① 42 ② 43 ① 44 ③ 45 ① 46 ①

해설

항공안전법 제25조(소음기준적합증명)

47 다음 중 소음기준적합증명에 대한 설명으로 틀린 것은?

① 국제선을 운항하는 항공기는 소음기준적합증명을 받아야 한다.
② 소음기준적합증명은 감항증명을 받을 때 받는다.
③ 소음기준적합증명을 받으려는 자는 신청서를 국토교통부장관 또는 지방항공청장에게 제출한다.
④ 항공기의 감항증명을 반납해야 하는 경우 소음기준적합증명도 반납해야 한다.

48 소음기준적합증명 대상 항공기는?

① 터빈발동기를 장착한 항공기, 국제선을 운항하는 항공기
② 터빈발동기를 장착한 항공기, 국내선을 운항하는 항공기
③ 왕복발동기를 장착한 항공기, 국제선을 운항하는 항공기
④ 왕복발동기를 장착한 항공기, 국내선을 운항하는 항공기

해설

항공안전법 시행규칙 제49조(소음기준적합증명 대상 항공기)

49 다음 중 소음기준적합증명 대상 항공기는?

① 터빈발동기를 장착한 항공기
② 피스톤발동기를 장착한 최대이륙중량 15,000kg을 초과하는 항공기
③ 최대이륙중량 15,000kg을 초과하는 항공기
④ 항공운송사업용 항공기

해설

항공안전법 시행규칙 제49조(소음기준적합증명 대상 항공기)

50 다음 중 소음기준적합증명 대상 항공기는?

① 국제민간항공협약 부속서 16에 규정한 항공기
② 항공운송사업에 사용되는 터빈발동기를 장착한 항공기
③ 최대이륙중량 5,700kg을 초과하는 항공기
④ 터빈발동기를 장착한 항공기로서 국토교통부장관이 정하여 고시하는 항공기

해설

항공안전법 시행규칙 제49조(소음기준적합증명 대상 항공기)

51 소음기준적합증명 신청 시 첨부하여야 할 서류가 아닌 것은?

① 비행교범
② 정비교범
③ 소음기준적합 증명 서류
④ 수리 또는 개조에 관한 기술사항 기재 서류

해설

항공안전법 시행규칙 제50조(소음기준적합증명 신청)

[정답] 47 ④ 48 ① 49 ① 50 ④ 51 ②

52 소음기준적합증명의 기준과 소음의 측정방법은?

① 국제민간항공협약부속서 16에 의한다.
② 항공기 제작자가 정한 방법에 의한다.
③ 지방항공청장이 정하여 고시하는 방법에 따른다.
④ 국토교통부장관이 정하여 고시하는 방법에 따른다.

해설

항공안전법 시행규칙 제51조(소음기준적합증명의 검사기준 등)

53 다음 중 설계, 제작하려는 경우 형식승인을 받아야 하는 것은?

① 모든 장비품
② 사고한계 부품
③ 제작사에서 만든 부품
④ 국토교통부장관이 고시하는 장비품

해설

항공안전법 제27조(기술표준품 형식승인)

54 항공기등에 사용할 장비품 또는 부품을 제작하려는 경우 국토부장관으로부터 받아야 하는 것은?

① 제작증명
② 장비품제작자증명
③ 부품등제작자증명
④ 형식증명

해설

항공안전법 제28조(부품등제작자증명)

55 감항증명을 받은 항공기를 국토교통부령이 정하는 범위 안에서 수리 또는 개조한 경우에 대해 바른 것은?

① 국토교통부장관의 승인을 받아야 사용할 수 있다.
② 정비사의 확인을 받아야 한다.
③ 안전에 이상이 있을 때만 국토교통부장관에게 보고한다.
④ 무조건 국토교통부장관에게 보고한다.

해설

항공안전법 제30조(수리·개조승인) 제1항 참조

56 수리, 개조승인은 다음 중 어느 증명의 상실된 효력을 회복하기 위한 제도인가?

① 감항증명   ② 형식증명
③ 소음기준적합증명   ④ 수리, 개조능력

해설

항공안전법 제30조(수리·개조승인)

57 감항증명의 유효기간 내에 항공기를 수리 또는 개조하고자 하는 경우의 설명으로 맞는 것은?

① 항공정비사의 확인을 받아야 한다.
② 국토교통부장관의 승인을 받아야 한다.
③ 안전에 이상이 있을 경우에만 국토교통부장관에게 보고한다.
④ 국토교통부장관에게 보고하여야 한다.

해설

항공안전법 제30조(수리·개조승인) 제1항 참조

[정답] 52 ④ 53 ④ 54 ③ 55 ① 56 ① 57 ②

58 정비조직인증을 받은 업무범위를 초과하여 항공기를 수리, 개조한 경우에는?

① 국토교통부장관의 검사를 받아야 한다.
② 국토교통부장관의 승인을 받아야 한다.
③ 항공정비사 자격증명을 가진 자에 의하여 확인을 받아야 한다.
④ 국토교통부장관에게 신고하여야 한다.

해설
항공안전법 제30조(수리·개조승인), 시행규칙 제65조(항공기등 또는 부품등의 수리·개조승인의 범위)

59 다음 중 국토교통부장관의 수리, 개조승인을 받아야 하는 경우는?

① 기술표준품형식승인을 받은 자가 제작한 기술표준품을 그가 수리, 개조하는 경우
② 부품등제작자증명을 받은 자가 제작한 장비품 또는 부품을 그가 수리, 개조하는 경우
③ 제작증명을 받은 자가 제작한 항공기를 그가 수리, 개조하는 경우
④ 정비조직인증을 받은 자가 항공기, 장비품 또는 부품을 수리, 개조하는 경우

해설
항공안전법 제30조(수리·개조승인) 제3항

60 항공기 소유자등이 항공기, 장비품 또는 부품에 대한 정비를 위탁하려고 하는 경우 누구에게 위탁하여야 하는가?

① 제작증명을 받은 자
② 정비조직인증을 받은 자
③ 항공기, 장비품 또는 부품의 수리, 개조승인을 받은 자
④ 부품등제작자증명을 받은 자

해설
항공안전법 제32조(항공기등의 정비등의 확인) 제2항

61 감항증명을 받은 항공기를 정비 또는 수리, 개조한 경우에는 누구의 확인을 받아야 하는가?

① 항공정비사
② 품질관리부서 검사원
③ 지방항공청장
④ 국토교통부장관

해설
항공안전법 제32조(항공기등의 정비등의 확인)

62 감항증명이 있는 항공기를 수리·개조(법 제30조제1항에 따른 수리, 개조는 제외)하였을 경우에는?

① 국토교통부장관의 검사를 받아야 한다.
② 항공정비사가 확인을 하고 그 결과를 국토교통부장관에게 보고하여야 한다.
③ 항공정비사 자격증명을 받은 사람으로부터 감항성을 확인받아야 한다.
④ 항공기의 안전성을 확보하기 위해 시험비행을 하여야 한다.

해설
항공안전법 제32조(항공기등의 정비등의 확인)

[정답] 58 ② 59 ③ 60 ② 61 ① 62 ③

63 다음 중 수리, 개조승인의 검사관이 될 수 없는 자는?

① 항공정비사 자격증명을 받은 사람
② 국가기술자격법에 따른 항공산업기사 이상의 자격을 취득한 사람
③ 항공기술 관련 학사 이상의 학위를 취득한 후 3년 이상 항공기의 설계, 제작, 정비 또는 품질보증업무에 종사한 경력이 있는 사람
④ 국가기관등항공기의 설계, 제작, 정비 또는 품질보증 업무에 5년 이상 종사한 경력이 있는 사람

해설

항공안전법 제31조(항공기등의 검사 등)

64 형식증명승인을 받은 항공기에 대하여 감항증명을 할 때 국토교통부령이 정하는 바에 따라 생략할 수 있는 검사는?

① 설계에 대한 검사와 제작과정에 대한 검사
② 설계에 대한 검사
③ 비행성능에 대한 검사
④ 제작과정에 대한 검사

해설

항공안전법 시행규칙 제40조(감항증명을 위한 검사의 일부 생략)

65 항공기 기술표준품에 대한 형식승인을 받고자 하는 경우 기술표준품형식승인 신청서에 첨부하여야 할 서류가 아닌 것은?

① 기술표준품 관리체계를 설명하는 자료
② 감항성 확인서
③ 제조규격서 및 제품사양서
④ 기술표준품의 품질관리규정

해설

항공안전법 시행규칙 제55조(기술표준품형식승인의 신청)

66 다음 중 형식승인을 받아야 하는 기술표준품은?

① 감항증명을 받은 항공기에 포함되어 있는 기술표준품
② 제작증명을 받은 항공기에 포함되어 있는 기술표준품
③ 형식증명을 받은 항공기에 포함되어 있는 기술표준품
④ 형식증명승인을 받은 항공기에 포함되어 있는 기술표준품

해설

항공안전법 시행규칙 제56조(형식승인이 면제되는 기술표준품)

67 기술표준품의 형식승인을 위한 검사범위가 아닌 것은?

① 설계적합성
② 제작관리체계
③ 품질관리체계
④ 기술표준품관리체계

해설

항공안전법 시행규칙 제57조(기술표준품형식승인의 검사 범위 등)

68 부품등제작자증명 신청시 필요 없는 것은?

① 품질관리규정
② 적합성 입증 계획서 또는 확인서
③ 제작자, 제작번호 및 제작연월일
④ 장비품 또는 부품의 식별서

[정답] 63 ② 64 ① 65 ② 66 ② 67 ② 68 ③

해설

항공안전법 시행규칙 제61조(부품등제작자증명의 신청)

69 부품등제작자증명 신청서에 첨부하여야 할 서류가 아닌 것은?

① 적합성 입증 계획서 또는 확인서
② 제조규격서 및 제품사양서
③ 장비품 및 부품의 설계서
④ 그 밖에 참고사항 및 해당 부품등의 감항성 유지 및 관리체계를 설명하는 자료

해설

항공안전법 시행규칙 제61조(부품등제작자증명의 신청)

70 다음 중 수리, 개조 승인을 받아야 하는 경우는?

① 정비조직인증을 받은 업무범위 내에서 수리, 개조를 하였을 경우
② 정비조직인증을 받은 업무범위를 초과하여 수리, 개조를 하였을 경우
③ 정비조직인증을 받아 수리, 개조를 하였을 경우
④ 정비조직인증을 받은 자에게 위탁하여 수리, 개조를 하였을 경우

해설

항공안전법 시행규칙 제65조(항공기등 또는 부품등의 수리·개조승인의 범위)

71 수리·개조 승인 신청서는 작업을 시작하기 며칠 전까지 제출하여야 하는가?

① 7일   ② 10일
③ 15일 ④ 30일

해설

항공안전법 시행규칙 제66조(수리·개조승인의 신청)

72 수리 또는 개조의 승인 신청시 첨부하여야 할 서류는?

① 수리 또는 개조의 방법과 기술등을 설명하는 자료
② 수리 또는 개조설비, 인력현황
③ 수리 또는 개조규정
④ 수리 또는 개조계획서

해설

항공안전법 시행규칙 제66조(수리·개조승인의 신청)

73 수리·개조 승인 신청시 첨부하는 수리계획서 또는 개조계획서에 포함하여야 할 사항이 아닌 것은?

① 인력 및 장비
② 작업지시서
③ 품질관리절차
④ 인증된 정비조직의 업무범위

해설

항공안전법 시행규칙 제66조(수리·개조승인의 신청)

74 수리·개조 승인에 대한 설명 중 틀린 것은?

① 수리·개조 승인 신청시에는 수리계획서 또는 개조계획서를 첨부해야 한다.
② 수리·개조 승인 신청시에는 전회의 수리·개조 실적서를 첨부해야 한다.
③ 원칙적으로 수리·개조 계획서는 작업 착수 10일전까지 제출해야 한다.
④ 긴급한 수리·개조시에는 작업 착수 전에 제출할 수 있다.

해설

항공안전법 시행규칙 제66조(수리·개조승인의 신청)

[정답] 69 ③ 70 ② 71 ② 72 ④ 73 ③ 74 ②

75 수리·개조의 승인 신청시 수리 또는 개조계획서는 언제까지 누구에게 제출하여야 하는가?

① 작업을 시작하기 7일 전까지 국토교통부장관에게 제출
② 작업을 시작하기 7일 전까지 지방항공청장에게 제출
③ 작업을 시작하기 10일 전까지 국토교통부장관에게 제출
④ 작업을 시작하기 10일 전까지 지방항공청장에게 제출

해설
항공안전법 시행규칙 제66조(수리·개조승인의 신청)

76 항공기등의 수리·개조 승인의 범위가 아닌 것은?

① 수리승인 신청 시 수리계획서가 기술기준에 적합하게 이행될 수 있을지 여부를 확인한 후 승인한다.
② 개조승인 신청 시 개조계획서가 기술기준에 적합하게 이행될 수 있을지 여부를 확인한 후 승인한다.
③ 수리계획서 또는 개조계획서 만으로 확인이 곤란하다고 판단되는 때에는 항공기등의 수리, 개조결과서를 제출해야 한다.
④ 수리계획서 또는 개조계획서 만으로 확인이 곤란한 경우에는 수리, 개조가 시행되는 현장에서 확인한 후 승인할 수 있다.

해설
항공안전법 시행규칙 제67조(항공기등 또는 부품등의 수리·개조승인)

77 수리, 개조승인을 위한 검사의 범위가 아닌 것은?

① 수리계획서의 수리가 기술기준에 적합하게 이행될 수 있을지의 여부
② 개조계획서의 개조가 기술기준에 적합하게 이행될 수 있을지의 여부
③ 수리, 개조의 과정 및 완성 후의 상태
④ 수리, 개조결과서 확인

해설
항공안전법 시행규칙 제67조(항공기등 또는 부품등의 수리·개조승인)

78 항공기등의 수리 및 개조 승인의 범위는?

① 수리 또는 개조과정 및 완성 후의 상태
② 수리 또는 개조과정 및 완성 후의 상태와 비행성능
③ 수리 또는 개조과정 및 완성 후의 비행성능
④ 계획서를 통한 수리 또는 개조의 항공기기술기준 적합 여부 확인

해설
항공안전법 시행규칙 제67조(항공기등 또는 부품등의 수리·개조승인)

79 항공기등의 수리·개조 승인의 검사범위는?

① 비행성능에 대한 검사
② 작업 완료후의 상태에 대한 검사
③ 수리 또는 개조의 과정에 대한 검사
④ 수리계획서 또는 개조계획서 검사

해설
항공안전법 시행규칙 제67조(항공기등 또는 부품등의 수리·개조승인) 제1항 참조

[**정답**] 75 ④ 76 ③ 77 ④ 78 ④ 79 ④

80 항공안전법 제32조(항공기등의 정비등의 확인)에서 말하는 경미한 정비에 대한 설명 중 맞는 것은?

① 감항성에 영향을 미치지 않는 수리, 개조 작업
② 감항성에 영향을 미치는 내부 부분품의 분해 작업
③ 간단한 보수작업을 하는 예방작업으로서 긴도 조절(리깅) 또는 간격의 조정작업
④ 복잡한 결합작용(늘림, 이음, 용접)등이 필요한 규격 장비품 또는 부품의 교환작업

해설
항공안전법 시행규칙 제68조(경미한 정비의 범위)

81 다음 중 국토교통부장관이 정하는 경미한 정비란?

① 간단한 보수를 하는 예방작업으로서 복잡한 결합작용을 필요로 하지 않는 교환작업의 경우
② 감항성에 미치는 영향이 경미한 범위의 수리작업으로서 그 작업의 완료 상태를 확인함에 있어 복잡한 점검이 필요한 경우
③ 감항성에 미치는 영향이 경미한 범위의 수리작업으로서 그 작업의 완료상태를 확인함에 있어 동력장치의 작동점검이 필요한 경우
④ 리깅 또는 간극의 조정작업 등 복잡한 결합작용을 필요로 하는 부품의 교환작업의 경우

해설
항공안전법 시행규칙 제68조(경미한 정비의 범위)

82 경미한 정비에 대한 설명으로 맞지 않는 것은?

① 감항성에 미치는 영향이 경미한 개조작업이나 동력장치 점검이 필요한 작업
② 복잡한 결합작용을 필요로 하지 않는 규격장비품 또는 부품의 교환작업
③ 감항성에 미치는 영향이 경미한 수리작업으로서 동력장치의 작동점검이 필요로 하지 않는 작업
④ 간단한 보수를 하는 예방작업으로 리깅(Rigging) 또는 간극의 조정이 필요로 하지 않는 작업

해설
항공안전법 시행규칙 제68조(경미한 정비의 범위)

83 다음 중 국토교통부령으로 정하는 경미한 정비가 아닌 것은?

① 복잡하고 특수한 장비를 필요로 하는 작업
② 감항성에 미치는 영향이 경미한 범위의 수리작업
③ 복잡한 결합작용을 필요로 하지 아니하는 규격장비품 또는 부품의 교환작업
④ 간단한 보수를 하는 예방작업으로서 리깅 또는 간극의 조정작업

해설
항공안전법 시행규칙 제68조(경미한 정비의 범위)

84 다음 중 국토교통부령으로 정하는 경미한 정비에 속하지 않는 것은?

① 긴도 조절(리깅) 또는 간극의 조정작업
② 복잡한 결합작용을 필요로 하지 않는 규격 장비품 또는 부품의 교환작업
③ 감항성에 미치는 영향이 경미한 범위의 개조작업
④ 간단한 보수를 하는 예방작업

[정답] 80 ③ 81 ① 82 ① 83 ①, ④ 84 ③

해설
항공안전법 시행규칙 제68조(경미한 정비의 범위)

85 감항증명이 있는 항공기를 수리·개조(경미한 정비 및 법 제30조제1항에 따른 수리, 개조는 제외) 하였을 경우 감항성을 확인할 수 있는 경험요건은?

① 최근 12개월 이내에 6개월 이상의 정비경험
② 최근 12개월 이내에 3개월 이상의 정비경험
③ 최근 24개월 이내에 12개월 이상의 정비경험
④ 최근 24개월 이내에 6개월 이상의 정비경험

해설
항공안전법 시행규칙 제69조(항공기등의 정비등을 확인하는 사람)

86 다음 중 국외 정비확인자의 자격 조건으로 맞는 것은?

① 외국정부로부터 자격증명을 받은 사람
② 법 제138조의 규정에 의한 정비조직인증을 받은 외국의 항공기정비업자
③ 외국정부가 인정한 항공기의 수리사업자로서 항공정비사 자격증명을 받은 사람과 같은 이상의 능력이 있다고 국토교통부장관이 인정한 사람
④ 외국정부가 인정한 항공기 정비사업자에 소속된 사람으로서 항공정비사 자격증명을 받은 사람과 동등하거나 그 이상의 능력이 있다고 국토교통부장관이 인정한 사람

해설
항공안전법 시행규칙 제71조(국외 정비확인자의 자격인정)

87 국외 정비확인자의 자격조건으로 맞는 것은?

① 외국정부가 인정한 항공기 정비사업자에 소속된 사람
② 정비조직인증을 받은 외국의 항공기 정비업자
③ 외국정부가 발행한 항공기개조 자격증명을 가진 사람
④ 외국정부가 발행한 항공정비사 자격증명을 가진 사람

해설
항공안전법 시행규칙 제71조(국외 정비확인자의 자격인정)

88 국외 정비확인자 인정의 유효기간은?

① 6개월　　② 1년
③ 2년　　　④ 3년

해설
항공안전법 시행규칙 제73조(국외 정비확인자 인정서의 발급)

89 항공기 검사기관의 항공기등의 검사에 필요한 업무규정에 포함되어야 할 사항이 아닌 것은?

① 검사업무를 수행하는 기구의 조직 및 인력
② 검사업무를 수행하는 자의 업무범위 및 책임
③ 검사업무를 수행하는 자의 교육훈련 방법
④ 증명 또는 검사업무의 체제 및 절차

해설
항공안전법 시행령 제27조(전문기검사기관의 검사규정) 참조

[정답] 85 ④　86 ④　87 ④　88 ②　89 ③

제4장 항공안전법 항공종사자 등

제34조 항공종사자 자격증명 등

1. **자격증명 대상** : 항공업무에 종사하려는 사람(무인항공기 운항업무 제외)

2. **자격증명을 받을 수 없는 사람**
   (1) 17세 미만 : 자가용 조종사(활공기에 한정시는 16세 미만)
   (2) 18세 미만 : 사업용 조종사, 부조종사, 항공사, 항공기관사, 항공교통관제사, 항공정비사
   (3) 21세 미만 : 운송용 조종사, 운항관리사
   (4) 자격증명 취소처분을 받고 취소일로부터 2년이 지나지 아니한 사람

3. **자격증명 종류 및 업무범위**
   (1) 9종류 : 자가용 조종사, 부조종사, 사업용조종사, 운송용조종사, 항공사, 항공기관사, 항공교통관제사, 운항관리사, 항공정비사
   (2) **자가용 조종사** : 무상운항하는 항공기를 보수를 받지 아니하고 조종
   (3) **부조종사**
   ① 자가용 조종사 자격을 가진 사람이 할 수 있는 행위
   ② 기장 외의 조종사로서 비행기를 조종하는 행위
   (4) **사업용 조종사**
   ① 자가용 조종사 자격을 가진 사람이 할 수 있는 행위
   ② 무상으로 운항하는 항공기를 보수를 받고 조종
   ③ 항공기사용사업에 사용하는 항공기 조종
   ④ 항공기운송사업에(1인 조종사 항공기) 사용하는 항공기 조종
   ⑤ 기장외 조종사로서 항공운송사업 항공기 조종
   (5) **운송용 조종사**
   ① 사업용 조종사 자격을 가진 사람이 할 수 있는 행위

② 항공운송사업 목적을 위하여 사용하는 항공기를 조종

(6) **항공사** : 항공기에 탑승하여 위치 및 항로측정과 항공상 자료 산출하는 행위

(7) **항공기관사** : 항공기에 탑승하여 발동기 및 기체를 취급하는 행위

(8) **항공교통관제사** : 항공교통의 안전/신속/질서를 유지하기 위하여 항공기 운항을 관제하는 행위

(9) **항공정비사**
   ① 정비한 항공기, 장비품, 부품에 대하여 감항성 확인하는 행위
   ② 정비한 경량항공기, 장비품, 부품에 대하여 안전하게 운용할 수 있음을 확인하는 행위

(10) **운항관리사** : 항공운송사업 및 국외운항 항공기 운항에 필요한 아래 사항을 확인
   ① 비행계획 작성 및 변경
   ② 항공기 연료 소비량 산출
   ③ 항공기 운항통제 및 감시

제37조 자격증명 한정

1. **조종사, 항공기관사 자격** : 항공기 종류, 등급, 형식 한정
   (1) **항공기 종류** : 비행기, 헬리콥터, 비행선, 활공기, 항공우주선

   (2) **항공기 등급** : 육상단발 및 다발, 수상단발 및 다발
      ※ 활공기는 상급, 중급
         • 상급 활공기 : 특수 또는 상급
         • 중급 활공기 : 중급 또는 초급

   (3) **항공기 형식** : B-737, B-747, B-777, A-320, A-380 등

   (4) **항공기관사 자격증명의 경우에는 모든 형식의 항공기**

2. 자격증명 한정을 받은 항공종사자는 한정된 항공기/경량항공기 종류, 등급, 형식 및 한정된 정비분야 외의 항공업무에 종사해서는 안 됨

3. **항공정비사 자격** : 항공기/경량항공기 종류, 정비분야 한정
   (1) **항공기 종류** : 비행기 분야, 헬리콥터 분야
   무게를 제한하여 자격증 발급(2021.3.1. 시행)
      ① 정비업무경력 4년 미만(전문교육기관에서 해당과정 이수한 사람은 2년)
      ② 비행기 : 최대이륙중량 5,700kg이하, 헬리콥터 : 3,175kg 이하로 제한

(2) 경량항공기의 종류
  ① 경량비행기 분야 : 타면조종형비행기, 체중이동형비행기, 동력패러슈트
  ② 경량헬리콥터 분야 : 경량헬리콥터, 자이로플레인
(3) 정비업무분야 : 전자전기계기 관련 분야
  ※ 기체, 왕복발동기, 터빈발동기, 프로펠러 : 2021.3.1.부로 삭제됨

> **시행규칙 별표 4 : 항공정비사 자격증명 시험 응시경력(자격)**
>
> • 항공기 종류 한정 응시자격 4가지
>   ① 해당 항공기 종류에 대한 6개월 이상의 정비업무경력을 포함하여 4년 이상의 항공기 정비업무경력이 있는 사람(순수 정비경력자)
>   ② 대학·전문대학, 「학점인정 등에 관한 법률」에 따라 항공정비사 학과시험 과목을 모두 이수하고, 증명을 받으려는 항공기와 동등이상의 교육과정이수후 정비실무경력이 6개월 이상이거나 교육과정 이수 전 정비실무(실습)경력이 1년 이상인 사람
>   ※교육과정 이수 전 정비실습 경력이 1년 이상인 사람(2021. 9. 23. 이후 삭제)
>   ③ 국토교통부장관이 지정한 전문교육기관에서 항공기 정비에 필요한 과정을 이수한 사람(항공정비사과정)
>   ④ 외국정부가 발급한 항공기 종류 한정 자격증명을 받은 사람
>
> • 정비 업무 한정(별표4) : 전자전기계기
>   ① 항공기 전자·전기·계기 관련 분야에서 4년 이상의 정비실무경력이 있는 사람
>   ② 국토교통부장관이 지정한 전문교육기관에서 항공기 전자·전기·계기의 정비에 필요한 과정을 이수한 사람으로서 항공기 전자·전기·계기 관련 분야에서 정비실무경력이 2년 이상인 사람
>   ※정비업무분야 : 전자전기계기, 기체, 왕복발동기, 터빈발동기, 프로펠러(2021. 3. 1.부로 삭제)

제38조 시험의 실시 및 면제

1. 자격증명 시험 : 학과시험 및 실기시험
  (1) 시험과목 및 범위 : 시행규칙 별표5
  (2) 과목합격의 유효
    자격증명시험 또는 한정심사의 학과시험의 일부 과목 또는 전 과목에 합격한 사람은 최종 과목의 합격 통보가 있는 날부터 접수마감일 기준 2년 이내까지 유효

2. 한정심사

(1) 항공기·경량항공기의 종류, 등급, 형식별로 한정하는 경우 항공기·경량항공기 탑승경력 및 정비경력 등을 심사

(2) 최초의 자격증명의 한정은 실기시험으로 심사 가능

3. 일부/전부 면제

(1) 자격증명을 받은 사람이 다른 자격시험을 응시하는 경우 : 학과시험 일부 면제 – 시행규칙 별표 6

응시자격	소지 자격증	면제과목
항공기관사	항공정비사(종류 한정)	항공역학(2018년 12월 31일 이전취득), 항공장비, 항공발동기, 항공기체
항공정비사	항공기관사	정비일반, 항공기체, 항공발동기, 전자·전기·계기

(2) 시험 및 심사의 일부 /전부 면제 대상

① 외국정부로부터 자격증명을 받은 사람의 면제 범위

대 상	면제 내용
1. 항공업무를 일시적으로 수행하려고 자격증명에 응시하는 경우 • 새로운 형식의 항공기 또는 장비를 도입하여 시험비행 또는 훈련을 실시할 경우의 교관요원 또는 운용요원 • 대한민국에 등록된 항공기, 장비를 이용하여 훈련을 받으려는 사람 • 대한민국에 등록된 항공기를 수출하거나 수입하는 경우 국외 또는 국내로 승객·화물을 싣지 아니하고 비행하려는 조종사	학과시험 및 실기시험 면제
2. 일시적인 조종사의 부족으로 채용된 외국인 조종사로서 해당 자격증명시험에 응시하는 경우	학과시험 면제 (항공법규는 제외)
3. 모의비행장치 교관요원으로 종사하려는 사람으로서 해당 자격증명시험에 응시하는 경우	
4. 해당 자격증명시험에 응시하는 경우	

② 전문교육기관의 교육과정을 이수한 사람 및 실무경험이 있는 사람

자격증시험	면제 대상	일부면제 범위
항공정비사	1. 해당 종류 또는 정비분야와 관련하여 5년 이상의 정비실무경력이 있는 사람 2. 국토교통부장관이 지정한 전문교육기관에서 항공기 종류 또는 정비분야의 교육과정을 이수한 사람	실기시험중 구술시험만 실시

한정심사 자격증명		면제 대상	일부면제 범위
항공정비사	종류 추가	해당 항공기 종류의 정비실무경력이 5년 이상인 사람	실기시험중 구술시험만 실시
	정비분야 추가	해당 정비분야의 정비실무경력이 5년 이상인 사람	

③ 국가기술자격법에 따른 항공기술사·항공정비기능장·항공기사 또는 항공산업기사의 자격을 가진 사람의 면제 범위

대 상	면제범위
1. 항공기술사 자격을 가진 사람	학과시험 면제 (항공법규는 제외)
2. 항공정비기능장, 항공기사자격을 가진 사람(자격 취득 후 항공기 정비업무에 1년 이상 경력이 있는 사람)	
3. 항공산업기사 자격을 가진 사람(자격 취득 후 항공기 정비업무에 2년 이상 경력이 있는 사람)	

4. **자격증명의 효력(시행규칙 제90조)**
   (1) 자가용 조종사 자격증명으로 받은 항공기 형식의 한정, 계기비행증명 한정은, 부조종사/사업용 조종사 자격증명에도 유효
   (2) 부조종사/사업용 조종사 자격증명으로 받은 항공기 형식의 한정, 계기비행증명·조종교육증명 한정은 운송용 조종사 자격증명에도 유효
   (3) 항공정비사(비행기) 자격증명을 받은 사람은 활공기, 경량 비행기, 항공정비사(헬리콥터) 자격증명을 받은 사람은 경량헬리콥터 한정을 함께 받은 것으로 본다.

제40조 항공신체검사증명

1. **항공신체검사증명 대상 : 운항승무원, 항공교통관제사**
   (1) 항공신체검사증명의 기준에 일부 미달한 사람은 항공업무에 종사할 수 없다.
   (2) 필요시, 경험 및 능력을 고려하여 해당 항공업무의 범위를 한정하거나, 유효기간을 단축하여 항공신체검사증명서를 발급할 수 있다.
   ※ 유효기간 단축 : 1/2 이상 단축 안됨 → 시행규칙 별표8

2. 항공신체검사증명 결과에 불복하는 사람은 30일 이내에 이의신청을 할 수 있다.
   : 이의신청에 대해 30일이내 심사하고(연장 30일) 그 결과를 지체 없이 신청인에게 알려야 한다.

3. 필요한 경우 유효기간이 지나지 아니한 항공종사자에게 항공신체검사를 받을 것을 명령할 수 있다.

4. 신체검사증명 기준에 적합하지 아니한 자는 항공신체검사증명의 유효기간이 남아 있는 경우에도 항공업무에 종사해서는 아니 된다.

제43조 자격증명 취소/효력정지

1. 취소
   (1) 거짓, 부정한 방법으로 자격증명을 받은 경우
   (2) 자격증명 정지기간에 항공업무에 종사한 경우

2. 취소 또는 1년 이내 효력정지(행정처분기준 : 시행규칙 별표 10)
   (1) 항공안전법 위반으로 벌금이상 형을 선고 받은 경우
   (2) 고의, 중대한 과실로 항공기사고, 인명/재산 피해 일으킨 경우
   (3) 항공종사자가 감항성을 확인하지 아니한 경우
   (4) 자격증명의 종류에 따른 업무범위 외의 업무에 종사한 경우
   (5) 자격증명의 한정된 종류, 등급, 형식 외의 항공기나 한정된 정비분야 외의 항공업무에 종사한 경우
   (6) 항공신체검사증명을 받지 아니하고 항공업무에 종사한 경우
   (7) 항공신체검사증명의 기준에 부적합한 운항승무원 및 항공교통관제사가 종사한 경우
   (8) 항공영어구술능력증명을 받지 아니하고 종사한 경우
   (9) 주류등의 영향으로 정상적으로 수행할 수 없는 상태에서 항공업무에 종사한 경우
   (10) 주류등의 섭취 및 사용 여부의 측정 요구에 따르지 아니한 경우
   (11) 기장의 의무를 이행하지 아니한 경우
   (12) 비행규칙을 따르지 아니하고 비행한 경우

제44조 계기비행증명 및 조종교육증명

1. 계기비행증명
   (1) 계기비행, 계기비행방식에 따른 비행을 하려는 조종사는 계기비행증명을 받아야 함
   (2) 대상자 : 조종사(운송용 헬리콥터 조종, 사업용, 자가용, 부조종사)

2. 조종교육증명
   (1) 조종연습생을 교육하려는 사람은 조종교육증명을 받아야 한다.
      ① 자격증명을 받지 아니한 사람이 항공기에 탑승하여 하는 조종연습
      ② 자격증명을 받은 사람이 한정 받은 종류 외의 항공기에 탑승하여 하는 조종연습
   (2) 조종교육증명은 항공기의 종류별로 발급받아야 한다. : 초급 조종교육증명, 선임 조종교육증명
   (3) 초급 조종교육증명을 받은 사람이 할 수 있는 교육

① 지상교육
② 해당 항공기 종류별 자가용·사업용 조종사 자격증명, 계기비행증명 또는 조종교육증명 취득을 위한 비행교육
③ 조종연습생의 단독비행에 대한 허가. 다만, 해당 조종연습생의 최초의 단독비행 허가는 제외한다.

(4) 선임 조종교육증명을 받은 사람이 할 수 있는 교육
① 초급 조종교육증명을 받은 사람이 하는 업무
② 조종연습생의 최초 단독비행에 대한 허가
③ 초급 조종교육증명을 받은 사람에 대한 관리

제45조 항공영어구술능력증명

1. 항공영어구술능력증명시험 대상
   (1) 두 나라 이상을 운항하는 항공기 조종
   (2) 두 나라 이상을 운항하는 항공기에 대한 관제
   (3) 두 나라 이상을 운항하는 항공기에 대한 무선통신

2. 평가 : 발음·문법·어휘력·유창성·이해력, 응대능력

3. 등급별 합격기준 : 시행규칙 별표11

4. 등급별 유효기간 : 4등급은 3년, 5등급은 6년, 6등급은 영구

제46조 항공기 조종연습

1. 한정받은 항공기 종류, 등급, 형식 외의 항공기에 탑승하여 조종교육증명을 받은 사람의 감독으로 이루어지는 조종연습
2. 자격증명을 받지 않은 사람이 조종교육증명을 받은 사람의 감독으로 이루어지는 조종연습

제47조 항공교통관제연습

1. 항공교통관제 업무를 연습할 수 있는 조건
   : 항공신체검사증명 받고, 국토교통부장관 허가를 받고, 자격요건을 갖춘 사람의 감독하에 관제연습을 하여야 한다.

2. 감독자격요건
    (1) 항공교통관제사 자격증명을 받은 사람
    (2) 항공신체검사증명을 받은 사람
    (3) 항공교통관제업무의 한정을 받은 사람

제48조 전문교육기관 지정

1. 전문교육기관 지정
    (1) 항공종사자를 양성하려면 국토교통부로부터 전문교육기관으로 지정을 받아야 한다.
    (2) 전문교육기관으로 지정받으면 국토부령 기준에 따라 교육과목, 교육방법, 인력, 시설 및 장비 등 교육훈련체계를 갖추어야 한다.
    (3) **항공종사자 전문교육기관 신청** : 신청서에 교육계획서를 첨부하여 국토교통부장관에게 제출
        ① 교육과목 및 교육방법
        ② 교관 현황(교관의 자격·경력 및 정원)
        ③ 시설 및 장비의 개요
        ④ 교육평가방법
        ⑤ 연간 교육계획
        ⑥ 교육규정
    (4) 전문교육기관으로 지정하는 경우 교육과정, 교관의 인원·자격 및 교육평가방법 등 국토교통부령으로 정하는 사항이 명시된 훈련운영기준을 전문교육기관지정서와 함께 발급
    (5) 전문교육기관은 훈련운영기준에 따라 교육훈련체계를 계속적으로 유지하여야 하며, 새로운 교육과정의 개설 등 교육훈련체계가 변경된 경우 국토교통부장관의 검사를 받아야 한다
    (6) 국토교통부장관은 전문교육기관이 교육훈련체계를 유지하고 있는지 여부를 정기 또는 수시로 검사하여야 한다.
    (7) 항공운송사업에 필요한 항공종사자를 양성하는 전문교육기관에는 경비의 전부 또는 일부를 지원할 수 있다.
    (8) 전문교육기관 등 항공교육훈련기관을 체계적으로 관리하기 위하여 항공교육훈련통합관리시스템을 구축·운영하여야 한다.
        : 교육훈련체계의 변경사항 보고 및 수검, 교육훈련과정의 이수자 명단
    (9) 국토교통부장관은 항공교육훈련통합관리시스템을 구축·운영하기 위하여 항공교통사업자 또는 항공교육훈련기관 등에게 필요한 자료 또는 정보의 제공을 요청할 수 있다.

2. 지정취소 / 업무정지

(1) 취소
① 거짓이나 부정한 방법으로 전문교육기관으로 지정 받은 경우
② 업무정지 기간에 업무를 한 경우

(2) 취소 또는 6개월이내 업무정지
① 전문교육기관의 지정기준을 위반한 경우
② 훈련운영기준을 준수하지 아니한 경우
③ 전문교육기관으로 지정받고 2년이상 교육과정을 개설하지 아니한 경우
④ 고의, 과실, 관리감독 소홀로 항공기사고가 발생한 경우
⑤ 업무를 시작하기 전까지 항공안전관리시스템을 마련하지 아니한 경우
⑥ 항공안전관리시스템을 승인 없이 운영한 경우
⑦ 항공안전관리시스템을 승인받지 않고 아래사항을 변경한 경우
　가. 안전목표에 관한 사항
　나. 안전조직에 관한 사항
　다. 안전장애 등에 대한 보고체계에 관한 사항
　라. 안전평가에 관한 사항

(3) 과징금 부과
업무를 정지하는 경우 전문교육기관 이용자에게 심한 불편을 주거나 공익을 해칠 우려가 있는 경우 10억원 이하의 과징금을 부과할 수 있다.

제49조 항공전문의사 지정

1. 항공전문의사 지정

(1)
항공신체검사증명을 전문적으로 하기 위해 항공의학에 관한 전문교육을 받은 전문의사를 지정하여 항공신체검사증명에 관한 업무를 하게 할 수 있다.

(2) 항공전문의사 지정기준
① 항공의학에 관한 교육과정을 이수할 것
② 항공의학 분야에서 5년 이상의 경력이 있거나 전문의 일 것(치과의사와 한의사는 제외한다)
③ 항공신체검사 의료기관의 시설 및 장비 기준에 적합한 의료기관에 소속되어 있을 것

(3) 항공전문의사는 정기적으로 실시하는 전문교육을 받아야 한다.

교육과목	교육시간	
	항공전문의사로 지정받으려는 사람	항공전문의사로 지정받은 사람
항공의학이론	10시간	6시간
항공의학실기	10시간	7시간
항공관련법령	4시간	3시간
계	24시간	16시간(매 3년)

2. 항공전문의사 지정 취소

(1) 지정취소
① 거짓, 부정한 방법으로 항공전문의사로 지정 받은 경우
② 항공전문의사 효력정지 기간에 항공신체검사증명 업무를 수행한 경우
③ 항공전문의사 지정기준에 적합하지 아니하게 된 경우
④ 고의 또는 중대한 과실로 항공신체검사증명서를 잘못 발급한 경우
⑤ 본인이 지정취소를 요청한 경우

(2) 취소 또는 1년 이내 효력정지
① 항공전문의사가 항공신체검사증명서 발급업무를 게을리 수행한 경우
② 항공전문의사가 전문교육을 받지 아니한 경우
③ 항공전문의사가 『의료법』에 따라 자격이 취소·정지된 경우

(3) 항공전문의사의 지정을 취소하거나 지정의 효력정지를 명할 때에는 한국항공우주의학협회의 장에게 그 사실을 통지하여야 한다.

(4) 국토교통부장관은 항공전문의사의 지정을 취소하거나 지정의 효력정지를 명할 때에는 이를 공고하여야 한다.

제4장 항공종사자 등 기출문제풀이

01 자격증명을 받고자 하는 응시자격 중 연령이 만 21세 이상이어야 하는 자격증은?

① 항공정비사 ② 사업용 조종사
③ 항공기관사 ④ 운송용 조종사

해설
항공안전법 제34조(항공종사자 자격증명 등)

02 항공정비사의 자격증명을 받을 수 있는 최소 연령은?

① 16세 ② 17세
③ 18세 ④ 21세

해설
항공안전법 제34조(항공종사자 자격증명 등)

03 항공종사자 자격증명 응시연령에 대한 다음 설명 중 틀린 것은?

① 자가용 활공기 조종사의 경우 16세
② 자가용 조종사의 경우 16세
③ 항공정비사의 경우 18세
④ 항공기관사의 경우 18세

해설
※ 항공안전법 제34조(항공종사자 자격증명 등)

04 항공종사자 자격증명 응시연령에 관한 설명 중 맞는 것은?

① 자가용 조종사의 자격은 만 18세, 다만 자가용 활공기 조종사의 경우에는 만 16세로 한다.
② 사업용 조종사, 항공사, 항공기관사 및 항공정비사의 자격은 만 20세
③ 운송용 조종사 및 운항관리사의 자격은 만 21세
④ 부조종사 및 항공사의 자격은 만 20세

해설
항공안전법 제34조(항공종사자 자격증명 등) 제2항

05 다음 중 항공종사자 자격증명을 받을 수 없는 사람은?

① 자격증명 취소처분을 받고 그 취소일부터 2년이 지나지 아니한 사람
② 금치산자, 한정치산자 또는 파산선고를 받고 복권되지 아니한 사람
③ 금고 이상의 실형을 선고받고 그 집행이 끝난 날 또는 집행을 받지 아니하기로 확정된 날부터 2년이 지나지 아니한 사람
④ 법을 위반하여 벌금 이상의 형을 선고받은 사람

해설
항공안전법 제34조(항공종사자 자격증명 등) 제2항

[정답] 01 ④ 02 ③ 03 ② 04 ③ 05 ①

06 항공종사자 자격증명을 받지 않아도 「군사기지 및 군사시설 보호법」을 적용받는 항공작전기지에서 항공기를 (   )하는 군인은 국방부장관으로부터 자격인정을 받아 업무를 수행할 수 있다. (   )에 맞는 것은?

① 관제
② 정비
③ 조종
④ 급유

해설

항공안전법 제34조(항공종사자 자격증명 등) 제3항

07 항공작전기지에서 근무하는 군인이 자격증명이 없더라도 국방부장관으로부터 자격인정을 받아 수행할 수 있는 업무는?

① 조종
② 관제
③ 항공정비
④ 급유 및 배유

해설

항공안전법 제34조(항공종사자 자격증명 등)

08 항공종사자의 자격증명의 종류에 포함되지 않는 것은?

① 항공사
② 항공교통관제사
③ 화물적재관리사
④ 항공정비사

해설

항공안전법 제35조(자격증명의 종류)

09 구조상 조종사 단독으로는 발동기 및 기체를 완전히 취급할 수 없는 항공기에 조종사 외에 탑승시켜야 할 항공종사자는?

① 기장 외 항공종사자
② 항공기의 부조종사
③ 항공기관사
④ 항공사

해설

항공안전법 제36조(업무범위)

10 항공정비사의 업무범위로 맞는 것은?

① 정비한 항공기등에 대한 확인
② 정비 또는 수리한 항공기등에 대한 확인
③ 정비, 수리 또는 개조한 항공기등에 대한 확인
④ 수리 또는 개조한 항공기등에 대한 확인

해설

항공안전법 제36조(업무범위)

11 항공기관사가 하는 업무범위는?

① 항공기에 탑승하여 목적지 공항에서 비행 전, 후 점검을 하는 행위
② 항공기에 탑승하여 운항 중 객실에서 발생하는 이상상태를 해소하는 행위
③ 항공기에 탑승하여 그 위치 및 경로의 측정과 항공상의 자료를 산출하는 행위
④ 항공기에 탑승하여 조종장치의 조작을 제외한 발동기 및 기체를 취급하는 행위

해설

항공안전법 제36조(업무범위)

[**정답**] 06 (모두 해당됨) 07 ② 08 ③ 09 ③ 10 ③ 11 ④

12 자격증명의 업무범위에 대한 설명 중 틀린 것은?

① 국토교통부령으로 정하는 항공기의 경우 국토교통부장관이 허가한 경우에는 적용하지 않는다.
② 새로운 종류의 항공기를 시험 비행하는 경우 국토교통부장관이 허가한 경우에는 적용하지 않는다.
③ 새로운 등급 또는 형식의 항공기를 시험 비행하는 경우 국토교통부장관이 허가한 경우에는 적용하지 않는다.
④ 항공기의 개조 후 시험비행을 하는 경우 국토교통부장관이 허가한 경우에는 적용하지 않는다.

해설
항공안전법 제36조(업무범위) 제3항 참조

13 항공정비사의 업무범위는?

① 국토교통부령으로 정하는 범위의 수리를 한 항공기에 대하여 감항성을 확인하는 행위
② 정비한 항공기에 대하여 감항성을 확인하는 행위
③ 개조한 항공기에 대하여 감항성을 확인하는 행위
④ 정비, 수리 또는 개조한 항공기에 대하여 감항성을 확인하는 행위

해설
항공안전법 제36조(업무범위)

14 항공정비사 자격증명에 대한 한정은?

① 항공기의 종류에 의한다.
② 항공기 종류 및 정비분야에 의한다.
③ 항공기 등급 및 정비분야에 의한다.
④ 항공기 종류, 등급 또는 형식에 의한다.

해설
항공안전법 제37조(자격증명의 한정) 제1항

15 다음 중 조종, 조작 또는 정비할 수 있는 항공기의 등급을 한정하지 않는 항공종사자는?

① 자가용 조종사   ② 운송용 조종사
③ 항공정비사   ④ 항공기관사

해설
항공안전법 제37조(자격증명의 한정) 제1항 참조

16 다음 중 항공종사자 자격증명시험 및 한정심사의 일부 또는 전부 면제대상자가 아닌 것은?

① 외국정부로부터 자격증명을 받은 자
② 국토교통부장관이 지정한 전문교육기관의 교육과정을 이수한 자
③ 군기술학교에서 교육을 받고 당해 항공업무 분야에서 3년 이상의 실무경험이 있는 자
④ 국가기술자격법에 의한 항공기사 자격을 취득한 자

해설
항공안전법 제38조(시험의 실시 및 면제) 제3항

17 다음 중 반드시 자격증명을 취소할 수 있는 경우는?

① 벌금 이상의 형을 선고 받았을 때
② 자격증명의 정지기간 중에 항공업무에 종사한 때
③ 고의 또는 중대한 과실을 범했을 때
④ 법에 의한 명령에 위반한 때

[정답] 12 ④ 13 ④ 14 ② 15 ③ 16 ③ 17 ②

> **해설**

항공안전법 제43조(자격증명·항공신체검사증명의 취소 등)

18 다음 중 자격증명을 취소하여야 하는 경우는?

① 항공안전법에 위반하여 벌금 이상의 형의 선고를 받을 때
② 부정한 방법으로 자격증명을 받은 때
③ 항공종사자로서의 직무를 행함에 있어서 고의 또는 중대한 과실이 있는 때
④ 항공안전법 또는 항공안전법에 의한 명령에 위반한 때

> **해설**

항공안전법 제43조(자격증명·항공신체검사증명의 취소 등)

19 항공기의 등급에 해당되는 것은?

① 보통, 실용, 곡기
② B747, A300, MD-11
③ 제1종, 제2종, 제3종
④ 육상단발, 육상다발, 수상단발, 수상다발

> **해설**

항공안전법 시행규칙 제81조(자격증명의 한정)

20 항공정비사의 자격증명을 한정하는 경우 정비분야의 범위가 아닌 것은?

① 기체 관련 분야
② 왕복발동기 관련 분야
③ 장비품 관련 분야
④ 프로펠러 관련 분야

> **해설**

항공안전법 시행규칙 제81조(자격증명의 한정)

21 다음 중 항공기의 종류에 해당되지 않는 것은?

① 비행선
② 활공기
③ 수상비행선
④ 항공우주선

> **해설**

항공안전법 시행규칙 제81조(자격증명의 한정)

22 다음 중 항공기 등급에 해당하는 것은?

① 비행기, 비행선, 활공기
② A-300, B-747
③ 육상단발, 수상다발
④ 보통, 실용, 수송

> **해설**

항공안전법 시행규칙 제81조(자격증명의 한정)

23 다음 중 모든 항공기에 대하여 형식한정을 받아야 하는 항공 종사자는?

① 조종사
② 운항관리사
③ 항공정비사
④ 항공기관사

> **해설**

항공안전법 시행규칙 제81조(자격증명의 한정)

24 다음 중 항공기의 종류에 해당되지 않는 것은?

① 비행기
② 비행선
③ 수상기
④ 항공우주선

> **해설**

항공안전법 시행규칙 제81조(자격증명의 한정)

[정답] 18 ② 19 ④ 20 ③ 21 ③ 22 ③ 23 ④ 24 ③

25 자격증명을 한정하는 경우 한정하는 항공기의 종류는?

① 육상단발, 육상다발, 수상다발, 수상단발
② 비행기, 헬리콥터, 비행선, 활공기, 항공우주선
③ B-747, DC-10, MD-11
④ 상급 및 중급항공기

해설

항공안전법 시행규칙 제81조(자격증명의 한정)

26 항공안전법에서 정하는 항공기의 종류는?

① 여객용 항공기, 화물용 항공기
② 육상단발, 육상다발, 수상단발, 수상다발
③ 수상기, 특수 활공기, 초급 활공기, 중급 활공기
④ 비행기, 헬리콥터, 비행선, 활공기, 항공우주선

해설

항공안전법 시행규칙 제81조(자격증명의 한정)

27 다음 중 항공기의 종류에 해당하는 것은?

① 여객기 ② 수송기
③ 활공기 ④ 수상항공기

해설

항공안전법 시행규칙 제81조(자격증명의 한정)

28 다음 중 항공기관사 자격증명의 형식한정은?

① 최대이륙중량 5,700kg 이상의 항공기
② 모든 형식의 항공기
③ 국토교통부장관이 지정하는 형식의 항공기
④ 최대이륙중량 15,000kg을 초과하는 항공기

해설

항공안전법 시행규칙 제81조(자격증명의 한정)

29 자격증명을 항공기의 종류 및 등급으로 한정하는 경우 해당하지 않는 것은?

① 활공기
② 비행기
③ 유인기구
④ 항공우주선

해설

항공안전법 시행규칙 제81조(자격증명의 한정) 제2항

30 항공정비사 자격증명시험에 응시하는 경우, 실기시험의 일부를 면제(구술만 실시)할 수 있는 경우는?

① 4년 이상 항공정비에 관한 업무경력이 있는 자
② 외국정부가 발행한 항공정비사 자격증명을 받은 자
③ 국가기술자격법에 의한 항공기술사 자격을 취득한 자
④ 국토교통부장관이 지정한 전문교육기관에서 항공정비사에 필요한 과정을 이수한 자

해설

항공안전법 시행규칙 제88조 관련, 별표 7(자격증명시험 및 한정심사의 일부 면제)

[정답] 25 ② 26 ④ 27 ③ 28 ② 29 ③ 30 ④

31 다음 중 항공정비사 자격증명시험에 응시하는 경우에 실기시험의 일부를 면제할 수 있는 대상자는?

① 국토교통부장관이 지정한 전문교육기관에서 항공정비사에 필요한 과정을 이수한 사람
② 3년 이상의 항공기 정비·개조 경력이 있는 사람
③ 고등교육법에 의한 대학 또는 전문대학에서 항공정비사에 필요한 과정을 2년 이상 이수하고 6개월 이상의 정비경력이 있는 사람
④ 고등교육법에 의한 대학 또는 전문대학을 졸업한 사람으로서 항공기술요원을 양성하는 교육기관에서 필요한 교육을 이수하고, 6개월 이상의 항공기정비 경력이 있는 사람

> **해설**
> 항공안전법 시행규칙 제88조 제2항 관련, 별표7(자격증명시험 및 한정심사의 일부 면제)

32 항공정비사가 받은 자격증명의 효력에 대한 설명 중 맞는 것은?

① 비행기에 대한 자격증명을 취득하면 모든 종류의 항공기에 대한 자격증명을 받은 것으로 본다.
② 비행기에 대한 자격증명을 취득하면 헬리콥터에 대한 자격증명을 받은 것으로 본다.
③ 비행기에 대한 자격증명을 취득하면 활공기에 대한 자격증명을 받은 것으로 본다.
④ 비행기에 대한 자격증명을 취득하면 비행선에 대한 자격증명을 받은 것으로 본다.

> **해설**
> 항공안전법 시행규칙 제90조(조종사 등이 받은 자격증명의 효력)

[**정답**] 31 ① 32 ③

제5장 항공안전법 항공기의 운항

제51조 무선설비의 설치 운용 의무

1. 무선설비 설치 운용 기준

    (1) 항공교통관제기관과 교신할 수 있는 초단파(VHF) 또는 극초단파(UHF) 무선전화 송수신기 각 2대
    → 시행규칙 107조

    (2) 기압고도정보를 제공하는 2차감시 항공교통관제 레이더용 트랜스폰더 1대

    > **트랜스폰더 요구성능 : 항공안전법 시행규칙 제107조**
    >
    > 트랜스폰더(transponder) 모드
    > - 모드 1 : 임무 코드를 제공(군전용)
    > - 모드 2 : 항공기 코드를 제공(군전용)
    > - 모드 3/A : 질문에 대하여 항공기식별code 정보를 제공(군/민간 공용)
    > - 모드 4 : 암호화 코드를 제공(군전용)
    > - 모드 5 : Mode S와 유사한 암호화 능력을 제공하며, GPS 위치를 전송(군전용)
    > - 모드 C : 항공기 압력 고도를 제공(군/민간 공용)
    > - 모드 S : 위치, 속도 정보를 제공(군/민간 공용)

    (3) 자동방향탐지기(ADF) 1대 : 무지향표지시설(NDB)만 설치된 공항에 운항하는 경우

    (4) 계기착륙시설(ILS) 수신기 1대 : 5,700kg미만 항공기/헬리콥터/무인기는 제외

    (5) 전방향무선표지시설(VOR)/거리측정시설(DME) 수신기 각 1대(무인기 제외)

    (6) 기상레이더 또는 악기상 탐지장비 설치 기준

    ① 국제선으로서 여압장치가 장착된 비행기의 경우 : 기상레이더 1대

    ② 국제선 헬리콥터의 경우 : 기상레이더 또는 악기상 탐지장비 1대

    ③ 그외에 국외를 운항하는 비행기로서 여압장치가 장착된 비행기의 경우 : 기상레이더 또는 악기상 탐지장비 1대

(7) 비상위치지시용 무선표지설비(ELT: Emergency Location Transmitter)

① 대상 :

　가. 좌석 19개 초과하는 항공운송사업용항공기 : 2대(항공기, 구명보트)

　나. 비상착륙 안전거리를 벗어나 해상을 비행하는 헬리콥터 : 2대 장착

　다. 그외는 1대 장착(사고시 자동작동됨)

② 조난주파수 121.5메가헤르츠(MHz), 406메가헤르츠(MHz)

※ 예외 : 운송사업항공기 외의 항공기가 시계비행시 (3)~(6)은 운용하지 않아도 됨

2. 항공일지

(1) 항공일지 종류

① 탑재용 항공일지(외국국적항공기 포함)

② 지상 비치용 발동기 항공일지 및 지상 비치용 프로펠러 항공일지

③ 활공기용 항공일지

(2) 항공기의 소유자등은 항공기를 사용하거나 개조 또는 정비한 경우 항공일지에 기록

항공일지 : 항공안전법 시행규칙 제108조

1. 탑재용 항공일지(국내항공기)

　가. 항공기의 등록부호 및 등록 연월일

　나. 항공기의 종류·형식 및 형식증명번호

　다. 감항분류 및 감항증명번호

　라. 항공기의 제작자·제작번호 및 제작 연월일

　마. 발동기 및 프로펠러의 형식

　바. 비행에 관한 다음의 기록

　　1) 비행연월일　　　　　　　　　　2) 승무원의 성명 및 업무

　　3) 비행목적 또는 편명　　　　　　4) 출발지 및 출발시각

　　5) 도착지 및 도착시각　　　　　　6) 비행시간

　　7) 항공기의 비행안전에 영향을 미치는 사항　　8) 기장의 서명

　사. 제작 후의 총 비행시간과 오버홀을 한 항공기의 경우 최근의 오버홀 후의 총 비행시간

　아. 발동기 및 프로펠러의 장비교환에 관한 다음의 기록

　　1) 장비교환의 연월일 및 장소

　　2) 발동기 및 프로펠러의 부품번호 및 제작일련번호

　　3) 장비가 교환된 위치 및 이유

　자. 수리·개조 또는 정비의 실시에 관한 다음의 기록

　　1) 실시 연월일 및 장소

　　2) 실시 이유, 수리·개조 또는 정비의 위치 및 교환 부품명

　　3) 확인 연월일 및 확인자의 서명 또는 날인

2. 탑재용 항공일지(외국항공기)
　　가. 항공기의 등록부호·등록증번호 및 등록 연월일
　　나. 비행에 관한 다음의 기록
　　　　1) 비행연월일　　　　　　　　　2) 승무원의 성명 및 업무
　　　　3) 비행목적 또는 항공기 편명　　 4) 출발지 및 출발시각
　　　　5) 도착지 및 도착시각　　　　　 6) 비행시간
　　　　7) 항공기의 비행안전에 영향을 미치는 사항　 8) 기장의 서명

3. 지상 비치용 발동기 항공일지 및 지상 비치용 프로펠러 항공일지
　　가. 발동기 또는 프로펠러의 형식
　　나. 발동기 또는 프로펠러의 제작자·제작번호 및 제작 연월일
　　다. 발동기 또는 프로펠러의 장비교환에 관한 다음의 기록
　　　　1) 장비교환의 연월일 및 장소
　　　　2) 장비가 교환된 항공기의 형식·등록부호 및 등록증번호
　　　　3) 장비교환 이유
　　라. 발동기 또는 프로펠러의 수리·개조 또는 정비의 실시에 관한 다음의 기록
　　　　1) 실시 연월일 및 장소
　　　　2) 실시 이유, 수리·개조 또는 정비의 위치 및 교환 부품명
　　　　3) 확인 연월일 및 확인자의 서명 또는 날인
　　마. 발동기 또는 프로펠러의 사용에 관한 다음의 기록
　　　　1) 사용 연월일 및 시간
　　　　2) 제작 후의 총 사용시간 및 최근의 오버홀 후의 총 사용시간

3. 사고예방장치 : 사고예방 및 사고조사를 위하여 항공기에 갖추어야 할 장치

(1) 공중충돌경고장치(Airborne Collision Avoidance System, ACAS/TCAS) 1기 이상
① 5,700kg을 초과하는 항공운송사업용 비행기/3,175kg 이상의 헬리콥터는 필수 장착
② 항공운송사업외의 항공기
　　가. 2007. 1. 1. 이후 최초로 감항증명을 받은 비행기로서, 최대이륙중량이 15,000kg을 초과하거나 승객 30명 초과 & 터빈발동기 장착
　　나. 2008. 1. 1. 이후 최초로 감항증명을 받은 비행기로서, 최대이륙중량이 5,700kg을 초과하거나 승객 19명 초과 & 터빈발동기 장착

(2) 지상접근경고장치(Ground Proximity Warning System) 1기 이상
비행기 및 헬리콥터가 지표면에 근접할 경우 적시에 지형지물을 회피할 수 있도록 운항승무원에게 자동으로 경고하는 장치
① 최대이륙중량이 5,700킬로그램을 초과하거나 승객 9명을 초과하여 수송할 수 있는 터빈/왕복 발동기를 장착한 비행기

② 최대이륙중량이 5,700킬로그램 이하이고 승객 5명 초과 9명 이하를 수송할 수 있는 터빈발동기를 장착한 비행기

③ 최대이륙중량이 3,175킬로그램을 초과하거나 승객 9명을 초과하여 수송할 수 있는 헬리콥터로서 계기비행방식에 따라 운항하는 헬리콥터

(3) 비행자료 및 조종실 내 음성을 기록할 수 있는 비행기록장치 각 1기 이상

① 항공운송사업에 사용되는 터빈발동기를 장착한 비행기 : 25시간 이상 비행자료를 기록, 2시간 이상 조종실 내 음성 기록

② 항공운송사업 외의 터빈발동기를 장착한 비행기(5,700kg 초과) : 25시간 이상 비행자료를 기록, 2시간 이상 조종실 내 음성 기록

③ 1989년 1월 1일 이후에 제작된 헬리콥터(3,180kg 초과) : 10시간 이상 비행자료를 기록, 2시간 이상 조종실 내 음성 기록

④ 그 밖에 국토교통부장관이 필요하다고 인정하여 고시하는 항공기

(4) **전방돌풍경고장치 1기 이상** : 최대이륙중량이 5,700킬로그램을 초과하거나 승객 9명을 초과하여 수송할 수 있는 터빈발동기(터보프롭발동기는 제외한다)를 장착한 항공운송사업에 사용되는 비행기

(5) **위치추적 장치 1기 이상** : 최대이륙중량 2만 7천킬로그램을 초과하고 승객 19명을 초과하여 수송할 수 있는 항공운송사업에 사용되는 비행기로서 15분 이상 감시가 곤란한 지역을 비행하는 하는 경우

제52조 항공기에 탑재해야 할 항공계기/장비/서류/구급용구

1. 항공기에 장비하여야 할 구급용구 등 : 시행규칙 별표15

   (1) 구급용구 : 구명동의(개인부양장비), 음성신호 발생기, 불꽃조난신호장비, 구명보트

   (2) 소화기, 손 확성기, 도끼(1개)

승객 좌석 수	소화기의 수량
6석부터 30석까지	1
31석부터 60석까지	2
61석부터 200석까지	3
201석부터 300석까지	4
301석부터 400석까지	5
401석부터 500석까지	6
501석부터 600석까지	7
601석 이상	8

승객 좌석수	손 확성기의 수
61석부터 99석까지	1
100석부터 199석까지	2
200석 이상	3

(3) 구급의료용품 탑재

대상 : 모든 항공기

승객 좌석 수	구급의료용품의 수
100석 이하	1조
101석부터 200석까지	2조
201석부터 300석까지	3조
301석부터 400석까지	4조
401석부터 500석까지	5조
501석 이상	6조

(4) 감염예방 의료용구 탑재

대상 : 항공운송사업용항공기

승객 좌석 수	구급의료용품의 수
250석 이하	1조
251석부터 500석까지	2조
501석 이상	3조

(5) 비상의료용구 탑재

비행시간 2시간 이상, 좌석 101석 이상 운송사업용항공기

※ 구급의료용품과 감염예방 의료용구는 비행 중 승무원이 쉽게 접근하여 사용할 수 있도록 객실 전체에 고르게 분포되도록 갖춰 두어야 한다.

2. 항공기 탑재 서류

(1) 항공기등록증명서

(2) 감항증명서

(3) 탑재용 항공일지

(4) 운용한계 지정서 및 비행교범

(5) 운항규정(훈련교범·위험물교범·사고절차교범·보안업무교범·항공기 탑재 및 처리 교범은 제외한다)

(6) 항공운송사업의 운항증명서 사본(항공당국의 확인을 받은 것을 말한다) 및 운영기준 사본(국제운송사업에 사용되는 항공기의 경우에는 영문으로 된 것을 포함한다)

(7) 소음기준적합증명서

(8) 각 운항승무원의 유효한 자격증명서

(9) 무선국 허가증명서(radio station license)

(10) 탑승한 여객의 성명, 탑승지 및 목적지가 표시된 명부(passenger manifest)(항공운송사업용 항공기만 해당)

(11) 해당 항공운송사업자가 발행하는 수송화물의 화물목록(cargo manifest)과 화물 운송장에 명시되어 있는 세부 화물신고서류(detailed declarations of the cargo)(항공운송사업용 항공기만 해당)

(12) 해당 국가의 항공당국 간에 체결한 항공기 등의 감독 의무에 관한 이전협정서요약서 사본(법 제5조에 따른 임대차 항공기의 경우만 해당한다)

(13) 비행 전 및 각 비행단계에서 운항승무원이 사용해야 할 점검표

(14) 그 밖에 국토교통부장관이 정하여 고시하는 서류

3. 산소저장 및 분배장치

(1) 고고도 비행하는 항공기는 산소저장 및 분배장치를 장착해야 함

① 여압장치가 없는 항공기가 기내의 대기압이 700hPa 미만인 고도(약 9,800ft 이상의 고도, 약 10psi)에서 비행하고자 하는 경우

② 기내의 대기압을 700hPa 이상으로 유지시켜 줄 수 있는 여압장치가 있는 모든 비행기와 항공운송사업에 사용되는 헬리콥터의 경우

- 기내의 대기압이 700hPa 미만인 동안 승객 전원과 승무원 전원이 비행고도 등 비행환경에 따라 적합하게 필요로 하는 양
- 기내의 대기압이 376hPa 미만인 비행고도에서 비행하거나 376hPa 이상인 비행고도에서 620hPa인 비행고도까지 4분 이내에 강하할 수 없는 경우에는 승객 전원과 승무원 전원이 최소한 10분 이상 사용할 수 있는 양

(2) 조종업무를 수행하고 있는 모든 운항승무원은 언제든지 산소를 계속 사용할 수 있어야 함

4. 기압저하 경보장치

여압장치가 있는 비행기로서 기내의 대기압이 376hPa 미만인 비행고도(약 25,000ft 이상 고도)로 비행하려는 경우 기압저하경보장치 1기 장착

5. 헬리콥터 기체진동 감시 시스템

최대이륙중량 3,175kg 초과 or 승객 9명을 초과하는 국제항공운송사업에 사용되는 헬리콥터는 기체진동 감시 시스템(vibration health monitoring system)을 장착해야 함

6. 방사선 투사량 계기

(1) 해면으로부터 15,000m(49,000 ft)를 초과하는 고도로 운항하려는 경우에는 방사선투사량계기(Radiation Indicator) 1기 장착

(2) 방사선투사량계기는 투사된 총 우주방사선의 비율과 비행 시마다 누적된 양을 계속적으로 측정하고 이를 나타낼 수 있어야 하며, 운항승무원이 측정된 수치를 쉽게 볼 수 있어야 함

7. 항공계기장치 등

(1) 항공기에 갖추어야 할 계기 등 기준 : 시행규칙 별표 16

(2) 마하수 지시계 : 마하수로 속도제한 항공기

(3) 야간비행하려는 항공기 추가조명설비

① 착륙등, 충돌 방지등(1기이상)은 주간비행에도 장착

② 착륙등 : 운송사업용 2기, 그외 1기이상

③ 항공기의 위치를 나타내는 좌현등(적), 우현등(초록), 미등(흰)

④ 항공계기 및 장치를 쉽게 식별할 수 있도록 해주는 조명설비

⑤ 객실조명설비, 운항승무원 및 객실승무원이 각 근무위치에서 사용할 수 있는 손전등

8. 제빙/방빙 장치

결빙이 예상되는 지역을 운항하려는 항공기는 제빙(De-icing) / 방빙(Anti-icing)장치 장착

제53조 항공기 연료

1. **항공기에 실어야 할 연료** : 시행규칙 별표17

2. **운송사업용/사용사업용 항공기(터빈 발동기 장착 계기비행)**

   (1) **교체비행장 요구될 때** : 이륙 전 예상소모연료 + 착륙예정 공항까지 비행연료+ 이상사태 발생 시 연료소모가 증가할 것에 대비하여 운항기술기준에서 정한 연료의 양 + 다음 하나의 해당하는 연료의 양[교체 비행장까지 비행 연료, 1회 실패접근에 필요한 양, 교체비행장 450M(1,500피트) 상공에서 30분간 비행연료]

   (2) **교체비행장 미요구될 때** : 이륙 전 예상소모연료 + 착륙예정 공항까지 비행연료 + 이상사태 발생 시 연료소모가 증가할 것에 대비하여 운항기술기준에서 정한 연료의 양 + 다음 하나의 해당하는 연료의 양[최초 착륙예정 비행장의 450미터(1,500피트)의 상공에서 체공속도로 15분간 더 비행할 수 있는 양, 주간은 30분간 더 비행할 수 있는 양. 야간은 45분간 더 비행할 수 있는 양]
   ※ 교체비행장 : 이륙 교체비행장, 목적지 교체비행장, 항공로 교체비행장

3. **비행기 시계비행** : 착륙예정 공항까지 비행연료 + 45분간 비행연료

4. **운송사업용/사용사업용 헬리콥터**

   (1) **헬리콥터 계기비행** : 착륙예정 비행장까지 비행연료 + 교체비행장까지 비행연료 + 비행장 450M(1,500피트) 상공에서 30분간 체공 연료 + 운항기술기준에 정한 비행연료

   (2) **헬리콥터 시계비행(교체비행장이 요구될 경우)** : 착륙예정 비행장까지 비행연료 + 최대 항속 속도로 20분간 비행연료 + 이상사태 발생시 대비관련 운항기술기준에서 정한 비행연료

   (3) **계기비행으로 적당한 교체비행장이 없을 경우** : 최초 착륙예정 비행장까지 비행에 필요한 양 + 최초 착륙예정 비행장의 상공에서 체공속도로 2시간 동안 체공하는 데 필요한 양

제54조 항공기 등불

1. 항공기가 야간에 항행하거나 지상에서 이동중이거나 엔진이 작동중인 경우 항행등과 충돌방지등에 의하여 위치를 나타내야 함
    ※ 항행등 : 좌현등(적색), 우현등(초록색), 미등(하얀색)

2. 항공기를 야간에 주기 또는 정박시키는 경우에는 항행등을 이용하여 위치 표시(비행장에 조명하는 시설이 있는 경우 제외)
    ※ 항공기는 위치를 나타내는 항행등으로 잘못 인식될 수 있는 다른 등불을 켜서는 안됨
    ※ 조종사는 업무를 수행하는 데 장애를 주거나 외부에 있는 사람에게 위험을 유발할 수 있는 경우 섬광등을 끄거나 강도를 줄여야 함

제55조 운항승무원의 비행경험

1. 조종사

    (1) 운송사업용·사용사업용 항공기, 국외운항 항공기를 운항, 계기비행, 야간비행 하려는 자, 또는 조종교육을 하려는 조종사

    (2) 비행경험 기준
       ① 업무종사전 90일 이내 조종하려는 항공기와 동일한 형식의 항공기 이착륙 3회 이상 경험
          가. 모의비행훈련장치도 비행경험 포함
          나. 야간비행일 경우 1회 이상 경험
       ② 계기비행 경험 : 6개월 이내 6회 이상 계기접근, 6시간 이상 계기비행
       ③ 조종교육 비행경험 : 1년 이내에 10시간 이상 조종교육 경험(조종교육경험자와 동승하여 야간 1회 이상 이륙/착륙을 포함해야 함)
          ※ 최초 조종교육 취득한 날로부터 1년간은 제외

2. 항공기관사

    (1) **대상 항공기** : 운송사업용·사용사업용 항공기
    (2) **비행경험** : 업무종사 전 최근 6개월 이내 50시간 이상
       ※ 모의비행장치를 조작한 경험은 25시간이내에서 비행경험으로 본다.

3. 항공사
   (1) 대상 항공기 : 운송사업용·사용사업용 항공기
   (2) 비행경험 : 업무종사 전 최근 1년 이내 50시간(국내는 25시간) 이상
      ※ 모의비행장치를 조작한 경험은 비행경험으로 본다.

제56조 승무원 피로관리

항공운송사업자, 항공기사용사업자 또는 국외운항항공기 소유자등은 소속 승무원의 피로를 관리하여야 한다.

1. 운항승무원 피로관리

   (1) 승무시간, 비행근무시간, 근무시간 등의 제한기준을 따르는 방법, 피로위험관리시스템을 마련하여 운용하는 방법
      : 운항승무원의 승무시간, 비행근무시간, 근무시간 기준 → 시행규칙 별표18
      ※ 승무시간(flight time) : 항공기가 움직인 시각 ~ 비행후 정지한 시각
      ※ 비행근무시간(flight duty period) : 근무의 시작을 보고한 시각 ~ 마지막비행이 종료되어 발동기가 정지된 시각
      ※ 근무시간 : 근무를 시작한 시각 ~ 근무가 끝난 시각

   (2) 항공운송사업자 및 항공기사용사업자는 운항승무원이 피로로 인하여 안전운항을 저해하지 않도록 세부기준을 운항규정에 정하여야 한다.

   (3) 승무시간 등 기록 : 15개월 이상 보관

2. 객실승무원 피로관리

   항공안전법 시행규칙 218조 : 승무원 등의 탑승

장착된 좌석 수	객실승무원 수
20석 이상 50석 이하	1 명
51석 이상 100석 이하	2 명
101석 이상 150석 이하	3 명
151석 이상 200석 이하	4 명
201석 이상	5 명에 좌석 수 50석을 추가할 때마다 1 명씩 추가

(1) 월간, 3개월간 및 연간 단위의 승무시간 기준을 운항규정에 규정, 연간 승무시간은 1,200시간을 초과해서는 아니 된다.

(2) 객실승무원의 수에 따른 연속되는 24시간 동안의 비행근무시간 기준과 비행근무 후의 지상에서의 최소 휴식시간 기준 → 시행규칙 별표 19

제57조 주류등의 섭취/사용 제한

1. 항공종사자(조종연습/교통관제연습 포함) 및 객실승무원은 주류, 마약류 또는 환각물질 등의 영향으로 업무를 정상적으로 수행할 수 없는 상태에서는 항공업무 또는 객실승무원의 업무에 종사해서는 아니 된다.

2. 항공종사자 및 객실승무원은 항공업무 또는 객실승무원의 업무에 종사하는 동안에는 주류 등을 섭취해서는 아니 된다.

3. 주류등의 섭취 및 사용에 대한 상당한 이유가 있을 때에는 여부를 측정할 수 있으며, 이러한 측정에 응하여야 한다.

4. 측정 결과에 불복하면 혈액 채취 또는 소변 검사 등의 방법으로 주류등의 섭취여부를 다시 측정할 수 있다.

5. 주류등의 영향으로 항공업무 또는 객실승무원의 업무를 정상적으로 수행할 수 없는 상태의 기준
   (1) 혈중알코올농도가 0.02% 이상인 경우
   (2) 마약류를 사용한 경우
   (3) 환각물질을 사용한 경우

6. 주류등의 섭취 여부를 적발한 공무원은 적발보고서를 작성하여 국토교통부장관 또는 지방항공청장에게 보고하여야 한다.

제57조의2 항공기 내 흡연 금지

항공종사자(제46조에 따른 항공기 조종연습을 하는 사람을 포함한다) 및 객실승무원은 항공업무 또는 객실승무원의 업무에 종사하는 동안에는 항공기 내에서 흡연을 하여서는 아니 된다.
[신설 2020. 12. 8.] [시행일 2021. 6. 9.]

> **항공안전법 제12장 벌칙 제153조의2 : 항공기 내 흡연의 죄**
>
> ① 운항 중인 항공기 내에서 제57조의2를 위반한 자는 1천만원 이하의 벌금에 처한다.
> ② 주기 중인 항공기 내에서 제57조의2를 위반한 자는 500만원 이하의 벌금에 처한다.
> [신설 2020. 12. 8.] [시행일 2021. 6. 9.]

제58조 항공안전프로그램

1. 국토교통부는 항공안전프로그램을 마련하여 고시해야 함
   (1) 항공안전에 관한 정책, 달성목표 및 조직체계
   (2) 항공안전 위험도의 관리
   (3) 항공안전보증
   (4) 항공안전증진

2. 업무를 체계적으로 수행하기 위하여 항공안전프로그램에 따라 그 업무에 관한 항공안전관리시스템을 구축·운용

3. 항공안전관리시스템을 운용하여야 하는 대상자
   (1) 형식증명, 부가형식증명, 제작증명, 기술표준품형식승인, 부품등제작자증명을 받은 자
   (2) 항공종사자 양성을 위하여 지정된 전문교육기관
   (3) 항공운송사업자, 항공기사용사업자 및 국외운항항공기 소유자등
   (4) 항공교통업무증명을 받은 자
   (5) 정비조직인증을 받은 자
   (6) 공항운영증명을 받은 자
   (7) 항행안전시설을 설치한 자
   (8) 국외운항항공기를 소유 또는 임차하여 사용할 수 있는 권리가 있는 자

4. 항공안전관리시스템에 포함되어야 할 사항
   (1) 항공안전에 관한 정책 및 달성목표
       ① 최고경영자의 권한 및 책임에 관한 사항
       ② 안전관리 관련 업무분장에 관한 사항
       ③ 총괄 안전관리자의 지정에 관한 사항
       ④ 위기대응계획 관련 관계기관 협의에 관한 사항
       ⑤ 매뉴얼 등 항공안전관리시스템 관련 기록·관리에 관한 사항

(2) 항공안전 위험도의 관리
　① 위험요인의 식별절차에 관한 사항
　② 위험도 평가 및 경감조치에 관한 사항

(3) 항공안전보증
　① 안전성과의 모니터링 및 측정에 관한 사항
　② 변화관리에 관한 사항
　③ 항공안전관리시스템 운영절차 개선에 관한 사항

(4) 항공안전증진
　① 안전교육 및 훈련에 관한 사항
　② 안전관리 관련 정보 등의 공유에 관한 사항

(5) 국토교통부장관이 항공안전 목표 달성에 필요하다고 정하는 사항

5. 항공운송사업자(최대 이륙중량 2만kg을 초과하는 비행기, 7천kg을 초과하거나 승객 9명 헬리콥터)는 항공안전관리시스템을 구축할 때 비행자료분석프로그램(Flight data analysis program)을 마련

(1) 비행자료를 수집할 수 있는 장치의 장착 및 운영절차
(2) 비행자료와 분석결과의 보호 및 활용에 관한 사항
(3) 비행자료의 보존 및 품질관리 요건

6. 항공교통업무 안전관리시스템의 구축·운용

(1) 레이더를 이용하여 항공교통관제 업무를 수행하려는 경우에는 항공안전관리시스템에 포함할 사항
　① 레이더 자료를 수집할 수 있는 장치의 설치 및 운영절차
　② 레이더 자료와 분석결과의 보호 및 활용에 관한 사항

(2) 레이더자료 및 분석결과는 항공기사고 등을 예방하고 항공안전을 위한 목적으로만 사용
　※ 분석결과 관련된 사람에게 해고·전보·징계·부당한 대우, 신분이나 처우와 관련하여 불이익한 조치를 취해서는 아니 된다.

제59조 항공안전 의무보고

1. 항공기 사고·준사고·의무보고 대상 항공안전장애를 발생시켰거나, 발생한 것을 알게 된 항공종사자 등 관계인은 국토부장관 또는 지방항공청장에게 의무보고

2. 의무보고 대상인 항공종사자 등 관계인의 범위
   (1) 항공기 기장(항공기 기장이 보고할 수 없는 경우 그 항공기의 소유자등)
   (2) 항공정비사(보고할 수 없는 경우 소속 기관/법인 등의 대표자)
   (3) 항공교통관제사(보고할 수 없는 경우 소속된 그 기관의 장)
   (4) 공항시설을 관리·유지하는 자
   (5) 항행안전시설을 설치·관리하는 자, 위험물취급자, 항공기 취급업자

3. 항공안전 의무보고 받은 내용을
   (1) 제3자에게 제공하거나 일반에게 공개해서는 아니 된다.
   (2) 의무보고 한 사람에 대하여 해고·전보·징계·부당한 대우, 불이익한 조치를 취해서는 아니 된다.

4. 보고서 제출시기 → 시행규칙 별지 65호 보고서식
   (1) 항공기 사고·준사고 : 즉시 제출
   (2) 의무보고대상 항공안전장애(별표 20의2)
       ① 인지한 시점부터 72시간 이내, 6호 가/나/마 즉시 보고
       ② 5호의 경우(항공기화재/고장) 96시간 이내
   (3) 부상, 통신 불능, 그 밖의 부득이한 사유로 기한 내 보고를 할 수 없는 경우 : 그 사유가 해소된 시점부터 72시간 이내

제61조 항공안전 자율보고

1. 자율보고
   (1) 항공안전을 해치거나 해칠 우려가 있는 사건을 발생시켰거나
   (2) 항공안전 위해 요인 발생한 것을 안 사람, 발생 예상된다고 판단하는 사람은 교통안전공단 이사장에게 보고할 수 있다.

2. 항공안전 자율보고 받은 내용을
   (1) 제3자에게 제공하거나 일반에게 공개해서는 아니 된다.
   (2) 누구든지 자율보고 한 사람에 대하여 해고·전보·징계·부당한 대우, 불이익한 조치를 취해서는 아니 된다.

3. 항공안전위해요인을 발생시킨 사람이 발생한 날부터 10일 이내 자율보고한 경우 처분하지 아니할 수 있다.
   ※ 고의 또는 중대한 과실로 발생시킨 경우에 해당하지 않는 한 처분을 하여서는 아니 된다

> **항공안전법 제61조의2, 제61조의3**
>
> **제61조의2 항공안전데이터 등의 수집 및 처리시스템**
> 국토교통부장관은 필요하다고 인정하는 경우 통합항공안전데이터수집분석시스템의 운영을 관계 전문기관에 위탁할 수 있다.
>
> **제61조의3 항공안전데이터등의 개인정보 보호**
> 위탁받은 전문기관은 수집·저장·분석된 항공안전데이터등을 항공안전 유지 및 증진의 목적으로만 활용하여야 하며, 「개인정보 보호법」에 따른 개인정보가 보호될 수 있도록 하여야 한다.

제62조 기장의 권한과 책임

1. **기장** : 항공기의 운항안전에 대하여 책임을 지는 사람

2. **권한과 책임**
    (1) 승무원 지휘·감독
    (2) 운항에 필요한 탑재서류 확인 등 운항준비완료 후 항공기 출발해야
    (3) 항공기/여객에 위난 발생시 피난방법 및 안전에 필요한 사항 명할 수 있음
    (4) 위난발생 때 여객구조 및 항공기에 있는 사람이 나간 후가 아니면 항공기를 떠나서는 안됨
    (5) 항공기 사고/준사고/의무보고대상 안전장애가 발생하였을 때에는 국토교통부장관에게 의무보고

3. **기장이 출발 전 확인할 사항**
    (1) 해당 항공기의 감항성 및 등록 여부와 감항증명서 및 등록증명서의 탑재
    (2) 해당 항공기의 운항을 고려한 이륙중량, 착륙중량, 중심위치 및 중량분포
    (3) 예상되는 비행조건을 고려한 의무무선설비 및 항공계기 등의 장착
    (4) 해당 항공기의 운항에 필요한 기상정보 및 항공정보
    (5) 연료 및 오일의 탑재량과 그 품질
    (6) 위험물을 포함한 적재물의 적절한 분배 여부 및 안정성
    (7) 해당 항공기와 장비품의 정비 및 정비 결과
        ① 항공일지 및 정비에 관한 기록의 점검
        ② 항공기의 외부 점검
        ③ 발동기의 지상 시운전 점검
        ④ 그 밖에 항공기의 작동사항 점검

제65조 운항관리사

1. 항공운송사업자와 국외운항항공기 소유자등은 운항관리사를 두어야 한다.

2. 운항관리사가 연속하여 12개월 이상의 기간 동안 운항관리사의 업무에 종사하지 아니한 경우에는 지식과 경험을 갖추고 있는지 확인하기 전에는 업무에 종사할 수 없다.

3. **교육훈련** : 매년 1회 이상

   (1) 운항하려는 지역에 대한
   ① 계절별 기상조건, 정보의 출처
   ② 항공기에서 무선통신을 수신할 때 기상조건이 미치는 영향
   ③ 화물 탑재 절차 등

   (2) 항공기 및 장비품에 대한
   ① 운항규정의 내용
   ② 무선통신장비 및 항행장비의 특성과 제한사항

   (3) 운항 감독지역에 대해 : 최근 12개월 이내에 항공기 조종실에 탑승하여 1회 이상의 편도비행경험(운송사업자에 소속된 운항관리사만 해당)

   (4) 업무수행에 필요한
   ① 인적요소(Human Factor)와 관련된 지식 및 기술
   ② 기장에 대한 비행준비의 지원, 비행 관련 정보의 제공
   ③ 운항비행계획서(Operational Flight Plan) 및 비행계획서의 작성 지원
   ④ 비행 중인 기장에게 필요한 안전 관련 정보의 제공
   ⑤ 비상시 운항규정에서 정한 절차에 따른 조치

제66조 항공기 이륙/착륙 장소

1. **항공기 이착륙 금지** : 비행장 아닌 곳(활공기, 비행선 제외)

2. **이착륙 예외** : 안전과 관련한 비상상황 등으로 허가 받은 경우

   (1) 비행 중 계기고장, 연료부족 등 비상상황
   (2) 응급환자 또는 수색·구조인력 수송, 비행훈련, 화재진화, 화재예방감시, 항공촬영, 항공방제, 연료보급, 건설자재 운반 또는 헬리콥터를 이용한 사람 수송

3. 착륙허가 신청

(1)의 경우에는 무선통신 등을 사용하여 착륙허가를 신청하여야 한다.

(2)의 경우에는 허가신청서 제출, 안전에 지장이 없으면 6개월이내의 기간을 정하여 허가한다.

제67조 비행규칙

1. 비행규칙

(1) 항공기를 운항하려는 사람은 「국제민간항공협약」 및 같은 협약 부속서에 따라 국토교통부령으로 정하는 비행에 관한 기준·절차·방식 등에 따라 비행하여야 한다.(안전을 위하여 불가피한 경우는 제외)

(2) 비행규칙 준수

① 기장은 기상관측보고, 기상예보, 소요 연료량, 대체 비행경로 및 비행에 필요한 정보를 숙지하여야 한다.

② 인명이나 재산 피해가 발생하지 아니하도록 주의

③ 공중충돌 하지 아니하도록 회피기동을 하는 등 충돌 예방 비행 해야 함

(3) 항공기의 지상이동

① 정면 또는 이와 유사하게 접근하는 항공기 : 상호간에는 모두 정지하거나 오른쪽으로 진로를 바꿀 것

② 교차하거나 이와 유사하게 접근하는 항공기 : 상호간에는 다른 항공기를 우측으로 보는 항공기가 진로를 양보할 것

③ 추월하는 항공기는 충분한 분리 간격을 유지할 것

④ 기동지역에서 지상이동 하는 항공기는 관제탑의 지시가 없는 경우에는 활주로진입전대기지점(Runway Holding Position)에서 정지/대기할 것

⑤ 기동지역에서 지상이동하는 항공기는 정지선등(Stop Bar Lights)이 켜져 있는 경우에는 정지/대기하고, 정지선등이 꺼질 때에 이동할 것

(4) 비행장 또는 그 주변에서의 비행

① 이륙하는 항공기는 안전고도 미만 또는 안전속도 미만의 속도에서 선회하지 말 것

② 이륙기상최저치 미만의 기상상태에서는 이륙하지 말 것

③ 시계비행 착륙기상최저치 미만에서는 시계비행방식으로 착륙을 시도하지 말 것

④ 터빈발동기를 장착한 이륙항공기는 지표 또는 수면으로부터 450미터(1,500피트)의 고도까지 신속히 상승할 것

⑤ 해당 비행장을 관할하는 항공교통관제기관과 무선통신을 유지할 것

⑥ 비행로, 교통장주, 비행 방식 및 절차에 따를 것
⑦ 다른 항공기가 이륙하여 활주로의 종단을 통과하기 전에는 이륙 활주를 하지 말 것
⑧ 다른 항공기가 이륙하여 활주로의 종단을 통과하기 전에는 착륙하기 위하여 해당 활주로의 시단을 통과하지 말 것
⑨ 다른 항공기가 착륙하여 활주로 밖으로 나가기 전에는 착륙하기 위하여 그 활주로 시단을 통과하지 말 것
⑩ 다른 항공기가 착륙하여 활주로 밖으로 나가기 전에는 이륙 활주를 시작하지 말 것
⑪ 기동지역 및 비행장 주변에서 비행하는 항공기를 관찰할 것
　※ 기동지역 : 항공기의 이륙·착륙 및 지상이동을 위해 사용되는 지역
⑫ 다른 항공기가 사용중인 교통장주를 회피하거나 지시에 따라 비행할 것
⑬ 착륙하기 위하여 접근하거나 이륙 중 선회가 필요할 경우에는 좌선회 할 것
⑭ 비행안전, 활주로의 배치 및 항공교통상황 등을 고려하여 필요한 경우를 제외하고는 바람이 불어오는 방향으로 이륙 및 착륙할 것
⑮ 항공교통관제기관으로부터 다른 지시를 받은 경우에는 그 지시에 따라야 한다.

(5) 순항고도

① 항공기가 관제구 또는 관제권을 비행하는 경우에는 항공교통관제기관이 지시하는 고도
② 시행규칙 별표 21 에서 정한 순항고도
③ 수직분리축소공역(RVSM)으로 정하여 고시한 공역의 순항고도

　※ 순항고도는 일반적으로 국내선의 경우 FL22,000ft~28,000ft 국제선의 경우 FL26,000ft~39,000ft
　※ 수직분리축소공역 (RVSM : Reduced Vertical Separation Minimum)
　　• 고도 29,000~41,000피트 고도는 항공기간 수직안전거리 2,000피트를 유지하지만, 교통량이 많은 지정된 공역은 1,000피트로 축소 운영
　　• 공역을 효율적으로 운영하기 위하여 국토부장관이 지정
　　• 특정한 항행성능을 갖춘 항공기만 운항 허용되는 성능기반항행요구공역
　※ 성능기반항행 : GPS, 관성항법장비, 항행안전시설을 이용하여 항공기 자체 정밀항법비행을 할 수 있음

(6) 순항고도 구분

① 순항고도가 전이고도 초과하는 경우 : 비행고도(Flight Level)라고 부름
② 순항고도가 전이고도 이하인 경우 : 고도(Altitude)라고 부름
※ 전이고도 : 고고도에서 순항하는 항공기간에 수직고도분리를 위하여 정해진 고도가 되면 모든 항공기들이 무조건 표준기압 29.92inHg (1013.2mb)으로 고도계를 세팅해야 하는 고도
　• 참고 : 한국과 일본의 경우 전이고도는 14,000ft, 미국은 18,000ft

(7) 기압고도계의 수정

① 전이고도(14,000ft) 이하의 고도로 비행하는 경우에는 비행로를 따라 185km(100해리) 이내에 있는 항공교통관제기관으로부터 통보 받은 QNH로 수정할 것

185km내에 관제기관이 없는 경우 비행정보기관 등으로부터 받은 최신 QNH로 수정

※ QNH : Atmosphere pressure Nautical Height)

② 전이고도(14,000ft)를 초과한 고도로 비행하는 경우에는 표준기압치(1,013.2 헥토파스칼) QNE로 수정해야 함

※ QNE : Atmosphere pressure Nautical Elevation

(8) 접근 항공기 간의 통행 우선순위

① 비행기/헬리콥터보다 비행선/활공기/기구류가 우선
② 비행기/헬리콥터/비행선보다 예항(曳航)하는 항공기가 우선
③ 비행선보다 활공기/기구류가 우선
④ 활공기보다 기구류가 우선
⑤ 우측으로 보는 항공기가 진로를 양보할 것
⑥ 비행 중인 항공기보다 착륙중인 항공기가 우선
⑦ 착륙중인 항공기는 낮은고도에 있는 항공기가 우선
⑧ 낮은 고도에 있는 항공기는 다른 항공기의 전방에 끼어들거나 그 항공기를 추월해서는 아니 된다.
⑨ 비행기/헬리콥터/비행선은 활공기에 진로를 양보하여야 한다.
⑩ 비상착륙하는 항공기가 우선
⑪ 비행장 기동지역에서 운항하는 항공기보다 이륙 중인 항공기가 우선

(9) 진로

① 진로를 양보하는 항공기는 다른 항공기의 상하 또는 전방을 통과해서는 아니 된다.
② 접근하는 두 항공기는 서로 기수를 오른쪽으로 돌려야 한다.
③ 항공기의 후방 좌·우 70도 미만의 각도에서 추월하려는 항공기는 추월당하는 항공기의 오른쪽을 통과하여야 한다. 추월하는 항공기는 간격을 유지하며, 진로를 방해해서는 아니 된다.

(10) 비행속도

① 지표면으로부터 750미터(2,500피트)를 초과~3,050미터(1만피트) 미만인 고도에서는 지시대기속도(IAS) 250노트 이하(승인 받은 경우 제외)
② B등급 공역중 공항별로 고시하는 구역, 공역을 통과하는 시계비행로에서는 지시대기속도 200노트 이하로 비행하여야 한다.
③ C 또는 D등급 공역에서는 공항으로부터 반지름 7.4킬로미터(4해리) 내의 지표면으로부터 750미터(2,500피트)의 고도 이하에서는 지시대기속도 200노트이하로 비행하여야 한다.

④ 항공기의 최저안전속도가 규정한 최대속도보다 빠른 경우는 그 항공기의 최저안전속도로 비행하여야 한다.

(11) 활공기 등의 예항

① 항공기에 연락원을 탑승시킬 것(조종자를 포함하여 2명 이상이 탈 수 있는 항공기의 경우만 해당하며, 그 항공기와 활공기 간에 무선통신으로 연락이 가능한 경우는 제외한다)
② 예항하기 전에 항공기와 활공기의 탑승자 사이에 상의할 내용
    가. 출발 및 예항의 방법
    나. 예항줄 이탈의 시기·장소 및 방법
    다. 연락신호 및 그 의미
    라. 그 밖에 안전을 위하여 필요한 사항
③ 예항줄의 길이는 40미터 이상 80미터 이하로 할 것
④ 지상연락원을 배치할 것
⑤ 예항줄 길이의 80퍼센트 이상의 고도에서 예항줄을 이탈시킬 것
⑥ 구름 속에서나 야간에는 예항을 하지 말 것(허가받은 경우 제외)

(12) 활공기 외 물건의 예항

① 예항줄에는 20미터 간격으로 붉은색과 흰색의 표지를 번갈아 붙일 것
② 지상연락원을 배치할 것

2. 비행계획

(1) 비행계획의 제출

① 비행정보구역 안에서 비행을 하려는 자는 비행을 시작하기 전에 비행계획을 항공교통업무기관에 제출(긴급출동 등으로 제출하지 못한 경우에는 비행 중에 제출)
② 비행계획은 구술·전화·서류·전문(電文)·팩스 또는 정보통신망 이용
③ 항공운송사업항공기는 반복비행계획서를 항공교통본부장에게 제출
④ 항공기 입출항 신고서(General Declaration)를 지방항공청장에게 제출
    가. 국내에서 유상으로 여객/화물을 운송 : 출항 준비가 끝나는 즉시
    나. 두 나라 이상을 운항
        • 입항의 경우 : 도착 2시간 전까지(비행시간이 2시간 미만인 경우에는 출항 후 20분 이내)
        • 출항의 경우 : 출항 준비가 끝나는 즉시

(2) 비행계획에 포함되어야 할 사항

제9호부터 제14호까지의 사항은 필요시에만 해당
① 항공기의 식별부호
② 비행의 방식 및 종류
③ 항공기의 대수·형식 및 최대이륙중량 등급

④ 탑재장비

⑤ 출발비행장 및 출발 예정시간

⑥ 순항속도, 순항고도 및 예정항공로

⑦ 최초 착륙예정 비행장 및 총 예상 소요 비행시간

⑧ 교체비행장(예외 : 시계비행방식, 제186조제3항 미지정사유에 해당시)

⑨ 시간으로 표시한 연료탑재량

⑩ 비행중 비행계획 변경이 예상될 경우 목적비행장 및 비행경로 관련사항

⑪ 탑승 총 인원

⑫ 비상무선주파수 및 구조장비

⑬ 기장의 성명(편대비행의 경우에는 편대 책임기장의 성명)

⑭ 낙하산 강하의 경우에는 그에 관한 사항

⑮ 그 밖에 항공교통관제와 수색 및 구조에 참고가 될 수 있는 사항

(3) 비행계획의 준수

① 항공기는 비행계획을 준수해야 하며, 비상상황의 발생으로 비행계획을 지키지 못한 경우 즉시 항공교통 관제기관에 통보

② 항공로 중심선을 따라 비행, 항공로가 설정되지 않은 지역은 지점 간을 직선으로 비행

③ 전방향표지시설(VOR)에 따라 비행하는 항공기는 주파수 변경지점에서 목적지 공항의 항행안전시설로 주파수를 변경해 주어야함

④ 관제비행을 하는 항공기가 부주의로 항공로를 이탈한 경우

   가. 항공로 즉시 복귀

   나. 항공기의 진대기속도(True Airspeed)가 순항고도에서 보고지점 간의 차이가 있거나 비행계획상 마하 속도(Mach) 0.02 또는 진대기속도의 19Km/h(10kt) 하락 또는 초과가 예상되는 경우에는 항공교통업무기관에 통보할 것

     ※ 지시대기속도(True Airspeed) : 동압과 정압을 이용한 속도계에 표시되는 속도

   다. 자동종속감시시설 협약(ADS-C)이 없는 곳에서는 도착 예정시간에 2분 이상의 오차가 발생되는 경우에는 관할 항공교통업무기관에 통보할 것

   라. 자동종속감시시설 협약(ADS-C)이 있는 곳에서는 변화가 발생할 때마다 데이터링크를 통해 항공교통업무기관에 자동적으로 정보를 제공할 것

   ※ 자동종속감시(ADS-B : Automatic Dependent Surveillance - Broadcast) : 항공기 간에 자동으로 위치정보를 발송하여 주변항공기에 대한 정보를 상호 인식할 수 있는 감시 장비

   ※ 자동종속감시(ADS-C : Automatic Dependent Surveillance - Contract) : 항공기간과 교통관제기관간에 자동으로 위치정보를 발송하여 항공기에 대한 정보를 상호 인식할 수 있는 감시 협약

(4) 비행계획의 변경

시계비행방식에 따른 관제비행을 하는 항공기는 기상이 악화되어 시계비행방식으로 운항할 수 없다고 판단되는 경우

① 목적비행장 또는 교체비행장으로 시계비행 기상상태를 유지하면서 비행할 수 있도록 관제허가의 변경을 요청하거나, 관제공역을 이탈하여 비행할 수 있도록 관제허가의 변경을 요청할 것

② 제1호에 따른 관제허가를 받지 못할 경우에는 시계비행 기상상태를 유지하여 운항하면서 관제공역을 이탈하거나 가까운 비행장에 착륙하기 위한 조치를 할 예정임을 관할 항공교통관제기관에 통보할 것

③ 관제권 안에서 비행하고 있는 경우에는 관할 항공교통관제기관에 특별시계 비행방식에 따른 운항허가를 요구할 것

④ 관할 항공교통관제기관에 계기비행방식에 따른 운항허가를 요구할 것

(5) 고도·항공로 등의 변경

계획된 순항고도, 순항속도 및 항공로 변경시 통보할 사항

① 순항고도의 변경시 : 항공기의 식별부호, 변경하려는 순항고도 및 순항속도, 다음 보고지점 또는 비행정보구역 경계 도착 예정시간

② 순항속도의 변경시 : 항공기의 식별부호, 변경하려는 속도

③ 항공로의 변경시

　가. 목적비행장 변경이 없을 경우 : 항공기의 식별부호, 비행의 방식, 변경 항공로, 변경 예정시간, 항공로의 변경에 필요한 정보

　나. 목적비행장 변경이 있을 경우 : 교체비행장 필요한 정보

(6) 교체비행장 지정

① 항공운송사업에 사용되거나 국외비행에 사용되는 비행기를 운항하려는 경우 교체비행장 지정

　가. 출발비행장의 기상상태가 비행장 착륙 최저치 이하이거나 그 밖의 다른 이유로 출발비행장으로 되돌아올 수 없는 경우 : 이륙 교체비행장

　나. 순항속도로 회항시간을 초과하는 지점이 있는 노선을 운항하려는 경우 : 항공로 교체비행장(허가받은 최대회항시간 이내에 도착 가능한 지역)

　　※ 2개의 발동기 장착 항공기 : 1시간, 3개 이상 발동기 장착 항공기 : 3시간

　다. 계기비행방식에 따라 비행하려는 경우 : 1개 이상의 목적지 교체비행장

　　※ 목적지 교체비행장 지정 예외

　　　• 최초 착륙예정 비행장의 기상상태가 착륙시는 양호해질 것이 확실시 되고, 시계비행 기상상태 확실히 예상되는 경우

　　　• 비행장이 외딴 지역에 위치하고 적합한 목적지 교체비행장이 없는 경우

② 이륙 교체비행장 선정 요건

　　가. 2개의 발동기를 가진 경우 : 1개 발동기로 1시간 이내 지역

　　나. 3개 이상의 발동기를 가진 경우 : 모든 발동기가 작동할 때 2시간이내 지역

　　다. 기상조건이 해당 비행장 운영 최저치 이상일 것

③ 항공운송사업 외의 비행기를 계기비행방식에 따라 비행하려면 1개 이상의 목적지 교체비행장 지정

※목적지 교체비행장 지정 예외 적용

(7) 최초 착륙예정 비행장 기상상태

① 이륙 교체비행장의 기상상태는 도착예정시간에 비행장 운영 최저치 이상이어야 한다.

② 목적지 교체비행장의 기상상태가 도착 예정시간에 운영 최저치 이상일 경우에 비행 시작 가능

(8) 비행계획의 종료

항공기는 도착비행장에 착륙하는 즉시 도착보고를 하여야 한다.

① 항공기의 식별부호

② 출발비행장

③ 도착비행장

④ 목적비행장(목적비행장이 따로 있는 경우만 해당한다)

⑤ 착륙시간

3. 통신

(1) 관제비행을 하는 항공기는 무선통신을 유지하고 항공교통관제기관의 음성통신을 경청

(2) 무선통신을 유지할 수 없는 항공기("통신두절항공기"), 관제비행장의 기동지역 또는 주변을 운항하는 항공기는 관제탑의 시각 신호에 따른 지시를 계속 주시

(3) 통신두절항공기는 시계비행 가능한 기상일 경우 시계비행방식으로 가장 가까운 비행장에 착륙한 후 지체 없이 관할 항공교통관제기관에 통보

(4) 계기비행 기상상태이거나 시계비행방식이 불가능한 경우 정해진 기준에 따라 비행

(5) 위치보고

① 관제비행을 하는 항공기는 위치통지점에서 가능한 한 신속히 "위치보고"를 하여야 한다.(레이더에 의하여 관제를 받는 경우는 제외)

　　가. 항공기의 식별부호

　　나. 해당 위치통지점의 통과시각과 고도

　　다. 그 밖에 항공기의 안전항행에 영향을 미칠 수 있는 사항

② 위치보고를 요청받은 경우에는 즉시 위치보고

③ 위치통지점이 설정되지 않은 경우 : 시간 또는 거리 간격으로 위치보고
④ 데이터링크통신을 이용하여 위치보고를 하는 항공기는 관할 항공교통관제기관이 음성으로 위치보고 요구시 음성으로 위치보고

(6) 항공교통관제 허가
① 관제비행을 하려는 자는 "관제허가"를 받고 운항을 시작
② 관제허가의 우선권을 받으려는 자는 그 이유를 관할 항공교통관제기관에 통보
③ 관제허가를 받지 아니하고 기동지역을 이동하여서는 아니 된다.
④ 관제지시와 항공기에 장착된 공중충돌경고장치(ACAS)의 지시가 서로 다를 경우 : ACAS의 지시가 우선

(7) 관제의 종결
관제비행을 하는 항공기는 관제를 제공받아야 할 상황이 끝나는 즉시 그 사실을 관할 항공교통관제기관에 통보하여야 한다. 다만, 관제비행장에 착륙하는 경우에는 그러하지 아니하다.

4. 신호 → 시행규칙 별표 26
비행하는 항공기는 신호를 수신할 경우에는 그 신호에 따라 요구되는 조치를 하여야 한다.

(1) 조난신호 : 절박한 위험에 처해 있고 즉각적인 도움이 필요함
① 무선전신/ 신호방법에 의한 "SOS" 신호(모스부호 ···---···)
② 짧은 간격으로 발사되는 붉은색 불빛 로켓 또는 대포
③ 붉은색 불빛을 내는 낙하산 부착 불빛
※ 그외 도움을 얻기 위한 어떠한 방법도 사용 가능

(2) 긴급신호
① 착륙등 또는 항행등 스위치의 개폐를 반복하는 경우 : 즉각적인 도움은 필요하지 않으나 불가피한 착륙이 필요한 상황
② 안전에 관하여 매우 긴급한 통보사항이 있음을 나타내는 신호
　가. 무선전신 또는 그 밖의 신호방법에 의한 "XXX" 신호
　나. 무선전화로 송신되는 "PAN PAN"

(3) 요격시 사용되는 신호
요격항공기의 신호 및 피요격항공기의 응신

(4) 비행제한구역, 비행금지구역 또는 위험구역 침범 경고신호
지상에서 10초 간격으로 발사되어 붉은색 및 녹색의 불빛이나 별모양으로 폭발하는 신호탄
※ 비인가 항공기가 비행제한구역, 비행금지구역 또는 위험구역을 침범하였거나 침범하려고 한 상태임을 나타냄

(5) 무선통신 두절 시 연락방법

① 빛총신호

신호의 종류	의 미		
	비행 중인 항공기	지상에 있는 항공기	차량·장비 및 사람
연속되는 녹색	착륙을 허가함	이륙을 허가함	통과하거나 진행할 것
연속되는 붉은색	다른 항공기에 진로를 양보하고 계속 선회할 것	정지할 것	정지할 것
깜박이는 녹색	착륙을 준비할 것	지상 이동을 허가함	
깜박이는 붉은색	비행장이 불안전하니 착륙하지 말 것	사용 중인 착륙지역으로부터 벗어날 것	활주로 또는 유도로에서 벗어날 것
깜박이는 흰색	착륙하여 계류장으로 갈 것	비행장 안의 출발지점으로 돌아갈 것	비행장 안의 출발지점으로 돌아갈 것

② 무선통신 두절시 항공기의 응신

가. 비행 중인 경우
- 주간 : 날개를 흔든다.
  ※ 예외) 최종 선회구간(base leg) 또는 최종 접근구간(final leg)에 있는 항공기는 제외
- 야간 : 착륙등 2회 점멸, 착륙등이 없으면 항행등을 2회 점멸

나. 지상에 있는 경우
- 주간 : 보조익 또는 방향타를 움직인다.
- 야간 : 착륙등을 2회 점멸, 착륙등이 없으면 항행등을 2회 점멸

(6) 유도신호, 비상수신호(탈출권고, 동작중단 권고 등)

① 유도업무 담당자임을 알 수 있는 복장
② 유도봉 또는 유도장갑, 발광유도봉을 이용하여 신호
③ 비행기의 왼쪽에서 조종사가 가장 잘 볼 수 있는 위치

5. 시간

(1) 운항과 관련된 시간을 보고하려는 경우 국제표준시(UTC : Coordinated Universal Time) 사용, 시·분으로 표시하되, 필요하면 초 단위까지 표시하여야 한다.

(2) 관제비행을 하려는 자는 관제비행의 시작 전과 비행 중에 필요하면 시간을 점검하여야 한다.

(3) 데이터링크통신에 따라 시간을 이용하려는 경우에는 국제표준시를 기준으로 1초 이내의 정확도를 유지·관리하여야 한다.

제68조 비행중 금지행위

1. 금지된 비행 또는 행위
   (1) 최저비행고도 아래에서의 비행
   (2) 물건의 투하 또는 살포
   (3) 낙하산 강하
   (4) 정하는 구역에서 곡예비행
   (5) 무인항공기의 비행
   (6) 생명과 재산에 위해를 끼치거나, 우려가 있는 비행 또는 행위
      ※ 다만, 국토교통부장관의 허가를 받은 경우는 가능

2. 곡예비행
   (1) 곡예비행 정의
      ① 항공기를 뒤집어서 하는 비행
      ② 항공기를 옆으로 세우거나 회전시키며 하는 비행
      ③ 항공기를 급강하시키거나 급상승시키는 비행
      ④ 항공기를 나선형으로 강하시키거나 실속(失速)시켜 하는 비행
      ⑤ 그 밖에 항공기 비행자세/고도/속도를 비정상적으로 변화시키는 비행

   (2) 곡예비행 금지구역
      ① 사람 또는 건축물이 밀집한 지역의 상공
      ② 관제구 및 관제권
      ③ 지표로부터 450미터(1,500피트) 미만의 고도
      ④ 반경 500미터 범위에서 가장 높은 장애물 상단 500미터 이하 고도
      ⑤ 반경 300미터 범위에서 가장 높은 장애물 상단 300미터 이하 고도

3. 무인항공기
   (1) 준수사항
      ① 인명이나 재산에 위험을 초래할 우려가 있는 비행시키지 말 것
      ② 인구가 밀집된 지역, 사람이 많은 상공 비행시키지 말 것
      ③ 관제공역·통제공역·주의공역에서 항공교통관제기관의 승인을 받지 아니하면 비행시키지 말 것
      ④ 지상목표물을 육안으로 식별할 수 없는 상태에서 비행시키지 말 것
      ⑤ 비행시정 및 구름으로부터의 거리 기준(별표24)을 위반하여 비행 시키지 말 것
      ⑥ 야간에 비행시키지 말 것
      ⑦ 그 밖에 국토교통부장관이 정하여 고시하는 사항을 지킬 것

제69조 긴급항공기

1. 긴급항공기
    응급환자의 수송 등 긴급한 업무에 사용하기 위해 국토교통부장관의 지정을 받은 항공기

2. 긴급항공기 지정 받을 수 있는 긴급한 업무
    (1) 재난·재해 등으로 인한 수색·구조
    (2) 응급환자의 수송 등 구조·구급활동
    (3) 화재의 진화
    (4) 화재의 예방을 위한 감시활동
    (5) 응급환자를 위한 장기(臟器) 이송
    (6) 그 밖에 자연재해 발생 시의 긴급복구

3. 긴급항공기의 운항절차
    (1) 긴급항공기 운항전 지방항공청장에게 통지할 내용
        ① 항공기의 형식·등록부호 및 식별부호
        ② 긴급한 업무의 종류
        ③ 긴급항공기의 운항을 의뢰한 자의 성명 또는 명칭 및 주소
        ④ 비행일시, 출발비행장, 비행구간 및 착륙장소
        ⑤ 시간으로 표시한 연료탑재량
        ⑥ 그 밖에 긴급항공기 운항에 필요한 사항

    (2) 긴급항공기 운항결과 보고서 제출(24시간이내)
        ① 성명 및 주소
        ② 항공기의 형식 및 등록부호
        ③ 운항 개요(이륙·착륙 일시 및 장소, 비행목적, 비행경로 등)
        ④ 조종사의 성명과 자격
        ⑤ 조종사 외의 탑승자의 인적사항
        ⑥ 응급환자를 수송한 사실을 증명하는 서류
        ⑦ 그 밖에 참고가 될 사항

제70조 위험물

1. 위험물을 운송하려는 자는 국토교통부장관의 허가를 받아야 한다.

2. **위험물** : 폭발성이나 연소성이 높은 물건
   (1) 폭발성 물질
   (2) 가스류
   (3) 인화성 액체
   (4) 가연성 물질류
   (5) 산화성 물질류
   (6) 독물류
   (7) 방사성 물질류
   (8) 부식성 물질류
   (9) 그 밖에 국토교통부장관이 정하여 고시하는 물질류

3. **위험물 포장·용기 검사기관**
   (1) **검사기관 지정** : 검사기관 지정 신청
      ① 위험물 포장·용기의 검사를 위한 시설의 확보를 증명하는 서류
      ② 사업계획서
      ③ 검사 수행에 필요한 검사업무규정
   (2) **검사장비 및 검사인력 등의 지정기준** : 시행규칙 별표 27
   (3) 위험물 포장·용기검사기관의 운영에 대해서는 「산업표준화법」 제12조에 따른 한국산업표준 KS Q 17020(검사기관 운영에 대한 일반기준)을 적용한다.
   (4) **위험물 포장·용기 검사기관 적합성 여부** : 매년 심사

제73조 전자기기의 사용제한

항공기의 항행 및 통신장비에 대한 전자파 간섭 등의 영향을 방지하기 위하여 운항 중에 전자기기의 사용을 제한할 수 있음.

1. **제한할 수 있는 항공기**
   (1) 항공운송사업용으로 비행 중인 항공기
   (2) 계기비행방식으로 비행 중인 항공기

2. 사용가능 전자기기

(1) 휴대용 음성녹음기

(2) 보청기

(3) 심장박동기

(4) 전기면도기

(5) 항공기에 전자파 영향을 주지 않는다고 인정한 휴대용 전자기기

제75조 항공기 운항 승인

1. 국토교통부장관의 운항 승인이 필요한 공역

(1) 수직분리고도를 축소하여 운영하는 공역 : 수직분리축소(RVSM)공역

(2) 특정한 항행성능을 갖춘 항공기만 운항이 허용되는 공역 : 성능기반항행요구(PBN)공역

(3) 특정한 통신성능을 갖춘 항공기만 운항이 허용되는 공역 : 특정통신성능요구(RCP)공역

(4) 그 밖에 국토교통부장관이 정하여 고시하는 공역

2. 수직분리축소공역 운항 승인이 필요 없는 경우

(1) 사고로 인하여 수색·구조 등 긴급하게 운항하는 경우

(2) 우리나라에 신규로 도입하는 항공기를 운항하는 경우

(3) 수직분리축소공역 운항승인을 받은 항공기가 고장 등이 발생하여 그 항공기를 정비 등을 위한 장소까지 운항하는 경우

3. 운항승인 신청

(1) 운항기술기준에 적합함을 증명하는 서류

(2) 운항개시예정일 15일 전까지 제출

제76조 승무원 등의 탑승/증명서 소지/교육훈련

1. 승무원 탑승인원

    (1) 운항승무원 탑승인원

항공기	탑승시켜야 할 운항승무원
비행교범에 따라 항공기 운항을 위하여 2명 이상의 조종사가 필요한 항공기	조종사 (기장과 기장 외의 조종사)
여객운송에 사용되는 비행기	
인명구조, 산불진화 등 특수임무를 수행하는 쌍발 헬리콥터	
구조상 단독으로 발동기 및 기체를 완전히 취급할 수 없는 항공기	조종사 및 항공기관사
법 51조에 따라 무선설비를 갖추고 비행하는 항공기	전파법에 따른 무선설비를 조작할 수 없는 무선종사자 기술자격증을 가진 조종사 1명
착륙하지 아니하고 550km 이상의 구간을 비행하는 항공기(비행 중 상시 지상표지 또는 항행안전시설을 이용할 수 있다고 인정되는 관성항법장치 또는 정밀 도플러레이더 장치를 갖춘 것은 제외한다.)	조종사 및 항공사

    (2) 객실승무원 탑승인원

장착된 좌석 수	객실승무원 수
20석 이상 50석 이하	1명
51석 이상 100석 이하	2명
101석 이상 150석 이하	3명
151석 이상 200석 이하	4명
201석 이상	5명에 좌석 수 50석을 추가할 때마다 1명씩 추가

    (3) 조종사 1명으로 운항할 수 있는 항공기

    ① 소형항공운송사업에 사용되는 항공기

    　가. 관광비행에 사용되는 헬리콥터

    　나. 가목 외에 최대이륙중량 5,700킬로그램 이하의 항공기

    ② 항공기사용사업에 사용되는 헬리콥터

2. 증명서 소지

    (1) 운항승무원 또는 항공교통관제사가 항공업무를 수행하는 경우에는 자격증명서 및 항공신체검사증명서 소지, 그외 항공종사자가 항공업무를 수행하는 경우 자격증명서 소지

(2) 자격증명서 소지 대상 및 방법
    ① 운항승무원 : 해당 자격증명서 및 항공신체검사증명서를 지니거나 항공기 내의 접근하기 쉬운 곳에 보관
    ② 항공교통관제사 : 자격증명서 및 항공신체검사증명서를 지니거나 항공업무를 수행하는 장소의 접근하기 쉬운 곳에 보관
    ③ 항공정비사 및 운항관리사 : 해당 자격증명서를 지니거나 항공업무를 수행하는 장소의 접근하기 쉬운 곳에 보관

3. 승무원 교육훈련
  (1) 운항승무원
      ① 항공운송사업자, 항공기사용사업자 또는 국외비행 항공기를 운영하는 자는 운항승무원에 대하여 매년 1회 이상 교육훈련 실시
      ② 교육훈련내용
          가. 항공기 형식에 관한 이론교육 및 비행훈련
          나. 비상대응절차 및 승무원 간의 협조에 관한 사항
          다. 인적요소(Human Factor)에 관련된 지식 및 기술에 관한 사항
          라. 위험물취급의 절차 및 방법에 관한 사항
          마. 해당 형식의 항공기의 비상상황이 발생한 경우 운항승무원 각자의 임무와 다른 운항승무원과의 임무 관계 등에 관한 훈련

  (2) 객실승무원
      ① 객실승무원은 항공기 비상시 또는 비상탈출이 요구되는 경우 비상장비 또는 구급용구 등을 이용하여 필요한 조치를 할 수 있는 지식과 능력이 있어야 한다.
      ② 1년에 1회 이상 교육훈련 실시
      ② 교육훈련내용
          가. 항공기 비상시의 경우 또는 비상탈출이 요구되는 경우의 조치사항
          나. 구급용구 등 및 탈출대(Escape Slide)·비상구·산소장비·자동심장충격기(Automatic External Defibrillator)의 사용에 관한 사항
          다. 산소결핍이 미치는 영향과 객실의 압력손실로 인한 생리적 현상에 관한 사항(3천미터 이상의 고도로 운항하는 비행기)
          라. 위험물취급의 절차 및 방법에 관한 사항(예외 : 2년에 1회이상 교육훈련)
          마. 항공기 비상시 승무원 각자의 임무 및 다른 승무원의 임무에 관한 사항
          바. 운항승무원과 객실승무원 간의 협조사항을 포함한 객실의 안전을 위한 인적수행능력(Human Performance)에 관한 사항

제5장 항공기의 운항 기출문제풀이

01 항공운송사업에 사용되는 항공기 외의 항공기가 시계비행방식에 의한 비행을 하는 경우 설치하여야 하는 무선설비가 아닌 것은?

① SSR transponder
② VOR 수신기
③ VHF 또는 UHF 무선전화 송수신기
④ ELT

[해설]
항공안전법 시행규칙 제107조(무선설비) 제1항

02 항공운송사업에 사용되는 항공기 외의 항공기가 시계비행방식에 의한 비행을 하는 경우 설치하지 않아도 되는 무선설비는?

① 자동방향탐지기, 계기착륙시설 수신기, 전방향표지시설 수신기, 거리측정시설 수신기
② 악기상 탐지장비, 계기착륙시설 수신기, 초단파 무선전화 송수신기, 비상위치지시용 무선표지설비
③ 계기착륙시설 수신기, 전방향표지시설 수신기, 거리측정시설 수신기, 비상위치지시용 무선표지설비
④ 전방향 표지시설, 기상 레이더, 레이더용 트랜스폰더, 기상 레이더, 악기상 탐지장비

[해설]
항공안전법 시행규칙 제107조(무선설비) 제1항

03 항공운송사업에 사용되는 항공기 외의 항공기가 시계비행방식에 의한 비행을 하는 경우 설치하지 않아도 되는 무선설비는?

① 자동방향탐지기(ADF)
② 무선전화 송수신기
③ 트랜스폰더
④ 비상위치지시용 무선표지설비(ELT)

[해설]
항공안전법 시행규칙 제107조(무선설비) 제1항

04 항공에 사용하는 항공기에 탑재하여야 할 항공일지는?

① 발동기 항공일지
② 프로펠러 항공일지
③ 탑재용 항공일지
④ 기체 항공일지

[해설]
항공안전법 시행규칙 제108조(항공일지) 제1항

05 항공기의 소유자등이 갖추어야 할 항공일지가 아닌 것은?

① 기체 항공일지
② 발동기 항공일지
③ 프로펠러 항공일지
④ 탑재용 항공일지

[정답] 01 ② 02 ① 03 ① 04 ③ 05 ①

> **해설**

항공안전법 시행규칙 제108조(항공일지) 제1항

06 다음 중 항공일지의 종류가 아닌 것은?

① 지상비치용 기체 항공일지
② 지상비치용 발동기 항공일지
③ 지상비치용 프로펠러 항공일지
④ 탑재용 항공일지

> **해설**

항공안전법 시행규칙 제108조(항공일지) 제1항

07 다음 중 활공기의 소유자가 갖추어야 할 서류는?

① 활공기용 항공일지
② 탑재용 항공일지
③ 지상비치용 발동기 항공일지
④ 지상비치용 프로펠러 항공일지

> **해설**

항공안전법 시행규칙 제108조(항공일지) 제1항

08 지상비치용 발동기 항공일지에 기록하여야 할 사항이 아닌 것은?

① 제작자, 제작연월일
② 감항증명 번호
③ 수리, 개조 또는 정비관련 사항
④ 사용연월일 및 시간

> **해설**

항공안전법 시행규칙 제108조(항공일지) 제2항

09 탑재용 항공일지의 수리, 개조 또는 정비의 실시에 관한 기록 사항이 아닌 것은?

① 실시 이유
② 실시 연월일 및 장소
③ 비행중 발생한 항공기의 결함
④ 수리, 개조 또는 정비한 항공기의 확인 연월일

> **해설**

항공안전법 시행규칙 제108조(항공일지) 제2항

10 탑재용 항공일지의 수리, 개조 또는 정비의 실시에 관한 기록 사항이 아닌 것은?

① 실시연월일
② 실시이유, 수리·개조, 정비의 위치
③ 교환할 부품의 위치
④ 확인연월일, 확인자 성명 또는 날인

> **해설**

항공안전법 시행규칙 제108조(항공일지) 제2항

11 항공안전법에 의한 탑재용 항공일지에 적어야 하는 수리, 개조 또는 정비의 실시에 관한 기록 중 옳지 않은 것은?

① 실시 연월일 및 장소
② 실시 이유, 수리·개조 또는 정비의 위치
③ 교환 부품명
④ 확인자의 자격증명번호

> **해설**

항공안전법 시행규칙 제108조(항공일지) 제2항

[정답] 06 ① 07 ① 08 ② 09 ③ 10 ③ 11 ④

12 항공안전법에 의한 탑재용 항공일지에 수리, 개조 또는 정비의 실시에 관한 다음의 사항 등을 기재하여야 한다. 해당이 되지 않는 것은?

① 수리부품의 제작 연월일
② 실시 연월일 및 장소
③ 실시이유, 수리·개조 또는 정비의 위치
④ 확인 연월일 및 확인자의 서명 또는 날인

해설
항공안전법 시행규칙 제108조(항공일지) 제2항

13 외국국적 항공기의 탑재용 항공일지 기재사항이 아닌 것은?

① 승무원의 성명 및 업무
② 발동기 및 프로펠러의 형식
③ 항공기의 비행안전에 영향을 미치는 사항
④ 항공기의 등록부호, 등록증번호, 등록 연월일

해설
항공안전법 시행규칙 제108조(항공일지)

14 항공기 사고조사 및 예방장치가 아닌 것은?

① 공중충돌 경고장치
② 지상접근 경고장치
③ 비행자료 기록장치
④ 프로펠러 자동기록장치

해설
항공안전법 시행규칙 제109조(사고예방장치 등)

15 다음 중 조종실음성기록장치(CVR) 및 비행자료기록장치(FDR)를 갖추어야 하는 항공기는?

① 항공운송사업에 사용되는 모든 비행기
② 항공운송사업에 사용되는 최대이륙중량 5,700kg 이상의 항공운송사업에 사용되는 비행기
③ 항공운송사업에 사용되는 승객 30인을 초과하여 수송할 수 있는 비행기
④ 항공운송사업에 사용되는 터빈발동기를 장착한 비행기

해설
항공안전법 시행규칙 제109조(사고예방장치 등)

16 사고예방 및 사고조사를 위하여 항공운송사업에 사용되는 모든 비행기에 갖추어야 할 장치는?

① 비행자료기록장치(FDR)
② 조종실음성기록장치(CVR)
③ 공중충돌경고장치(ACAS)
④ 지상접근경고장치(GPWS)

해설
항공안전법 시행규칙 제109조(사고예방장치 등)

17 사고예방 및 사고조사를 위해 비행기록장치를 장착해야 하는 경우는?

① 항공운송사업에 사용되는 터빈발동기를 장착한 비행기
② 최대이륙중량 15,000kg 이상의 비행기
③ 승객 30명 이상의 터빈발동기를 장착한 비행기
④ 승객 9인 이상의 운송용 터빈발동기를 장착한 비행기

해설
항공안전법 시행규칙 제109조(사고예방장치 등)

[정답] 12 ① 13 ② 14 ④ 15 ④ 16 ③ 17 ①

18 항공기에 장비하여야 할 구급용구 등에 대한 설명 중 틀린 것은?

① 승객 좌석수가 200석인 항공기 객실에는 소화기 3개를 비치한다.
② 승객 좌석수가 300석인 항공운송사업용 여객기에는 메가폰 2개를 비치한다.
③ 승객 좌석수가 100석인 항공기 객실에는 구급의료용품 1조를 비치한다.
④ 항공운송사업용 항공기에는 사고시 사용할 도끼 1개를 비치한다.

해설

항공안전법 시행규칙 110조 관련, 별표 15(항공기에 장비하여야 할 구급용구 등)

19 항공기에 장비하여야 할 구급용구에 대한 설명 중 틀린 것은?

① 승객이 200명일 때 소화기 3개
② 승객 500명일 때 소화기 5개
③ 항공운송사업용 및 항공기사용사업용 항공기에는 도끼 1개
④ 항공운송사업용 여객기의 승객이 200명 이상일 때 메가폰 3개

해설

항공안전법 시행규칙 110조 관련, 별표 15(항공기에 장비하여야 할 구급용구 등)

20 수상비행기가 갖추어야 할 구급용구가 아닌 것은?

① 구명동의   ② 불꽃조난 신호장비
③ 음성신호발생기 ④ 해상용 닻

해설

항공안전법 시행규칙 제110조 관련, 별표 15(항공기에 장비하여야 할 구급용구 등) 제1호 참조

21 항공운송사업용 항공기에 비치해야 할 도끼의 수는?

① 1개   ② 2개
③ 3개   ④ 4개

해설

항공안전법 시행규칙 110조 관련, 별표 15(항공기에 장비하여야 할 구급용구 등)

22 다음 중 불꽃조난신호장비를 갖추어야 하는 항공기는?

① 수상비행기
② 수색구조가 어려운 산악지역이나 외딴지역을 비행하는 비행기
③ 착륙에 적합한 해안으로부터 93km 이상의 해상을 비행하는 비행기
④ 해안으로부터 활공거리를 벗어난 해상을 비행하는 육상단발 비행기

23 항공기에 장비하여야 할 구급용구에 대한 설명 중 잘못된 것은?

① 승객좌석수 201석부터 300석까지의 객실에는 4개의 소화기를 갖추어야 한다.
② 항공운송사업용 및 항공기사용사업용 항공기에는 도끼를 갖추어야 한다.
③ 승객좌석수 200석 이상의 항공운송사업용 여객기에는 2개의 메가폰을 갖추어야 한다.
④ 승객좌석수 201석부터 300석까지의 모든 항공기에는 3조의 구급의료용품을 갖추어야 한다.

해설

항공안전법 시행규칙 110조 관련, 별표 15(항공기에 장비하여야 할 구급용구 등)

[정답] 18 ② 19 ② 20 ② 21 ① 22 ② 23 ③

24 헬리콥터가 수색구조가 특별히 어려운 산악지역, 외딴지역 및 국토교통부장관이 정한 해상 등을 횡단 비행하는 경우 갖추어야 할 구급용구는?

① 구명동의
② 불꽃조난신호장비
③ 도끼
④ 구급의료용품

해설
항공안전법 시행규칙 제110조(구급용구 등) 관련, 별표 15 항공기에 장비하여야 할 구급용구 등 제1호

25 태평양을 횡단 비행하는 항공운송사업용 항공기에 갖추어야 할 구급용구 등이 아닌 것은?

① 도끼
② 구명동의
③ 음성신호발생기
④ 불꽃조난신호장비

해설
항공안전법 시행규칙 제110조(구급용구 등) 별표 15

26 항공기에 장비하여야 할 구급용구 등에 대한 설명 중 틀린 것은?

① 좌석수가 200석인 항공기 객실에는 소화기 3개를 비치한다.
② 좌석수가 300석인 항공운송사업용 여객기에는 메가폰 2개를 비치한다.
③ 좌석수가 400석인 항공기 객실에는 소화기 5개를 비치한다.
④ 항공운송사업용 항공기에는 사고시 사용할 도끼 1개를 비치한다.

해설
항공안전법 시행규칙 110조 관련, 별표 15(항공기에 장비하여야 할 구급용구 등)

27 다음 중 항공기 객실에 비치하여야 하는 소화기 수가 잘못된 것은?

① 승객 좌석수 6석부터 60석까지 : 2
② 승객 좌석수 61석부터 200석까지 : 3
③ 승객 좌석수 201석부터 300석까지 : 4
④ 승객 좌석수 401석부터 500석까지 : 6

해설
항공안전법 시행규칙 110조 관련, 별표 15(항공기에 장비하여야 할 구급용구 등)

28 승객 좌석수가 200석인 항공운송사업용 항공기의 객실에 비치하여야 할 소화기와 도끼를 합친 수량은?

① 3개
② 4개
③ 5개
④ 6개

해설
항공안전법 시행규칙 110조 관련, 별표 15(항공기에 장비하여야 할 구급용구 등)

29 수색구조가 특별히 어려운 산악지역 및 국토교통부장관이 정한 해상 등을 횡단비행하는 비행기가 장비하여야 할 구급용구는?

① 구명동의 또는 이에 상당하는 구급용구, 구명장비
② 불꽃조난신호장비, 구명장비
③ 음성신호발생기, 구명장비
④ 비상신호등 및 휴대등, 구명장비

해설
항공안전법 시행규칙 제110조 관련, 별표 15(항공기에 장비하여야 할 구급용구 등) 제1호 참조

[정답] 24 ② 25 ③ 26 ② 27 ① 28 ② 29 ②

30 항공운송사업용 여객기의 승객 좌석수가 150석 일 때 비치하여야 할 메가폰의 수는?

① 1개　　② 2개
③ 3개　　④ 4개

해설

항공안전법 시행규칙 110조 관련, 별표 15(항공기에 장비하여야 할 구급용구 등)

31 헬리콥터에 장비하여야 할 구급용구가 아닌 것은?

① 불꽃조난신호장비　　② 구명보트
③ 구명동의　　④ 음성신호발생기

해설

항공안전법 시행규칙 제110조 관련 별표 15(항공기에 장비하여야 할 구급용구 등)

32 헬리콥터가 수색구조가 특별히 어려운 산악지역, 외딴지역 및 국토교통부장관이 정한 해상 등을 횡단 비행하는 경우 갖추어야 할 구급용구는?

① 구명동의　　② 불꽃조난신호장
③ 도끼　　④ 구급의료용품

해설

항공안전법 시행규칙 제110조(구급용구 등) 관련, 별표 15 항공기에 장비하여야 할 구급용구 등 제1호

33 항공에 사용하기 위해 모든 항공기에 탑재해야 할 서류가 아닌 것은?

① 감항증명서　　② 탑재용 항공일지
③ 정비규정　　④ 항공기 등록증명서

해설

항공안전법 시행규칙 제113조(항공기에 탑재하는 서류)

34 다음 중 항공기에 탑재해야 할 서류가 아닌 것은?

① 항공기등록증명서　　② 감항증명서
③ 형식증명서　　④ 항공일지

해설

항공안전법 시행규칙 제113조(항공기에 탑재하는 서류)

35 항공기에 탑재해야 할 서류가 아닌 것은?

① 항공기등록증명서　　② 무선국 허가증명서
③ 화물적재분포도　　④ 운용한계지정서

해설

항공안전법 시행규칙 제113조(항공기에 탑재하는 서류)

36 항공기에 탑재하는 서류 중 국토교통부령으로 정하는 서류가 아닌 것은?

① 소음기준적합증명서
② 승무원신체검사증명서
③ 운항규정
④ 운용한계지정서 및 비행교범

해설

항공안전법 시행규칙 제113조(항공기에 탑재하는 서류)

37 시계비행시 갖추어야 할 항공계기가 아닌 것은?

① 승강계　　② 시계
③ 나침반　　④ 정밀기압고도계

해설

항공안전법 시행규칙 제117조 관련, 별표 16(항공계기 등의 기준)

[정답] 30 ② 31 ④ 32 ② 33 ③ 34 ③ 35 ③ 36 ② 37 ①

38 시계비행 항공기에 갖추어야 할 항공계기 등이 아닌 것은?

① 기압고도계 ② 속도계
③ 온도계   ④ 시계

> **해설**
> 항공안전법 시행규칙 제117조 관련, 별표 16(항공계기 등의 기준)

39 계기비행방식에 의한 비행을 하는 항공운송사업용 비행기에 갖추어야 할 항공계기가 아닌 것은?

① 기압고도계 ② 나침반
③ 시계   ④ 선회 및 경사지시계

> **해설**
> 항공안전법 시행규칙 제117조 관련, 별표 16(항공계기 등의 기준)

40 시계비행을 하는 항공기에 장착하여야 할 항공계기로 구성된 것은?

① 기압고도계, 나침반, 시계, 정밀기압고도계, 속도계
② 나침반, 시계, 선회계, 정밀기압고도계, 속도계
③ 시계, 선회계, 정밀기압고도계, 속도계, 승강계
④ 기압고도계, 나침반, 시계, 정밀기압고도계, 선회계

> **해설**
> 항공안전법 시행규칙 제117조 관련, 별표 16(항공계기 등의 기준)

41 계기비행을 하는 항공기에 갖추어야 할 항공계기가 아닌 것은?

① 시계   ② 나침반
③ 정밀기압고도계 ④ 빙결되지 않는 속도계

> **해설**
> 항공안전법 시행규칙 제117조 관련, 별표 16(항공계기 등의 기준)

42 항공운송사업 및 사용사업용 항공기 중 계기비행으로 교체비행장이 요구되는 왕복 발동기 항공기에 실어야 할 연료와 오일의 양은?

① 순항속도로 45분간 더 비행할 수 있는 양
② 순항속도로 60분간 더 비행할 수 있는 양
③ 최초착륙 예정비행장까지 비행에 필요한 양에 해당 예정비행장의 교체비행장 중 소모량이 가장 많은 비행장까지 비행을 마친 후, 다시 순항속도로 45분간 더 비행할 수 있는 양을 더한 양
④ 최초착륙 예정비행장까지 비행에 필요한 양에 해당 예정비행장의 교체비행장 중 소모량이 가장 많은 비행장까지 비행을 마친 후, 다시 순항속도로 60분간 더 비행할 수 있는 양을 더한 양

> **해설**
> 항공안전법 시행규칙 제119조 관련, 별표 17(항공기에 실어야 할 연료와 오일의 양)

43 항공기사용사업용 헬리콥터가 교체공항이 없을 때 착륙예정 비행장에서 2시간 동안 체공하는데 필요한 양 이외에 채워야 할 연료의 양은?

① 순항속도로 20분간 더 비행할 수 있는 연료의 양
② 국토교통부장관이 정한 추가 연료의 양
③ 최초 착륙예정 비행장까지 비행에 필요한 연료의 양
④ 최초 착륙예정 비행장까지 비행예정시간의 10%를 더한 연료의 양

> **해설**
> 항공안전법 시행규칙 제119조 관련, 별표 17(항공기에 실어야 할 연료와 오일의 양)

[정답] 38 ③ 39 ① 40 ① 41 ④ 42 ③ 43 ③

44 항공운송사업용 비행기가 시계비행을 할 경우 최초 착륙예정 비행장까지 비행에 필요한 양에 추가로 필요한 연료량은?

① 순항속도로 15분간 더 비행할 수 있는 양
② 순항속도로 30분간 더 비행할 수 있는 양
③ 순항속도로 45분간 더 비행할 수 있는 양
④ 순항속도로 60분간 더 비행할 수 있는 양

[해설]
항공안전법 시행규칙 제119조 관련, 별표 17(항공기에 실어야 할 연료와 오일의 양)

45 항공운송사업용 및 항공기사용사업용 헬리콥터가 계기비행으로 교체비행장이 요구될 경우 실어야 할 연료의 양은?

① 최초의 착륙예정 비행장까지 비행예정시간의 10퍼센트의 시간을 비행할 수 있는 양
② 최초 착륙예정 비행장의 상공에서 체공속도로 2시간 동안 체공하는데 필요한 양
③ 표준대기 상태에서 교체비행의 450미터(1,500피트)의 상공에서 30분간 체공하는데 필요한 양에 그 비행장에 접근하여 착륙하는 데 필요한 양을 더한 양
④ 최대항속속도로 20분간 더 비행할 수 있는 양

[해설]
항공안전법 시행규칙 제119조 관련, 별표 17(항공기에 실어야 할 연료와 오일의 양)

46 헬리콥터가 계기비행으로 적당한 교체비행장이 없을 경우 비행장 상공에서 2시간 동안 체공하는 데 필요한 양 이외에 추가로 필요한 연료 탑재량은?

① 이상사태 발생시에 대비하여 국토교통부장관이 정한 추가의 양
② 최초 착륙예정 비행장까지 비행 예정시간에 10%의 시간을 더 비행할 수 있는 양
③ 최초 착륙예정 비행장까지 비행에 필요한 양
④ 최대 항속속도로 20분간 더 비행할 수 있는 양

[해설]
항공안전법 시행규칙 제119조 관련, 별표 17(항공기에 실어야 할 연료와 오일의 양)

47 항공운송사업용 헬리콥터가 시계비행을 할 경우 필요한 연료의 양이 아닌 것은?

① 최초 착륙예정 비행장까지 비행에 필요한 양
② 최대항속속도로 20분간 더 비행할 수 있는 양
③ 운항기술기준에서 정한 추가 연료의 양
④ 소유자가 정한 추가의 양

[해설]
항공안전법 시행규칙 제119조 관련, 별표 17(항공기에 실어야 할 연료와 오일의 양)

48 항공운송사업용 헬리콥터가 시계비행을 할 경우 실어야 할 연료의 양이 아닌 것은?

① 최초 착륙예정 비행장까지 비행에 필요한 양
② 최초의 착륙예정 비행장까지 비행예정시간의 10%의 시간을 비행할 수 있는 양
③ 최대항속속도로 20분간 더 비행할 수 있는 양
④ 이상사태 발생 시 연료의 소모가 증가할 것에 대비하여 운항기술기준에서 정한 추가의 양

[해설]
항공안전법 시행규칙 제119조 관련, 별표 17(항공기에 실어야 할 연료와 오일의 양)

[정답] 44 ③ 45 ③ 46 ③ 47 ④ 48 ②

49 항공운송사업용 비행기가 시계비행을 할 경우 추가하여야 할 연료의 양은?

① 순항속도로 30분간 더 비행할 수 있는 연료의 양
② 순항속도로 45분간 더 비행할 수 있는 연료의 양
③ 순항속도로 60분간 더 비행할 수 있는 연료의 양
④ 순항속도로 90분간 더 비행할 수 있는 연료의 양

해설

항공안전법 시행규칙 제119조 관련, 별표 17(항공기에 실어야 할 연료와 오일의 양)

50 항공운송사업용 헬리콥터가 착륙예정 비행장의 기상상태가 도착 예정시간에 양호할 것이 확실한 경우, 비행장 상공에서 몇 분간 체공하는 데 필요한 연료의 양을 채워야 하는가?

① 20분   ② 30분
③ 45분   ④ 60분

해설

항공안전법 시행규칙 제119조 관련, 별표 17(항공기에 실어야 할 연료와 오일의 양)

51 항공운송사업 및 항공기사용사업용 외의 비행기가 계기비행으로 교체비행장이 요구되지 않을 경우 최초 착륙예정 비행장까지 비행에 필요한 연료량 외에 추가로 실어야 할 연료의 양은?

① 최대항속속도로 20분간 더 비행할 수 있는 양
② 순항고도로 45분간 더 비행할 수 있는 양
③ 30분간 체공하는데 필요한 양에 그 비행장에 접근하여 착륙하는데 필요한 양을 더한 양
④ 최초 착륙예정 비행장의 상공에서 체공속도로 2시간 동안 체공하는데 필요한 양

해설

항공안전법 시행규칙 제119조(항공기의 연료와 오일) 관련, 별표 17(항공기에 실어야 할 연료 및 오일의 양)

52 항공운송사업 및 항공기사용사업용 헬리콥터가 계기비행으로 적당한 교체비행장이 없을 경우, 최초 착륙예정 비행장까지 비행에 필요한 양 이외에 추가로 필요한 연료의 양은?

① 최대항속속도로 20분간 더 비행할 수 있는 양
② 최초 착륙예정 비행장에 표준기온으로 450m (1,500ft)의 상공에서 30분간 체공하는데 필요한 양에 그 비행장에 접근하여 착륙하는데 필요한 양을 더한 양
③ 30분간 체공하는데 필요한 양에 그 비행장에 접근하여 착륙하는데 필요한 양을 더한 양
④ 최초 착륙예정 비행장의 상공에서 체공속도로 2시간 동안 체공하는데 필요한 양

해설

항공안전법 시행규칙 제119조(항공기의 연료와 오일) 관련, 별표 17(항공기에 실어야 할 연료 및 오일의 양)

53 야간에 항공기를 비행장에 주기 또는 정박시키는 경우 항공기의 위치를 나타내기 위한 등불은?

① 항행등   ② 항법등
③ 충돌방지등   ④ 우현등, 좌현등

해설

항공안전법 시행규칙 제120조(항공기의 등불)

54 항공기가 야간에 항행하는 경우 당해 항공기의 위치를 나타내기 위하여 필요한 등불은?

① 충돌방지등, 기수등, 우현등, 좌현등
② 충돌방지등, 우현등, 좌현등, 미등
③ 충돌방지등, 기수등, 착륙등, 미등
④ 충돌방지등, 우현등, 좌현등, 착륙등

[정답] 49 ② 50 ② 51 ② 52 ④ 53 ① 54 ②

해설
항공안전법 시행규칙 제120조(항공기의 등불)

55 항공기를 야간에 사용되는 비행장에 주기 또는 정박시키는 경우에 무엇으로 항공기 위치를 나타내어야 하는가?(비행장에 조명시설이 없을 경우)

① 표지판
② 무선시설
③ 우현등, 좌현등 및 미등
④ 충돌방지등

해설
항공안전법 시행규칙 제120조(항공기의 등불)

56 항공기가 야간에 공중과 지상을 항행하는 경우 당해 항공기의 위치를 나타내기 위해 필요한 항공기의 등불은?

① 우현등, 좌현등, 회전지시등
② 우현등, 좌현등, 충돌방지등
③ 우현등, 좌현등, 미등
④ 우현등, 좌현등, 미등, 충돌방지등

해설
항공안전법 시행규칙 제120조(항공기의 등불)

57 항공기 항행등의 색깔은?

① 우현등 : 적색, 좌현등 : 녹색, 미등 : 백색
② 우현등 : 녹색, 좌현등 : 적색, 미등 : 백색
③ 우현등 : 백색, 좌현등 : 녹색, 미등 : 적색
④ 우현등 : 적색, 좌현등 : 백색, 미등 : 녹색

해설
항공안전법 시행규칙 제120조(항공기의 등불)

58 다음 중 국토교통부장관에게 업무보고를 해야 하는 사람이 아닌 것은?

① 항공정비사
② 항행안전시설 관리직원
③ 출입사무소 관리소장
④ 소형항공운송사업자

해설
항공안전법 제132조(항공안전 활동) 제1항

59 비행중 항공안전장애를 발생시켰거나 발견한 자는 얼마 이내에 국토교통부장관에게 그 사실을 보고하여야 하는가?

① 즉시
② 24시간 이내
③ 72시간 이내
④ 10일 이내

해설
항공안전법 시행규칙 제134조(항공안전 의무보고의 절차 등)

60 항공기가 비행장 안의 이동지역에서 이동할 때 따라야 하는 기준이 아닌 것은?

① 추월하는 항공기는 다른 항공기의 통행에 지장을 주지 아니하도록 충분한 간격을 유지한다.
② 기동지역에서 지상 이동하는 항공기는 정지선 등이 꺼져 있는 경우에 이동할 것
③ 교차하거나 이와 유사하게 접근하는 항공기 상호 간에는 다른 항공기를 좌측으로 보는 항공기가 진로를 양보할 것
④ 기동지역에서 지상 이동하는 항공기는 관제탑의 지시가 없는 경우에는 활주로진입전 대기지점에서 정지 대기할 것

[정답] 55 ③ 56 ④ 57 ② 58 ③ 59 ③ 60 ③

해설

항공안전법 시행규칙 제162조(항공기의 지상이동)

61 충돌방지를 위한 항공기 상호간에 통행의 우선순위에 대한 설명 중 잘못된 것은?

① 비행기, 헬리콥터는 비행선, 기구류 및 활공기에 진로를 양보할 것
② 비행기, 헬리콥터, 비행선은 항공기 또는 물건을 예항하는 다른 항공기에 진로를 양보할 것
③ 비행선은 기구류 및 활공기에 진로를 양보할 것
④ 기구류는 활공기에 진로를 양보할 것

해설

항공안전법 시행규칙 제166조(통행의 우선순위)

62 정면으로 또는 이와 유사하게 접근하는 동순위 항공기 상호간에 있어서는 서로 기수를 어느 쪽으로 돌려야 하는가?

① 오른쪽
② 왼쪽
③ 먼저 본 항공기가 위로
④ 먼저 본 항공기가 아래로

해설

항공안전법 시행규칙 제167조(진로와 속도 등)

63 전방에서 비행 중인 항공기를 추월하는 요령은?

① 전방 항공기의 우측으로 추월한다.
② 전방 항공기의 좌측으로 추월한다.
③ 전방 항공기의 하방으로 추월한다.
④ 전방 항공기의 상방으로 추월한다.

해설

항공안전법 시행규칙 제167조(진로와 속도 등)

64 항공기로 활공기를 예항하는 방법 중 맞는 것은?

① 항공기와 활공기 간에 무선통신으로 연락이 가능한 경우에는 항공기에 연락원을 탑승시킬 것
② 예항줄의 길이는 40m 이상 60m 이하로 할 것
③ 야간에 예항을 하려는 경우에는 지방항공청장의 허가를 받을 것
④ 예항줄 길이의 80%에 상당하는 고도 이하의 고도에서 예항줄을 이탈시킬 것

해설

항공안전법 시행규칙 제171조(활공기 등의 예항)

65 항공기로 활공기를 예항하는 방법 중 틀린 것은?

① 항공기에 연락원을 탑승시킬 것
② 예항줄의 길이는 40m 이상 80m 이하로 할 것
③ 야간에 예항을 하려는 경우에는 지방항공청장의 허가를 받을 것
④ 예항줄 길이의 50%에 상당하는 고도 이상의 고도에서 예항줄을 이탈시킬 것

해설

항공안전법 시행규칙 제171조(활공기 등의 예항)

66 항공기가 활공기를 예항하는 경우 안전상의 기준이 아닌 것은?

① 야간에 예항을 하지 말 것
② 예항줄 길이의 80%에 상당하는 고도 이상의 고도에서 예항줄을 이탈시킬 것
③ 예항줄의 길이는 80m 내지 120m로 할 것
④ 항공기에는 연락원을 탑승시킬 것

해설

항공안전법 시행규칙 제171조(활공기 등의 예항)

[정답] 61 ④ 62 ① 63 ① 64 ③ 65 ④ 66 ③

67 항공기가 도착비행장에 착륙 시 관할 항공교통업무기관에 보고하여야 할 사항은?

① 항공기 소유자의 성명 또는 명칭 및 주소
② 최대이륙중량
③ 항공기의 식별부호
④ 감항증명 번호

해설

항공안전법 시행규칙 제188조(비행계획의 종류)

68 아래 그림과 같은 항공기 운항승무원에 대한 유도원의 유도신호의 의미는?

① 시동 걸기
② 파킹 브레이크
③ 서행
④ 초크 삽입

해설

항공안전법 시행규칙 제194조 관련, 별표 26(신호) 제6호 참조

69 다음 중 긴급한 업무로 운항하는 항공기가 아닌 것은?

① 재난, 재해 등으로 인한 수색, 구조
② 범인 수송
③ 화재 진화
④ 응급환자 수송

해설

항공안전법 시행규칙 제207조(긴급항공기의 지정) 제1항

70 다음 중 국토교통부령이 정하는 "긴급한 업무"의 항공기가 아닌 것은?

① 재난, 재해 등으로 인한 수색, 구조 항공기
② 응급환자의 호송 등 구조, 구급활동 항공기
③ 자연재해 발생시의 긴급복구 항공기
④ 긴급 구호물자 수송후 복귀하는 항공기

해설

항공안전법 시행규칙 제207조(긴급항공기의 지정) 제1항

71 긴급항공기로 지정을 받을 수 있는 항공기가 아닌 것은?

① 화재진화
② VIP 수송
③ 재난, 재해로 인한 수색 또는 구조
④ 응급환자 호송 등 구조, 구급활동

해설

항공안전법 시행규칙 제207조(긴급항공기의 지정) 제1항

72 다음 중 긴급항공기 지정신청서에 기재하여야 할 사항이 아닌 것은?

① 항공기의 형식 및 등록부호
② 긴급한 업무의 종류
③ 장비내역 및 정비방식
④ 긴급한 업무수행에 관한 업무규정

해설

항공안전법 시행규칙 제207조(긴급항공기의 지정)

[정답] 67 ③ 68 ④ 69 ② 70 ④ 71 ② 72 ③

73 다음 중 긴급한 업무를 수행하는 항공기가 아닌 것은?

① 화재감시 헬기
② 재난구조 비행기
③ 범인추적 헬기
④ 긴급복구 자재 수송 헬기

해설
항공안전법 시행규칙 제207조(긴급항공기의 지정) 제1항

74 다음 중 국토교통부령으로 정하는 긴급한 업무의 항공기가 아닌 것은?

① 재난, 재해 등으로 인한 수색, 구조 항공기
② 긴급 구호물자 수송 항공기
③ 자연 재해시의 긴급복구 항공기
④ 응급환자의 호송 등 구조, 구급활동 항공기

해설
항공안전법 시행규칙 제207조(긴급항공기의 지정) 제1항

75 긴급항공기로 지정받을 수 없는 것은?

① 화재 진화 항공기
② 응급환자 호송 항공기
③ 해난 신고로 인한 수색 및 구조 항공기
④ 재난, 재해 등으로 인한 수색 및 구조 항공기

해설
항공안전법 시행규칙 제207조(긴급항공기의 지정) 제1항

76 다음 중 긴급항공기 지정신청서에 기재하여야 할 사항이 아닌 것은?

① 조종사 및 긴급한 업무를 수행하는 사람에 대한 교육훈련 내용
② 긴급한 업무의 종류
③ 장비내역 및 정비방식
④ 긴급한 업무수행에 관한 업무규정

해설
항공안전법 시행규칙 제207조(긴급항공기의 지정)

77 긴급항공기를 운항한 자가 운항이 끝난 후 24시간 이내에 제출하여야 할 사항이 아닌 것은?

① 조종사 성명과 자격
② 조종사 외의 탑승자 인적사항
③ 긴급한 업무의 종류
④ 항공기의 형식 및 등록부호

해설
항공안전법 시행규칙 제208조(긴급항공기의 운항절차) 제2항

78 긴급항공기 지정 취소처분을 받은 자는 취소처분을 받은 날부터 얼마 이내에는 긴급항공기의 지정을 받을 수 없는가?

① 6개월   ② 1년
③ 2년   ④ 3년

해설
항공안전법 제69조(긴급항공기의 지정 등) 제5항

79 비행기에 소지하여 탑승해도 되는 것은?

① 소금   ② 산화성물질
③ 고압가스   ④ 총포류

해설
항공안전법 시행규칙 제209조(위험물 운송허가 등)

[정답] 73 ③ 74 ② 75 ③ 76 ③ 77 ③ 78 ③ 79 ①

80 항공기를 이용하여 운송하고자 하는 경우, 국토교통부장관의 허가를 받아야 하는 품목이 아닌 것은?

① 가소성 물질
② 인화성 액체
③ 산화성 물질류
④ 방사성 물질류

해설
항공안전법 시행규칙 제209조(위험물의 운송허가 등)

81 항공기를 이용하여 운송하고자 하는 경우 국토교통부장관의 허가를 받아야 하는 위험물이 아닌 것은?

① 가스류 물질
② 산화성 물질
③ 폭발성 물질
④ 인화성 고체물질

해설
항공안전법 시행규칙 제209조(위험물 운송허가 등)

82 항공기로 운송하고자 하는 경우 국토교통부장관의 허가를 받아야 하는 것이 아닌 것은?

① 비밀문서
② 폭발성 물질
③ 가스류
④ 독물류

해설
항공안전법 시행규칙 제209조(위험물 운송허가 등)

83 다음 중 운항 중에 전자기기를 사용할 수 없는 비행기는?

① 항공운송사업용으로 계기비행 중인 비행기
② 최대이륙중량 5,700kg 이상의 항공기
③ 승객 30명을 초과하는 비행기
④ 터빈 발동기를 장착한 비행기

해설
항공안전법 시행규칙 제214조(전자기기의 사용제한)

84 다음 중 운항중에 사용이 제한되는 전자기기는?

① 개인 휴대전화기
② 휴대용 음성녹음기
③ 전기면도기
④ 보청기

해설
항공안전법 시행규칙 제214조(전자기기의 사용제한)

85 다음 중 전자기기의 사용을 제한하지 않는 항공기는?

① 시계비행방식으로 비행 중인 항공기
② 항공운송사업용으로 비행 중인 헬리콥터
③ 계기비행방식으로 비행 중인 비행기
④ 계기비행방식으로 비행 중인 헬리콥터

해설
항공안전법 시행규칙 제214조(전자기기의 사용제한)

86 장애가 발생한 날부터 며칠 이내에 항공안전 자율보고서를 제출하여야 하는가?

① 7일
② 10일
③ 15일
④ 30일

해설
항공안전법 제61조(항공안전 자율보고) 제4항

87 항공안전위해요인을 발생시킨 사람이 며칠 이내에 보고를 한 경우 처벌을 면할 수 있는가?

① 5일
② 7일
③ 10일
④ 15일

[정답] 80 ① 81 ④ 82 ① 83 ① 84 ① 85 ① 86 ② 87 ③

해설
항공안전법 제61조(항공안전 자율보고) 제4항

88 항공기의 운항에 필요한 준비를 확인하지 않고 출발시켜 사고가 발생했다면 누구의 책임인가?

① 확인 정비사 ② 검사원
③ 기장　　　　④ 항공기 소유자

해설
항공안전법 제62조(기장의 권한 등)

89 항공기의 운항에 필요한 준비가 끝난 것을 확인하지 않고 항공기를 출발시켜 사고가 발생하였다면 누구의 책임인가?

① 확인 정비사　　② 기장
③ 항공교통관제사　④ 항공기 소유자

해설
항공안전법 제62조(기장의 권한 등)

90 위험물의 운송에 사용되는 포장 및 용기를 제조 수입하여 판매하려는 자는 포장 및 용기의 안전성에 대하여 누구의 검사를 받아야 하는가?

① 국토교통부장관
② 지방항공청장
③ 한국교통안전공단 이사장
④ 검사주임

해설
항공안전법 제71조(위험물 포장 및 용기의 검사 등)

91 위험물의 운송에 사용되는 포장 및 용기를 제조하여 판매하려는 경우 어디에서 포장 및 용기의 안전성에 대한 검사를 받아야 하는가?

① 전문검사기관
② 포장, 용기 검사기관
③ 품질검사 전문기관
④ 기술품질원

해설
항공안전법 제71조(위험물 포장 및 용기의 검사 등)

92 폭발성이나 연소성이 높은 물건 등을 항공기로 운송하고자 하는 경우 누구의 허가를 받아야 하는가?

① 국토교통부장관　② 항공교통본부장
③ 지방항공청장　　④ 기장

해설
항공안전법 제70조(위험물 운송 등)

93 운항 중인 항공기 내에서 전자기기의 사용을 제한하는 이유는?

① 다른 승객에 대한 소음 방지
② 사업 목적으로 사용하는 것 방지
③ 전자파에 의한 승객 건강을 해치기 때문
④ 항행 및 통신항법 장비에 대한 전자파 간섭 등의 영향 방지

해설
항공안전법 제73조(전자기기의 사용제한)

[정답] 88 ③　89 ②　90 ①　91 ②　92 ①　93 ④

94 다음 중 항공기 내에서 여객이 지닌 전자기기의 사용을 제한할 수 있는 권한을 가진 자는?

① 기장
② 운항 승무원
③ 항공운송사업자
④ 국토교통부장관

해설
항공안전법 제73조(전자기기의 사용제한)

95 항공기의 안전운항을 위하여 국토교통부장관이 고시하는 운항기술기준에 포함되어야 할 사항이 아닌 것은?

① 항공기의 감항성
② 항공기 등록 및 등록부호 표시
③ 형식증명 및 수리개조능력 인정
④ 항공훈련기관

해설
항공안전법 제77조(항공기의 안전운항을 위한 운항기술기준)

96 다음 중 안전운항을 위하여 국토교통부장관이 고시하는 운항기술기준에 포함되는 사항이 아닌 것은?

① 항공기 운항
② 요금인가 기준
③ 항공운송사업의 운항증명
④ 항공기 감항성

해설
항공안전법 제77조(항공기의 안전운항을 위한 운항기술기준)

97 다음 중 운항기술기준에 포함되어야 할 사항이 아닌 것은?

① 항공기 비상 시 조치사항
② 항공기 계기 및 장비
③ 항공기 운항
④ 항공종사자의 자격증명

해설
항공안전법 제77조(항공기의 안전운항을 위한 운항기술기준)

98 항공기 안전운항을 위하여 국토교통부장관이 고시하는 운항기술기준에 포함되는 사항이 아닌 것은?

① 항공기 운항
② 항공종사자의 훈련
③ 항공기 계기 및 장비
④ 항공운송사업의 운항증명 및 관리

해설
항공안전법 제77조(항공기 안전운항을 위한 운항기술기준)

99 다음 중 운항기술기준에 포함되어야 할 사항이 아닌 것은?

① 항공기의 소음기준
② 항공종사자의 자격증명
③ 항공기 감항성
④ 항공기 계기 및 장비

해설
항공안전법 제77조(항공기의 안전운항을 위한 운항기술기준)

[정답] 94 ④ 95 ③ 96 ② 97 ① 98 ② 99 ①

제6장 항공안전법 공역 및 항공교통업무 등

공역

1. **공역(空域)** : 항공기, 초경량 비행장치 등의 안전한 활동을 보장하기 위하여 지표면 또는 해수면으로부터 일정 높이의 특정 범위로 정해진 공간(공역관리규정)
   ※ ICAO 공역구분 : 8대 공역, 343개 비행정보구역(FIR)

2. **비행정보구역(FIR)** : 항공기, 경량항공기, 초경량 비행장치의 안전하고 효율적인 비행과 수색 또는 구조에 필요한 정보를 제공하기 위한 공역(공역관리규정)

제78조 공역 등의 지정

1. **비행정보구역의 공역구분**
   (1) **관제공역** : 항공교통안전을 위해 항공기의 비행 순서/시기/방법 등에 관하여 관제지시를 받아야 하는 공역(관제권, 관제구, 비행장구역)
   (2) **비관제공역** : 관제공역 외 공역, 조종사에게 비행에 관한 조언/비행정보 등이 제공할 필요가 있는 공역(조언구역, 정보구역)
   (3) **통제공역** : 항공교통안전을 위해 항공기 비행을 금지/제한할 필요가 있는 공역(비행금지구역, 비행제한구역, 초경량비행장치 비행제한구역)
   (4) **주의공역** : 비행시 특별한 주의/경계/식별 등이 필요한 공역(훈련구역, 군사작전구역, 위험구역, 경계구역)

2. **통제공역의 설정기준**
   (1) 국가안전보장과 항공안전을 고려할 것
   (2) 항공교통에 관한 서비스의 제공 여부를 고려할 것
   (3) 이용자의 편의에 적합하게 공역을 구분할 것
   (4) 공역이 효율적이고 경제적으로 활용될 수 있을 것

3. 항공기의 비행제한

(1) 비관제공역, 주의공역에서 비행 : 그 공역의 비행 방식 및 절차 준수
(2) 통제공역에서 비행 : 원칙적으로 비행금지
   ※ 국토교통부장관의 허가를 받은 경우 국토교통부장관이 정하는 비행의 방식 및 절차에 따라 비행 가능

제80조 공역위원회

1. 공역위원회의 기능

(1) 관제공역(空域), 비관제공역, 통제공역 및 주의공역의 설정·조정 및 관리에 관한 사항 심의
(2) 항공기의 비행 및 항공교통관제에 관한 중요한 절차와 규정의 제정 및 개정에 관한 사항 심의
(3) 공역의 구조 및 관리에 중대한 영향을 미칠 수 있는 공항시설, 항공교통관제시설 및 항행안전시설의 신설·변경 및 폐쇄에 관한 사항 심의
(4) 그 밖에 항공기가 공역과 공항시설, 항공교통관제시설 및 항행안전시설을 안전하고 효율적으로 이용하는 방안에 관한 사항 심의

2. 공역위원회의 구성 → 시행령 제10조

(1) 위원장 1명, 부위원장 1명 포함하여 15명 이내
(2) 위원장은 국토교통부장관이 지명, 부위원장은 위원 중 위원장이 지명
(3) 위원 (임기 2년)
   ① 외교부, 국방부, 산업통상자원부, 국토교통부 3급공무원이나 이에 상응하는 계급의 장교 중 각 1명
   ② 미합중국 군대의 장교 중 1명
   ③ 항공에 관한 학식과 경험이 풍부한 사람 중에서 국토부장관이 위촉하는 사람

제81조 항공교통안전 관계 행정기관의 장의 협조

1. 행정기관의 장과 상호 협조하여야 할 사항(국가안보를 고려)

(1) 항공교통관제에 관한 사항
(2) 효율적인 공역관리에 관한 사항
(3) 그 밖에 항공교통의 안전을 위하여 필요한 사항

2. 군기관과 협조, 기상관계관 협조 필요

3. 군기관과 협조(국토교통부장관, 지방항공청장 및 항공교통본부장)
   (1) 민간항공기 비행에 영향을 줄 수 있는 군용항공기 행위에 대한 협조
   (2) 민간항공기의 안전하고 신속한 비행을 위하여 항공기의 비행정보 등의 교환에 관한 합의서 체결 할 수 있음
   (3) 민간항공기가 공격당할 위험이 있는 공역으로 접근하거나 진입한 경우 항공기를 식별하고 공격을 회피할 수 있도록 유도하는 절차를 수립

4. 항공기상기관과 협조(국토교통부장관, 지방항공청장, 항공교통본부장)
   최신의 기상정보를 제공하기 위하여 항공기상정보기관과 협조
   (1) 항공교통업무 종사자가 관측한 기상정보
   (2) 조종사가 보고한 기상정보
   (3) 항공교통업무 종사자 또는 조종사가 관측한 기상정보가 비행장의 기상예보에 없는 내용일 경우에 그 기상정보의 통보에 관한 사항
   (4) 화산활동 정보, 화산폭발 상황에 관한 정보의 통보에 관한 사항
   ※ 화산재에 관한 정보가 있는 경우에는 항공고시보와 항공기상기관의 중요기상 정보(SIGMET)가 서로 일치하도록 협조

제82조 전시 상황 등에서의 공역관리

전시 및 통합방위사태 선포 시의 공역관리에 관하여는 전시 관계법 및 「통합방위법」에서 정하는 바에 따른다.

제83조 항공교통업무 제공

1. 국토부장관 또는 항공교통업무증명을 받은 자가 제공할 수 있는 업무
   (1) 비행장, 공항, 관제권, 관제구에서 항공기 또는 경량항공기 등에 항공교통관제 업무 제공
   (2) 비행장, 공항 및 항행안전시설의 운용 상태 등 운항과 관련된 조언 및 정보를 조종사 또는 관련 기관 등에 제공
   (3) 수색·구조를 필요로 하는 항공기 또는 경량항공기에 관한 정보를 조종사 또는 관련 기관 등에 제공

2. 항공교통업무 구분
   (1) 항공교통관제업무
       ① 접근관제 : 관제공역 안에서 이륙이나 착륙 연결 항공교통관제업무

② 비행장관제 : 기동지역 및 비행장 주위 비행하는 항공기에 관제업무 제공(계류장에서 지상유도를 담당하는 계류장관제업무를 포함)

③ 지역관제(FIR) : 접근관제업무 및 비행장관제업무 외의 관제공역 안에서 비행하는 항공기에 제공하는 관제업무[항공교통센터(ATC) 수행]

(2) 비행정보업무 : 비행정보구역 안에서 비행하는 항공기에 필요한 정보 제공

(3) 경보업무 : 수색/구조를 필요로 하는 항공기 관련 정보 제공 및 협조

3. 항공교통업무기관의 구분

(1) 비행정보기관 : 비행정보구역 안에서 비행정보업무 및 경보업무를 제공하는 기관

(2) 항공교통관제기관 : 관제구·관제권 및 관제비행장에서 항공교통관제업무, 비행정보업무 및 경보업무를 제공하는 기관

항공교통관제업무

업무를 수행하려면 항공교통관제 업무의 한정을 받아야 한다.
※ 항공교통관제 업무의 한정을 받은 사람의 직접적인 감독을 받을 경우 제외

1. 항공교통관제업무의 대상이 되는 항공기

(1) A, B, C, D 또는 E등급 공역 내를 계기비행방식으로 비행하는 항공기

(2) B, C 또는 D등급 공역 내를 시계비행방식으로 비행하는 항공기

(3) 특별시계비행방식으로 비행하는 항공기

(4) 관제비행장의 주변과 이동지역에서 비행하는 항공기

2. 항공교통관제업무

(1) 업무내용

① 항공기의 이동예정 정보, 실제 이동사항 및 변경 정보 등의 접수

② 접수한 정보에 따른 각각의 항공기 위치 확인

③ 관제하고 있는 항공기 간의 충돌 방지, 항공교통흐름의 촉진, 질서유지를 위한 허가와 정보 제공

④ 관제하고 있는 항공기와 다른 항공교통관제기관이 관제하고 있는 항공기와의 충돌이 예상되는 경우, 또는 다른 항공교통관제기관으로 항공기의 관제를 이양하기 전에 그 기관의 필요한 관제허가에 대한 협조

(2) 항공교통관제 업무를 수행하는 자는 관제하는 항공기에 대한 지시사항과 그 항공기의 이동에 관한 정보를 기록하여야 한다.

(3) 항공교통관제기관은 항공기 간 분리 유지될 수 있도록 관제허가를 하여야 한다.
　※ 항공기 분리는 수직적/종적/횡적/혼합 분리방법으로 관제
(4) 항공기 관제책임
　① 항공기는 항상 하나의 항공교통관제기관이 관제를 제공하여야 한다.
　② 관제공역 내에서 비행하는 모든 항공기에 대한 관제책임은 그 관제 공역을 관할하는 항공교통관제기관에 있다.

4. 항공교통업무기관과 항공기 소유자등 간의 협의

항공교통업무기관은 다른 항공교통업무기관이나 항공기 소유자등으로부터 받은 항공기 안전운항에 관한 정보(위치보고 포함)를 항공기 소유자등이 요구하는 경우 신속히 제공하여야 한다.

5. 잠재적 위험활동에 대한 처리 절차

※잠재적 위험활동 : 민간항공기의 운항에 위험을 줄 수 있는 행위
(1) 항공교통업무기관은 잠재적 위험활동에 대한 계획을 관할 항공교통업무기관과 협의하고, 잠재적위험활동에 관한 정보를 공고하기 전에 사전 협의해야 함
(2) 항공고시보 또는 항공정보간행물에 공고
(3) 잠재적 위험활동 계획 수립 기준
　① 항공로의 폐쇄·변경, 경제고도의 봉쇄 또는 항공기의 운항 지연 등이 발생되지 않도록 잠재적 위험활동의 구역, 횟수, 기간 설정해야 함
　② 잠재적 위험활동 공역의 규모는 가능한 작게
　③ 관할 항공교통업무기관과 직통통신망을 설치(민간항공기의 비상상황이나 그 밖에 예측할 수 없는 상황으로 인하여 위험활동을 중지시켜야 할 경우에 대비)
(4) 잠재적 위험활동이 지속적으로 발생하여 지속적인 협의가 필요하다고 인정되는 경우에는 관계기관과 그에 관한 사항을 협의하기 위한 협의회를 설치·운영할 수 있다

6. 비상항공기 지원

(1) 비상항공기에 대한 관제지원 방법
　① 비상상황(불법간섭 행위 포함)에 처해있는 항공기는 그 상황을 최대한 고려하여 우선권을 부여 한다.
　② 불법간섭을 받고 있는 항공기로부터 지원요청을 받은 경우, 모든 비행단계에서 필요한 조치를 신속하게 하여야 한다.
　③ 항공기가 불법간섭을 받고 있음을 안 경우, 조종사에게 불법간섭에 대해 무선통신으로 질문해서는 아니 된다.
　④ 비상상황에 처한 항공기와 통신하는 경우에는 그 상황에 처한 조종사의 업무환경 및 심리상태 등을 고려해 주어야 한다.

7. 표류항공기에 대한 조치

※ 표류항공기 : 계획된 비행로를 이탈하거나 위치보고를 하지 아니한 항공기

(1) 표류항공기와 양방향 통신을 시도
(2) 모든 가능한 방법을 활용하여 표류항공기의 위치를 파악
(3) 표류 지역의 항공교통업무기관에 그 사실을 통보
(4) 표류항공기 관련 정보를 관련되는 군 기관에 통보
(5) 비행 중인 다른 항공기, 기관, 군에 대하여 표류항공기와의 교신 및 위치결정에 필요한 사항을 지원요청
(6) 위치가 확인되면 항공로에 복귀할 것을 지시하며, 필요하면 관할 항공교통업무기관 및 군 기관에 해당 정보를 통보

8. 미식별항공기에 대한 조치

※ 미식별항공기 : 해당 공역을 비행 중이라고 보고하였으나 식별되지 아니한 항공기

(1) 미식별항공기의 식별에 필요한 조치를 시도
(2) 미식별항공기와 양방향 통신을 시도
(3) 항공교통업무기관에 미식별항공기에 대한 정보 문의하고, 그 항공기와의 교신을 위한 협조 요청
(4) 다른 항공기로부터 미식별항공기에 대한 정보 입수 시도
(5) 미식별항공기가 식별된 경우, 필요하면 관련 군 기관에 해당 정보를 신속히 통보

9. 민간항공기의 요격에 대한 조치

(1) 요격하는 항공기의 조치 절차

① 비상주파수(121.5㎒) 사용하여 피요격항공기와의 양방향 통신 시도
② 피요격항공기의 조종사에게 요격 사실 통보
③ 요격통제기관에 피요격항공기에 관한 정보 제공
④ 피요격항공기 ⇔ 요격항공기 ⇔ 요격통제기관 간의 의사소통 중개
⑤ 요격통제기관과 협조하여 피요격항공기의 안전 확보에 필요한 조치
⑥ 피요격항공기의 관할 항공교통업무기관에 그 상황 통보

(2) 관할 공역 밖에서 피요격항공기를 인지한 경우

① 해당공역 관할 항공교통업무기관에 그 상황 통보, 항공기의 식별을 위한 모든 정보 제공
② 피요격항공기 ⇔ 관할 항공교통업무기관 ⇔ 요격항공기 ⇔ 요격통제기관 간의 의사소통 중개
※ 항공교통관제기관 상호간 사용 언어 : 영어

10. 항공교통업무 우발계획

(1) 항공교통업무가 중단되는 경우를 대비하여 국토부장관은 우발계획의 수립기준을 정하여 고시
(2) 항공교통업무기관의 장은 그 수립기준에 따라 관할 공역 내의 항공교통업무 우발계획을 수립·시행하여야 한다.

비행정보업무

항공교통업무의 대상이 되는 모든 항공기에 대하여 수행, 항공교통관제업무와 비행정보업무를 함께 수행하는 경우에는 항공교통관제업무를 우선 수행

1. 비행정보의 제공

(1) 중요기상정보(SIGMET) 및 저고도항공기상정보(AIRMET)

(2) 화산활동·화산폭발·화산재에 관한 정보

(3) 방사능물질이나 독성화학물질의 대기 중 유포에 관한 사항

(4) 항행안전시설의 운영 변경에 관한 정보

(5) 이동지역 내의 눈·결빙·침수에 관한 정보

(6) 「공항시설법」 제2조제8호에 따른 비행장시설의 변경에 관한 정보

(7) 무인자유기구에 관한 정보

(8) 항공기가 시계비행방식의 비행을 유지할 수 없을 경우에 해당 비행경로 주변의 교통정보 및 기상상태에 관한 정보 제공

(9) 출발·목적·교체비행장의 기상상태 또는 그 예보

(10) 공역등급 C, D, E, F 및 G 공역 내에서 비행하는 항공기에 대한 충돌위험

(11) 수면을 항해 중인 선박의 호출부호, 위치, 진행방향, 속도 등에 관한 정보(정보 입수가 가능한 경우만 해당한다)

(12) 그 밖에 항공안전에 영향을 미치는 사항

※특별항공기상보고(Special air reports)를 접수한 경우에는 신속하게 항공기, 기상대 및 다른 항공교통업무기관에 전파하여야 함

2. 항공정보의 제공(간행물 항공정보)

(1) 국토교통부장관은 항공기 운항의 안전성·정규성 및 효율성을 위하여 비행정보구역에서 비행하는 사람 등에게 필요한 정보를 제공하여야 함

(2) 항공지도를 발간

※항공지도 : 항공로, 항행안전시설, 비행장, 공항, 관제권 등 운항에 필요한 정보가 표시된 지도

(3) 기타 항공정보 제공 내용

① 비행장과 항행안전시설의 개시, 휴지, 재개, 폐지에 관한 사항

② 비행장과 항행안전시설의 중요한 변경에 관한 사항

③ 비행장을 이용할 때에 있어 항공기의 운항에 장애가 되는 사항

④ 비행의 방법, 결심고도, 최저강하고도, 비행장 이륙·착륙 기상 최저치 등의 설정과 변경에 관한 사항

⑤ 항공교통업무에 관한 사항
⑥ 공역에서 하는 로켓·불꽃·레이저광선 또는 그 밖의 물건의 발사, 무인기구 계류·부양 및 낙하산 강하에 관한 사항
   가. 진입표면·수평표면·원추표면 또는 전이표면을 초과하는 높이의 공역
   나. 항공로 안의 높이 150미터 이상인 공역, 그 밖에 높이 250미터 이상인 공역

3. 항공정보 제공 방법(시행규칙 제255조)

(1) 항공정보간행물(AIP : Aeronautical Information Publication)

국제민간항공협약 에 따라 자국 공역에서의 공항, 지상시설, 항공통신, 항로, 일반사항, 수색구조 업무 등의 종합적인 정보를 수록한 간행물

① 편성 : 일반사항(GEN), 항행(ENR), 비행장(AD)
② 보완 : 수정판(Amendment), 보충판(Supplement)

(2) 항공고시보(NOTAM : Notice to Airman)

특정지역, 고도 등에서 필수적으로 알아야할 사항을 전달하는 공고

(3) 항공정보회람(AIC : Aeronautical Information Circular)

① 항공안전, 항행시설, 기술/행정적 또는 법률적인 사항에 대한 정보를 제공
② 녹색, 황색, 백색, 분홍색, 자주색의 용지를 사용하여 수록내용을 구분

수록내용	용지 색
행정적인 사항	백색(white)
항공교통관제 관련사항	황색(yellow)
안전관련사항	분홍색(pink)
위험구역 지도	자주색(mauve)
지도 및 챠트에 관한 사항	녹색(green)

(4) 비행 전·후 정보(Pre-Flight and Post-Flight Information)

운영상 중요한 유효 항공고시보 정보들을 비행전에 확인하도록 요약한 공고문

7. 항공교통정보의 제공

(1) 항공기에 최신의 기상상태/기상예보에 관한 정보 제공
(2) 비행장 주변에 관한 정보
(3) 항공기의 이륙상승 및 강하지역에 관한 정보
(4) 접근관제지역 내의 돌풍
(5) 항공기 운항에 지장을 주는 기상현상의 종류, 위치, 수직 범위, 이동방향, 속도 등에 관한 상세한 정보를 항공기에 제공할 수 있도록 관계 기상관측기관·항공운송사업자 등과 긴밀한 협조체제를 유지하여야 한다.

8. 항공교통업무에 필요한 정보 수집(시행규칙 제246조)

비행장설치자, 항행안전시설관리자, 무인자유기구의 운영자, 방사능/독성 물질의 제조자/사용자로부터 아래의 내용을 통보 받아야 함

(1) 비행장 내 기동지역에서의 항공기 이륙·착륙에 지장을 주는 시설물 또는 장애물의 설치·운영 상태에 관한 사항

(2) 항공기의 지상이동, 이륙, 접근 및 착륙에 필요한 항공등화 등 항행안전시설의 운영 상태에 관한 사항

(3) 무인자유기구의 비행에 관한 사항

(4) 관할 구역 내의 비행로에 영향을 줄 수 있는 폭발 전 화산활동, 화산폭발 및 화산재에 관한 사항

(5) 방사선물질, 독성화학물질의 대기 방출에 관한 사항

(6) 그 밖에 항공교통의 안전에 지장을 주는 사항

경보업무 (시행규칙 제242조)

1. 경보업무 수행 대상 항공기(시행규칙 제242조)

(1) 항공교통업무의 대상이 되는 항공기(동일)
  ① A, B, C, D, E등급 공역 내를 계기비행방식으로 비행하는 항공기
  ② B, C 또는 D등급 공역 내를 시계비행방식으로 비행하는 항공기
  ③ 특별시계비행방식으로 비행하는 항공기
  ④ 관제비행장의 주변과 이동지역에서 비행하는 항공기

(2) 항공교통업무기관에 비행계획을 제출한 모든 항공기

(3) 테러 등 불법간섭을 받는 것으로 인지된 항공기

2. 경보업무 수행절차 (시행규칙 제243조)

(1) 항공교통업무기관은 비상상황에 처한 사실을 알았을 때 지체 없이 수색·구조업무를 수행하는 기관에 통보

(2) **상황전개** : 불확실상황(Uncertainly phase) , 경보상황(Alert phase), 조난상황(Distress phase)
  ① 불확실상황(Uncertainly phase)
    가. 항공기로부터 연락이 와야 할 시간 또는 그 항공기와 교신시도를 실패한 시간부터 30분 이내에 연락이 없을 경우

나. 항공기가 도착 예정시간의 30분 이내에 도착하지 아니할 경우(항공기 및 탑승객의 안전이 확인된 경우는 제외)

② 경보상황(Alert phase)

가. 불확실상황의 항공기와 교신/조회로도 항공기 위치 확인이 곤란한 경우

나. 착륙허가를 받고 착륙 예정시간부터 5분 이내에 착륙하지 아니한 상태에서 무선교신이 되지 않는 경우

다. 항공기의 비행능력이 상실되었으나 불시착할 가능성이 없음을 나타내는 정보를 입수한 경우(항공기 및 탑승자가 안전하다는 증거가 있는 경우는 제외)

라. 항공기가 테러 등 불법간섭을 받는 것으로 인지된 경우

③ 조난상황(Distress phase)

가. 경보상황에서 항공기와 교신시도를 실패하고, 조회 결과 항공기가 조난당하였을 가능성이 있는 경우

나. 항공기 탑재연료가 고갈되어 항공기의 안전을 유지하기가 곤란한 경우

다. 항공기가 불시착하였을 가능성이 있다는 정보가 입수되는 경우

라. 항공기 불시착 정보가 정확한 정보로 판단되는 경우(항공기 및 탑승자가 긴박한 위험에 있지 않다는 증거가 있는 경우 제외)

3. 경보업무 수행시 수색/구조업무를 수행하는 기관에 통보해야 할 내용

(1) 불확실상황(INCERFA/Uncertainly phase), 경보상황(ALERFA/Alert phase), 조난상황(DETRESFA /Distress phase)의 비상상황별 용어

(2) 통보하는 기관의 명칭 및 통보자의 성명

(3) 비상상황의 내용

(4) 비행계획의 중요 사항

(5) 최종 교신 관제기관, 시간 및 사용주파수

(6) 최종 위치보고 지점

(7) 항공기의 색상 및 특징

(8) 위험물의 탑재사항

(9) 통보기관의 조치사항

(10) 그 밖에 수색·구조 활동에 참고가 될 사항

제84조 항공교통관제 업무 지시의 준수

비행장, 공항, 관제권 또는 관제구에서 항공기를 이동·이륙·착륙시키거나 비행하려는 자, 비행장 또는 공항의 이동지역에서 차량의 운행, 비행장 또는 공항의 유지·보수, 그 밖의 업무를 수행하는 자는 국토교통부장관 또는 항공교통업무증명을 받은 자의 지시에 따라야 함

1. 항공안전 관련 정보의 복창 (시행규칙 제247조)

(1) 항공교통관제기관에서 음성으로 전달된 항공안전 관련 허가 또는 지시사항을 반드시 복창하여야 함
   ① 항공로의 허가사항
   ② 활주로 진입/착륙/이륙/대기/횡단/역 주행에 대한 허가, 지시사항
   ③ 사용 활주로, 고도계 수정치, 2차 감시 항공교통관제 레이더용 트랜스폰더(Mode 3/A 및 Mode C SSR transponder)의 배정부호, 고도지시, 기수지시, 속도지시 및 전이고도
(2) 항공교통관제사는 복창을 경청하여야 하며, 그 복창에 틀린 사항이 있을 때에는 즉시 시정조치를 하여야 한다.
(3) 데이터통신(CPDLC)에 의하여 지시사항이 전달되는 경우에는 복창 생략 가능

2. 비행장 내에서의 사람 및 차량에 대한 통제 (시행규칙 제248조)

(1) 관제탑은 기동지역 내를 이동하는 사람 또는 차량을 통제
(2) 저시정 기상상태에서 계기착륙시설(ILS)의 전파를 보호하기 위하여 기동지역을 이동하는 사람/차량에 대하여 통행제한
(3) 조난항공기의 구조를 위하여 이동하는 비상차량에 우선권 부여
(4) 기동지역 내에서 차량 준수사항(관제탑의 지시가 있는 경우 그 지시를 우선적으로 준수)
   ① 차량은 지상이동·이륙·착륙 중인 항공기에 진로 양보
   ② 차량은 항공기를 견인하는 차량에게 진로 양보
   ③ 차량은 관제지시에 따라 이동 중인 차량에게 진로 양보

제7장 항공안전법 — 항공사업자 등에 대한 안전관리

제 1 절 항공운송사업자에 대한 안전관리

제90조 항공운송사업자의 운항증명

1. 운항증명 (Air Operator Certificate)

(1) 항공운송사업자의 운항체계를 심사하여 운항을 허가하는 제도

(2) 운항증명을 취득하기 위해서는 항공정책실(국제항공운송사업자) 또는 지방항공청(국내항공운송사업자)으로부터
  ① 조직, 인원, 운항관리, 정비관리 및 훈련프로그램 등에 대해 서류 및 현장검사를 받아
  ② 안전운항을 지속적으로 수행할 수 있는 기준에 합격하여야 함

(3) 운항증명 교부시에는 항공사가 준수하여야 할 제한기준이 설정된 운영기준(Operations Specifications)이 함께 발행된다.

2. 운항증명 발급 및 검사(법 90조 1항)

(1) 항공운송사업자는 운항을 시작하기 전에 인력, 장비, 시설, 안전운항체계에 대하여 검사를 받은 후 운항증명을 받아야 함
  ① 운항증명 검사 : 서류검사, 현장검사 (시행규칙 제258조)
  ② 운항증명 검사기준 : 시행규칙 별표 33

(2) 운항하려는 항공로, 공항, 항공기 정비방법 등에 대한 운영기준을 함께 발급

(3) 국토교통부장관은 항공기의 안전운항을 위하여 운영기준을 변경할 수도 있음

(4) 노선의 개설 등으로 안전운항체계가 변경된 경우에는 검사를 받아야 함

(5) **안전운항체계 유지여부 검사** : 정기 또는 수시
  ① 검사방법 : 서류검사, 현장검사
  ② 검사기준 : 시행규칙 별표33

3. 운항증명 변경(항공사업자) : 시행규칙 제260조

   30일 전까지 운항증명 변경신청서와 증명서류 제출

4. 운영기준 변경(국토교통부) : 시행규칙 제261조

   (1) 국토교통부장관 또는 지방항공청장이 변경

   ① 변경내용/사유를 포함한 변경된 운영기준을 운항증명 소지자에게 발급

   ② 변경된 운영기준은 발급받은 날부터 30일 이후에 적용

   (2) 운항증명소지자가 변경신청 : 15일전까지 변경신청서 제출

5. 안전운항체계가 변경된 경우란? : 시행규칙 제262조

   (1) 새로운 형식의 항공기를 도입한 경우
   (2) 새로운 노선을 개설한 경우
   (3) 사업을 양도·양수한 경우
   (4) 사업을 합병한 경우

6. 안전운항체계 변경 신청 : 운항개시 5일 전까지 제출

   (1) 변경검사 신청서에 포함할 안전 적합성 입증자료 : 시행규칙 제262조

   ① 사용 예정 항공기
   ② 항공기 및 그 부품의 정비시설
   ③ 항공기 급유시설 및 연료저장시설
   ④ 예비품 및 그 보관시설
   ⑤ 운항관리시설 및 그 관리방식
   ⑥ 지상조업시설 및 장비
   ⑦ 항공종사자의 확보상태 및 능력
   ⑧ 취항 예정 비행장의 제원, 특성
   ⑨ 여객 및 화물의 운송서비스 관련 시설
   ⑩ 면허조건 또는 사업 개시 관련 행정명령 이행실태
   ⑪ 그 밖에 안전운항과 노선운영에 관하여 국토교통부장관 또는 지방항공청장이 정하여 고시하는 사항

   (2) 다른 기종의 항공기를 운항하려는 경우 : 검사의 일부 또는 전부 면제

7. 정기/수시 검사중 아래의 사항이 발견된 경우 항공기 또는 노선의 운항 정지 또는 항공종사자의 업무를 정지 : 법 90조 7항

   (1) 항공기의 감항성에 영향을 미칠 수 있는 사항 발견
   (2) 항공종사자가 교육훈련 또는 운항자격 등 기준 미달
   (3) 승무시간 기준, 비행규칙 등 항공기의 안전운항을 위하여 법 기준 미준수

(4) 공항/활주로의 상태가 안전운항에 위험을 줄 수 있는 상태
(5) 그 밖에 안전운항체계에 영향을 미칠 수 있는 상황으로 판단되는 경우
※ 정지처분의 사유가 없어진 경우에는 지체 없이 그 처분을 취소하여야 한다.

8. 운항정지 및 업무정지 절차 : 시행규칙 제263조

(1) 운항 정지, 업무 정지 사유 및 조치 해야 할 내용을 구두로 지체 없이 통보하고, 사후에 서면 통보
(2) 통보받은 항공사업자는 조치 후 국토교통부장관에게 통보
(3) 통보를 받은 내용 확인(국토교통부장관 또는 지방항공청장)
(4) 안전운항에 지장이 없다고 판단되면 운항 재개

제91조 운항증명 취소 또는 정지처분 기준

1. 취소
   (1) 거짓이나 부정한 방법으로 운항증명을 받은 경우
   (2) 정기/수시검사시 운항 정지처분에 따르지 아니하고 항공기를 운항한 경우

2. 취소 또는 6개월 이내 운항정지처분 (항공안전법 제91조 49개 항목)
   (1) 운항증명 취소 또는 운항정지처분 기준 : 시행규칙 별표34
   (2) 위반의 정도·횟수 등을 고려하여 운항정지기간(별표34)을 1/2범위에서 조정 가능 : 늘리는 경우 그 기간을 6개월을 초과할 수 없음
   (3) 위반행위가 여러개인 경우
      ① 각 처분의 운항정지기간 합산
      ② 인명과 재산피해가 동시에 발생한 경우 그 중 무거운 처분기준 적용
   (4) 위반행위의 세부 유형 : 시행규칙 별표 35

제92조 과징금의 부과

1. 항공운송사업자가 운항을 정지하면 항공기 이용자 등에게 불편을 주거나 공익을 해칠 우려가 있는 경우에는 항공기의 운항정지처분을 갈음하여 100억원 이하의 과징금을 부과할 수 있다.

2. 과징금 부과 기준 : 시행령 별표3

제93조 항공운송사업자의 운항규정 및 정비규정 관리

1. 항공기 운항규정 및 정비규정은 국토교통부장관의 인가 필요
2. 운항/정비규정의 중요사항 외의 변경 : 국토교통부장관 신고
   (1) 다만, 최소장비목록, 승무원 훈련프로그램 등 중요사항 변경은 인가 필요
   (2) 인가를 받아야 하는 중요한 사항
   ① 운항규정 : 최저비행고도, 기상최저치 등
   ※시행규칙 별표36 : 제1호 가목 6)·7)·38), 나목9), 다목3)·4), 라목
   　　　　　　　　　제2호 가목5)·6), 나목7), 다목3)·4), 라목
   ② 정비규정 : 항공종사자 자격기준 등 (시행규칙 별표37)

제 2 절　항공기사용사업자에 대한 안전관리

제94조 항공기사용사업자의 운항증명 취소

1. 제91조제1항 제1호, 제39호, 제49호 : 운항증명 취소
   (1) 거짓이나 그 밖의 부정한 방법으로 운항증명을 받은 경우
   (2) 항공기 또는 노선 운항의 정지처분에 따르지 아니하고 항공기를 운항한 경우
   (3) 항공기 운항의 정지기간에 운항한 경우
2. 제91조 그외 항 : 취소 또는 운항정지(6개월이내)
3. 제91조 제1항제2호~제22호, 제26호~제30호, 제32호~제48호 : 운항정지(6개월이내)
   ※ 운항을 정지하면 이용자에게 불편을 주거나, 공익을 해칠 우려가 있는 경우 이에 갈음하여 3억원 이하의 과징금을 부과할 수 있다.

제95조 운항증명의 신청, 검사, 발급 등은 항공운송사업자에 대한 안전관리 조항 준용

제 3 절　항공기정비업자에 대한 안전관리

1. 정비조직인증

대한민국 항공기정비업자 또는 외국의 항공기 정비업자는 인력, 설비 및 검사체계 등을 갖추어 정비조직인증을 받아야 함(항공안전협정을 체결한 국가로부터 정비조직인증을 받은 자는 정비조직인증을 받은 것으로 본다.)

2. 정비조직인증을 받아야 하는 업무범위

(1) 항공기등 또는 부품등의 정비등의 업무
(2) 정비등의 업무에 대한 기술관리 및 품질관리 등을 지원하는 업무

3. 정비조직인증 신청

(1) 정비조직인증 신청서에 정비조직절차교범을 첨부하여 지방항공청장에게 제출
(2) 정비조직절차교범
   ① 수행하려는 업무의 범위
   ② 항공기등·부품등에 대한 정비방법
   ③ 기술관리 및 품질관리의 방법과 절차
   ④ 그 밖에 시설·장비 등 국토교통부장관이 정하여 고시하는 사항
(3) 정비조직인증서 발급
   정비등의 범위·방법 및 품질관리절차 등을 정한 세부 운영기준 포함 발급

4. 정비조직인증 취소, 효력정지

(1) 취소
   ① 거짓이나 그 밖의 부정한 방법으로 정비조직인증을 받은 경우
   ② 이 조에 따른 효력정지기간에 업무를 한 경우
(2) 취소 또는 효력정지(6개월이내)
   ① 업무를 시작하기 전까지 항공안전관리시스템을 마련하지 아니한 경우
   ② 승인을 받지 아니하고 항공안전관리시스템을 운용한 경우
   ③ 항공안전관리시스템을 승인받은 내용과 다르게 운용한 경우
   ④ 승인을 받지 아니하고 국토교통부령으로 정하는 중요 사항을 변경한 경우
   ⑤ 정당한 사유 없이 정비조직인증기준을 위반한 경우
   ⑥ 고의 또는 중대한 과실로 항공기사고 발생
   ⑦ 항공종사자 관리·감독 의무를 게을리함으로써 항공기사고 발생

5. 과징금의 부과

(1) 효력을 정지하면 그 업무의 이용자에게 불편을 주거나 공익을 해칠 우려가 있는 경우 이에 갈음하여 5억원 이하의 과징금을 부과할 수 있다.
(2) 과징금 부과의 구체적인 기준, 절차 : 시행령 별표4

제7장 항공사업자 등에 대한 안전관리
기출문제풀이

01 항공운송사업자가 운항을 시작하기 전에 국토교통부장관으로부터 인력, 장비, 시설, 운항 관리지원 및 정비관리지원 등 안전운항체계에 대하여 받아야 하는 것은?

① 운항증명
② 항공운송사업면허
③ 운항개시증명
④ 항공운송사업증명

해설
항공안전법 제90조(항공운송사업의 운항증명) 제1항

02 정비규정을 변경 시 국토교통부장관에게?

① 신고하여야 한다.
② 허가를 받아야 한다.
③ 등록하여야 한다.
④ 제출하여야 한다.

해설
항공안전법 제93조(항공운송사업자의 운항규정 및 정비규정)

03 항공기정비업 등록자가 국토교통부령으로 정하는 정비등을 하려고 할 때 받아야 하는 것은?

① 정비조직인증
② 안전성인증
③ 수리, 개조승인
④ 형식승인

해설
항공안전법 제97조(정비조직인증 등)

04 자격증명의 한정을 받은 항공종사자가 한정된 항공기의 종류, 등급 또는 형식 외의 항공기나 한정된 정비업무 외의 항공업무에 종사한 경우 2차 위반시 행정처분은?

① 효력정지 180일
② 효력정지 90일
③ 효력정지 60일
④ 효력정지 30일

해설
항공안전법 시행규칙 제97조 관련, 별표 10 2항 가 7)

05 국토교통부장관은 운항증명 신청이 있는 때에는 며칠 이내에 운항증명검사계획을 수립하여 신청인에게 통보하여야 하는가?

① 5일
② 7일
③ 10일
④ 15일

해설
항공안전법 시행규칙 제257조(운항증명의 신청 등) 제2항

06 운항증명 신청 시에 제출해야 할 서류가 아닌 것은?

① 부동산을 사용할 수 있음을 증명하는 서류
② 지속감항정비 프로그램
③ 비상탈출절차교범
④ 최소장비목록 및 외형변경목록

[정답] 01 ① 02 ① 03 ① 04 ③ 05 ③ 06 ①

해설

항공안전법 시행규칙 제257조 관련, 별표 32(운항증명 신청 시에 제출할 서류)

07 국제항공운송사업자가 운항증명을 받으려는 경우 운항증명 신청서를 제출해야 하는 기일은?

① 운항개시 예정일 30일 전까지
② 운항개시 예정일 60일 전까지
③ 운항개시 예정일 90일 전까지
④ 운항개시 예정일 120일 전까지

해설

항공안전법 시행규칙 제257조(운항증명의 신청 등)

08 운항증명의 검사 기준서류가 아닌 것은?

① 조직·인력의 구성, 업무분장 및 책임
② 종사자 훈련 교과목 운영 계획
③ 지상의 고정 및 이동 시설, 장비
④ 항공법규 준수의 이행 서류

해설

항공안전법 시행규칙 제258조 관련, 별표 33(운항증명의 검사기준)

09 국내항공운송사업 또는 국제항공운송사업자의 운항증명을 위한 검사의 구분은?

① 상태검사, 서류검사 ② 현장검사, 서류검사
③ 상태검사, 현장검사 ④ 현장검사, 시설검사

해설

항공안전법 시행규칙 제258조(운항증명을 위한 검사기준)

10 운항증명을 위한 검사기준 중 현장검사 기준이 아닌 것은?

① 지상의 고정 및 이동 시설·장비 검사
② 조직 및 인력의 구성, 업무분장 및 책임
③ 정비검사 시스템의 운영
④ 운항통제조직의 운영

해설

항공안전법 시행규칙 제258조 관련, 별표 33(운항증명의 검사기준)

11 운영기준 변경시 언제부터 적용되는가?

① 변경 후 바로
② 국토교통부장관이 고시한 날
③ 30일 후
④ 70일 후

해설

항공안전법 시행규칙 제261조(운영기준의 변경 등) 제2항

12 다음 중 정비규정에 포함되어야 할 사항이 아닌 것은?

① 항공기의 운용방법 및 한계
② 정비시설에 관한 사항
③ 정비에 종사하는 사람의 훈련방법
④ 정비를 하려는 범위

해설

항공안전법 시행규칙 제266조 관련, 별표 37(정비규정에 포함되어야 할 사항)

[정답] 07 ③ 08 ③ 09 ② 10 ② 11 ③ 12 ①

13 다음 중 정비규정에 포함되어야 할 사항이 아닌 것은?

① 직무능력 평가
② 정비에 종사하는 자의 훈련방법
③ 항공기 등의 품질관리 절차
④ 항공기를 정비하는 자의 직무와 정비조직

> 해설

항공안전법 시행규칙 제266조 관련, 별표 37(정비규정에 포함되어야 할 사항)

14 다음 중 정비규정에 포함되어야 할 사항이 아닌 것은?

① 중량 및 평형 계측절차
② 정비에 종사하는 사람의 훈련방법
③ 중량 및 균형관리
④ 정비 및 검사프로그램

> 해설

항공안전법 시행규칙 제266조 관련, 별표 37(정비규정에 포함되어야 할 사항)

15 정비규정에 포함되어야 할 사항 중 틀린 것은?

① 항공기 등의 기술관리 절차
② 항공기 운항정보
③ 감항성을 유지하기 위한 정비 및 검사 프로그램
④ 항공기등 및 부품등의 정비방법 및 절차

> 해설

항공안전법 시행규칙 제266조 관련, 별표 37(정비규정에 포함되어야 할 사항)

16 정비규정에 포함되어야 할 사항이 아닌 것은?

① 정비종사자의 훈련방법
② 중량 및 평형 계측절차
③ 항공기 등의 품질관리 절차
④ 직무 적성검사

> 해설

항공안전법 시행규칙 제266조 관련, 별표 37(정비규정에 포함되어야 할 사항)

17 다음 중 정비규정에 포함되어야 할 사항이 아닌 것은?

① 항공기 운항정보
② 항공기 등의 품질관리 절차
③ 항공기 감항성을 유지하기 위한 정비 및 검사 프로그램
④ 항공기등 및 부품등의 정비방법 및 절차

> 해설

항공안전법 시행규칙 제266조 관련, 별표 37(정비규정에 포함되어야 할 사항)

18 정비규정에 포함되어야 할 사항 중 틀린 것은?

① 정비사의 직무능력 평가
② 정비에 종사하는 자의 훈련방법
③ 항공기체, 추진계통의 신뢰성관리 절차
④ 항공기 및 부품 등의 정비에 관한 품질관리 방법 및 절차

> 해설

항공안전법 시행규칙 제266조 관련, 별표 37(정비규정에 포함되어야 할 사항)

[정답] 13 ① 14 ③ 15 ② 16 ④ 17 ① 18 ①

19 정비규정에 포함되어야 할 사항 중 틀린 것은?

① 정비사의 직무능력 평가
② 정비에 종사하는 자의 훈련방법
③ 항공기 등의 품질관리 절차
④ 항공기 등의 기술관리 절차

해설

항공안전법 시행규칙 제266조 관련, 별표 37(정비규정에 포함되어야 할 사항)

20 정비조직인증을 받고자 하는 경우 정비조직인증 신청서에 정비조직 절차교범을 첨부하여 제출하여야 한다. 다음 중 정비조직 절차교범에 기재하여야 할 사항이 아닌 것은?

① 정비에 종사하는 자의 훈련방법
② 수행하고자 하는 업무의 범위
③ 정비방법 및 절차
④ 기술관리 및 품질관리의 방법과 절차

해설

항공안전법 시행규칙 제271조(정비조직인증의 신청)

21 다음 중 정비조직인증을 취소하여야 하는 경우는?

① 승인을 받지 아니하고 국토교통부령으로 정하는 중요사항을 변경한 경우
② 정당한 사유없이 정비조직인증기준을 위반한 경우
③ 고의 또는 중대한 과실에 의하여 항공기사고가 발생한 경우
④ 부정한 방법으로 정비조직인증을 받은 경우

해설

항공안전법 제98조(정비조직인증의 취소 등) 제1항

22 다음 중 정비조직인증을 취소하여야 하는 경우는?

① 정비조직인증 기준을 위반한 경우
② 고의 또는 중대한 과실에 의하여 항공기 사고가 발생한 경우
③ 승인을 받지 아니하고 항공안전관리시스템을 운용한 경우
④ 부정한 방법으로 정비조직인증을 받은 경우

해설

항공안전법 제98조(정비조직인증의 취소 등)

23 정비조직인증을 받은 자의 과징금 부과에 대한 설명으로 맞는 것은?

① 효력정지처분에 갈음하여 50억원 이하의 과징금을 부과할 수 있다.
② 중대한 규정 위반시에는 효력정지처분과 더불어 과징금을 부과한다.
③ 부득이하게 효력정지를 할 수 없을 때에는 과징금으로 대처한다.
④ 과징금을 기간 이내에 납부하지 않으면 국토교통부령에 의하여 이를 징수한다.

해설

항공안전법 제99조(정비조직인증을 받은 자에 대한 과징금의 부과)

[**정답**] 19 ① 20 ① 21 ④ 22 ④ 23 ③

항공안전법
외국항공기

제100조 외국항공기의 항행/국내사용

1. 외국 국적을 가진 항공기 사용자가 항행하려면 국토교통부장관의 허가 필요

(1) 외국항공기의 국토교통부장관의 허가가 필요한 항행
① 영공 밖에서 이륙하여 대한민국에 착륙하는 항행
② 대한민국에서 이륙하여 영공 밖에 착륙하는 항행
③ 영공 밖에서 이륙하여 영공을 통과하여 영공 밖에 착륙하는 항행

(2) 외국의 군, 세관, 경찰용 항공기는 외국항공기에 포함
: 국토교통부장관이 요구하는 경우 즉시 지정한 비행장에 착륙해야 함

2. 외국항공기의 국내사용

외국 국적을 가진 항공기는 대한민국 각 지역 간을 운항해서는 아니 된다.
※「항공사업법」제54조 및 제55조에 따라 외국인의 국내항공운송사업 허가를 받은 항공기는 제외

(1) 외국항공기의 항행 허가신청/변경신청
① 운항 예정일 2일 전까지 외국항공기 항행허가 신청서를 지방항공청장에게 제출
② 영공통과 허가신청서를 항공교통본부장에게 제출
③ 외국항공기의 항행허가 변경신청 : 운항 예정일 2일 전까지 변경신청서 제출

(2) 외국항공기의 국내사용 허가신청/변경신청 : 예정일 2일 전까지

(3) 외국국적의 항공기에 대하여 외국정부가 한 증명·면허 인정
※외국정부 :「국제민간항공협약」의 표준방식 및 절차를 채용하는 협약 체결국
항공기 등록증명, 감항증명, 항공종사자의 자격증명, 항공신체검사증명, 계기비행증명, 항공영어구술능력증명

(4) 외국인 국제항공운송사업자에 대한 운항증명승인
「항공사업법」제54조에 따라 외국인 국제항공운송사업 허가를 받으려는 자는 그 국가에서 발급받은 운항증명과 운항조건·제한사항을 정한 운영기준에 대하여 운항증명승인을 받아야 함

① 운항 개시 예정일 60일 전까지 운항증명승인 신청서 제출
② 운항증명승인서 발급 : 운항하려는 항공로, 공항 등에 관하여 운항조건·제한사항을 포함하여 발급
③ 노선의 개설에 따른 운항증명승인 또는 운항조건·제한사항 변경된 경우 : 변경승인 필요
※ 변경사항이 발생하면 30일 이내에 그 변경의 내용 및 사유를 제출해야 함

(5) 외국인 국제항공운송사업자 항공기에 대하여 검사 수행
① 중대한 위험을 초래할 수 있는 사항이 발견되었을 때에는 운항정지 또는 항공종사자의 업무정지할 수 있음
② 정지처분의 사유가 없어진 경우 : 그 처분을 취소하거나 변경해야 함

3. 외국인 국제항공운송사업자 준수사항

(1) 항공기 운항시 탑재해야 하는 서류
① 운항증명승인서와 운항조건·제한사항을 정한 서류
② 외국정부가 발급한 운항증명 사본 및 운영기준 사본
③ 「국제민간항공협약」 등에 따라 항공기에 신고 운항하여야 할 서류 등

(2) 정기 또는 수시 검사대상
① 검사에서 중대한 위험을 초래할 수 있는 사항이 발견되었을 때에는 운항정지 또는 항공종사자 업무정지
② 정지처분의 사유가 없어지면 그 처분은 취소

(3) 외국인 국제항공운송사업자의 항공기에 탑재하는 서류
① 운항증명승인서와 운항조건·제한사항을 정한 서류
② 운항증명 사본 및 운영기준 사본
③ 항공기 등록증명서, 감항증명서, 탑재용 항공일지
④ 운용한계 지정서 및 비행교범
⑤ 운항규정(항공기 등록국가가 발행한 경우만 해당한다)
⑥ 소음기준적합증명서
⑦ 각 승무원의 유효한 자격증명(조종사 비행기록부를 포함한다)
⑧ 무선국 허가증명서(radio station license)
⑨ 탑승한 여객의 성명, 탑승지 및 목적지가 표시된 명부(passenger manifest)
⑩ 수송화물의 목록(cargo manifest) 세부 화물신고서류(detailed declarations of the cargo)
⑪ 해당 국가의 항공당국 간에 체결한 항공기 등의 감독 의무에 관한 이전협정서 사본(임대차 항공기)

4. 외국인국제항공운송사업자의 운항취소/정지

(1) 운항증명승인 취소
① 거짓이나 그 밖의 부정한 방법으로 승인 받은 경우
② 운항 정지기간에 운항한 경우

(2) 운항 정지 : 6개월 이내
① 운항증명승인을 받지 아니하고 운항한 경우
② 운항조건·제한사항을 준수하지 아니한 경우
③ 변경승인을 받지 아니하고 운항한 경우
④ 명령에 따르지 아니한 경우

5. 규정준용

(1) 항공안전 의무보고 및 자율보고 법규 준용
(2) 외국국가에서 발급받은 운항증명과 운항조건·제한사항을 정한 운영기준에 대하여 국토교통부장관이 실시하는 운항안전성 검사를 받아야 함

제8장 외국항공기 기출문제풀이

01 외국 국적의 항공기가 국토교통부 장관의 허가를 받아 항행하는 경우가 아닌 것은?

① 대한민국 밖에서 이륙하여 대한민국 밖에 착륙하는 항행
② 영공 밖에서 이륙하여 대한민국 안에 착륙하는 항행
③ 대한민국 안에서 이륙하여 영공 밖에 착륙하는 항행
④ 영공 밖에서 이륙하여 대한민국에 착륙함이 없이 영공을 통과하여 영공 밖에 착륙하는 항행

해설

항공안전법 제100조(외국항공기의 항행) 제1항

02 외국 항공기를 국내에서 사용하기 위해서는 어떻게 하여야 하는가?

① 국토교통부장관의 허가를 받아야 한다.
② 국토교통부장관의 승인을 받아야 한다.
③ 지방항공청장의 허가를 받아야 한다.
④ 지방항공청장의 승인을 받아야 한다.

해설

항공안전법 제101조(외국항공기의 국내사용)

03 외국항공기 항행허가 신청서에 기재하여야 할 사항이 아닌 것은?

① 항공기의 등록부호, 형식 및 식별부호
② 항행의 목적
③ 여객의 성명, 국적 및 여행의 목적
④ 목적 비행장 및 총예상 소요비행시간

해설

항공안전법 시행규칙 제274조 관련, 별지 제100호 서식의 외국항공기 항행허가 신청서 참조

04 외국항공기를 국내에서 운항하려는 경우 외국항공기 국내사용허가 신청서를 며칠 전까지 지방항공청장에게 제출하여야 하는가?

① 운항개시 예정일 전까지
② 운항개시 예정일 2일 전까지
③ 운항개시 예정일 7일 전까지
④ 운항개시 예정일 15일 전까지

해설

항공안전법 시행규칙 제276조(외국항공기의 국내사용허가 신청)

[정답] 01 ① 02 ① 03 ④ 04 ②

제9장 항공안전법 경량항공기

제108조 경량항공기 안전성인증

1. 안전성인증
   (1) 경량항공기를 소유하거나 사용할 수 있는 권리가 있는 자는 비행안전을 위한 기술상의 기준에 적합하다는 안전성인증을 받아야 함
   (2) 안전성 인증을 위한 제출 서류
      ① 해당 경량항공기에 대한 소개서
      ② 설계가 경량항공기 기술기준에 충족함을 입증하는 서류
      ③ 설계도면과 일치되게 제작되었음을 입증하는 서류
      ④ 완성후 상태, 지상기능점검 및 성능시험 결과 확인할 수 있는 서류
      ⑤ 조종절차 및 안전성 유지를 위한 정비방법을 명시한 서류
      ⑥ 경량항공기 사진(전체 및 측면사진)
      ⑦ 시험비행계획서

2. 안전성인증을 할 때에는 안전성인증 등급을 부여하고, 그 등급에 따른 운용범위(별표 40)를 지정한다.
   (1) 안전성인증 등급에 따른 운용범위를 준수하여 비행하여야 한다.
   (2) 안전성인증 등급
      ① 제1종 : 경량항공기 기술기준에 적합하게 완제형태로 제작된 경량항공기
      ② 제2종 : 경량항공기 기술기준에 적합하게 조립형태로 제작된 경량항공기
      ③ 제3종 : 제작자로부터 경량항공기 기술기준에 적합함을 입증하는 서류를 발급받지 못한 경량항공기
      ④ 제4종 :
         가. 수리·개조지침을 따르지 아니하고 수리/개조하여 원형이 변경된 경량항공기로서 제한된 범위에서 비행이 가능한 경량항공기
         나. 1종~3종 외에 제한된 범위에서 비행이 가능한 경량항공기

3. 경량항공기의 정비 확인

(1) 경량항공기 또는 그 장비품·부품을 정비한 경우에는 항공정비사 자격증명을 가진 사람으로부터 안전하게 운용할 수 있다는 확인을 받아야 비행가능
※ 경미한 정비는 제외 : 시행규칙 별표41

(2) 정비확인을 위한 기준문서
  ① 해당 경량항공기 제작자가 제공하는 최신의 정비교범 및 기술문서
  ② 경량항공기 소유자등이 안전성인증 검사를 받을 때 제출한 검사프로그램
  ③ 그 밖에 국토교통부장관이 정하여 고시하는 기준에 부합하는 기술자료

4. 안전성인증 예외

(1) 연구·개발 중에 있는 경량항공기의 시험비행을 하는 경우
(2) 안전성인증을 받은 경량항공기의 성능 향상을 위하여 운용한계를 초과하여 시험비행을 하는 경우
(3) 그 밖에 국토교통부장관이 필요하다고 인정하는 경우

5. 안전성인증 기관 : 항공안전기술원

제109조 경량항공기 조종사 자격증명

1. 응시자격 : 시행규칙 별표4
경량항공기 조종사 자격증명을 받을 수 없는 연령 : 17세 미만

2. 경량항공기 조종사 자격증명 시험 또는 한정심사 절차
항공기 절차와 동일 : 제75조~제77조 , 제81조~제89조를 준용

제110조 경량항공기 조종사 업무범위

경량항공기 조종사 자격증명을 받은 자는 경량항공기 조종업무 외의 업무를 해서는 아니 된다
※ 예외) 국토교통부장관의 허가를 받은 경우 아래업무 수행 가능
  • 새로운 종류의 경량항공기에 탑승하여 시험비행을 하는 경우
  • 국내에 최초로 도입되는 경량항공기 교관으로 훈련을 하는 경우
  • 그 밖에 국토교통부장관이 필요하다고 인정하는 경우

제111조 경량항공기 조종사 자격증명의 한정

한정을 받은 사람은 한정받은 경량항공기 종류 외의 경량항공기를 조종해서는 아니 된다.

경량항공기 종류
① 타면조종형비행기　　② 체중이동형비행기
③ 경량헬리콥터　　　　④ 자이로플레인
⑤ 동력패러슈트

제112조 경량항공기 조종사 자격증명 시험의 실시 및 면제

1. **자격증명시험 구분** : 학과시험 및 실기시험에 합격하여야 한다.
   경량항공기 탑승경력 등을 심사하며, 종류에 대한 최초의 자격증명의 한정은 실기시험으로 심사할 수 있다.

2. **시험 및 심사의 전부 또는 일부를 면제받을 수 있는 사람**
   (1) 운송용/사업용/자가용/부조종사 자격증명 또는 외국정부로부터 경량항공기 조종사 자격증명을 받은 사람
   (2) 경량항공기 전문교육기관의 교육과정을 이수한 사람
   (3) 해당 분야에 관한 실무경험이 있는 사람

제112조의 2 경량항공기 조종사 자격증명 대여 등 금지

1. 누구든지 다른 사람의 성명을 사용하여 경량항공기 조종업무를 수행(하게)하거나, 또는 다른 사람의 경량항공기 조종사 자격증명서를 빌리거나 빌려주어서는 아니 됨(자격증명 취소 사유)
2. 누구든지 위 금지된 행위를 알선하여서는 아니 됨(자격증명 취소 사유)

제113조 경량항공기 조종사의 항공신체검사증명

1. 경량항공기 조종사 자격증명을 받고 항공신체검사증명을 받아야 한다.
2. 항공기에 대한 법(제40조 2항~6항), 시행규칙(제92조~제96조) 준용

제114조 자격증명등·항공신체검사증명의 취소 또는 효력정지

1. 자격증명 취소

    (1) 거짓이나 그 밖의 부정한 방법으로 자격증명등을 받은 경우
    (2) 자격증명등의 효력정지기간에 경량항공기 조종업무에 종사한 경우
    (3) 취소 또는 1년이내 효력정지(항공안전법 제114조 원문참조)

2. 신체검사증명

    (1) **취소** : 거짓이나 그 밖의 부정한 방법으로 항공신체검사증명을 받은 경우
    (2) **취소 또는 1년이내 효력정지**
        ① 자격증명의 종류별 항공신체검사증명의 기준에 맞지 아니하게 되어 경량항공기 조종업무를 수행하기에 부적합하다고 인정되는 경우
        ② 법114조 1항 10호~12호(주류등 섭취)의 어느 하나에 해당하는 경우

3. 행정처분기준 : 시행규칙 별표42

4. 행정처분 관리

    (1) 국토교통부장관은 경량항공기 조종사등 행정처분 대장 작성 관리
    (2) 전자적 처리가 가능한 방법으로 작성·관리
    (3) 처분내용 교통안전공단 이사장 또는 한국항공우주의학협회에 통지

제115조 경량항공기 조종교육증명

경량항공기 조종교육을 하려는 사람은 조종교육증명을 받아야 한다.

1. 조종교육 대상

    (1) 경량항공기 조종사 자격증명을 받지 아니한 사람이 조종연습
    (2) 경량항공기 조종사 자격증명을 받은 사람이 한정 받은 종류 외의 경량항공기에 탑승하여 하는 조종연습

2. 조종교육 내용 : 이륙조작·착륙조작 또는 공중조작의 실기교육

3. 조종교육증명을 받은 자에 대한 정기적(2년내) 안전교육

   (1) 항공법령의 개정사항
   (2) 기상정보 획득 및 이해
   (3) 경량항공기 사고사례

제116조 경량항공기 조종연습

1. **조종연습을 하려는 자**

   국토교통부장관 허가를 받고, 조종교육증명을 받은 사람의 감독 하에 조종연습

2. **조종연습 허가 신청을 하고, 조종연습허가서를 발급 받는다**

   조종연습을 할 때에는 조종연습허가서, 항공신체검사증명서를 지녀야 한다.

제117조 경량항공기 전문교육기관의 지정

1. **경량항공기 전문교육기관을 지정 목적 : 경량항공기 조종사 양성**

   국가 예산 일부 또는 전부 지원 가능

2. **전문교육기관 지정 신청**

   (1) 교육과목 및 교육방법
   (2) 교관 현황(교관의 자격·경력 및 정원)
   (3) 시설 및 장비의 개요
   (4) 교육평가방법
   (5) 연간 교육계획
   (6) 교육규정

3. **지정기준에 적합한 지 여부를 심사 : 1년 마다**

4. **전문교육기관 지정 취소 사유**

   (1) 거짓이나 그 밖의 부정한 방법으로 지정받은 경우
   (2) 교육과목, 교육시간을 이행하지 아니한 경우
   (3) 교관 확보기준을 위반한 경우
   (4) 시설 및 장비 확보기준을 위반한 경우
   (5) 교육과정명, 교육생 정원, 학사운영보고, 기록유지 기준을 위반한 경우

제118조 경량항공기 이륙·착륙 장소

1. 경량항공기를 비행장 또는 이착륙장이 아닌 곳에서 이착륙 금지

   ※ 예외, 비상상황 등 불가피한 사유가 있는 경우로서 허가를 받은 경우
   - 경량항공기의 비행 중 계기 고장, 연료 부족 등의 비상상황이 발생하여 신속하게 착륙하여야 하는 경우
   - 항공기의 운항 등으로 비행장 및 이착륙장을 사용할 수 없는 경우
   - 경량항공기가 이륙·착륙하려는 장소 주변 30킬로미터 이내에 비행장 또는 이착륙장이 없는 경우

2. 불가피한 사유가 있는 경우로서 착륙의 허가를 받으려는 자는 무선통신 등을 사용하여 국토교통부장관에게 착륙 허가를 신청하여야 한다. 이 경우 국토교통부장관은 특별한 사유가 없으면 허가하여야 한다.

3. 30킬로미터 이내에 비행장 또는 이착륙장이 없는 경우에는 허가신청서를 검토하여 안전에 지장이 없다고 인정되는 경우에는 6개월 이내의 기간을 정하여 허가하여야 한다.

제119조 경량항공기 무선설비 등의 설치·운용 의무

무선교신용 장비, 항공기 식별용 트랜스폰더

1. 초단파(VHF) 또는 극초단파(UHF) 무선전화 송수신기 1대
2. 2차 감시 항공교통관제 레이더용 트랜스폰더(Mode 3/A 및 Mode C SSR transponder) 1대(기압고도에 관한 정보를 제공)

제120조 경량항공기 조종사 준수사항

1. 금지사항

   (1) 인명이나 재산에 위험을 초래할 우려가 있는 낙하물 투하 금지
   (2) 인구가 밀집된 지역 상공에서 위험을 초래할 우려가 있는 비행 금지
   (3) 안개 등으로 지상을 육안으로 식별할 수 없는 상태에서 비행 금지
   (4) 비행시정 및 구름으로부터의 거리 기준을 위반하는 비행 금지
   (5) 일몰 후부터 일출 전까지의 야간에 비행 금지
   (6) 평균해면으로부터 1,500미터(5천피트) 이상으로 비행 금지(교통관제기관의 허가를 받은 경우는 제외)

(7) 동승한 사람의 낙하산 강하 금지
(8) 그 밖에 곡예비행 등 비정상적인 방법으로 비행하는 행위 금지

2. 조종사는 항공기를 육안으로 식별하여 피할 수 있도록 주의하여 비행

3. 동력을 이용하지 아니하는 초경량비행장치에 진로 양보

4. 탑재용 항공일지를 경량항공기 안에 탑재
   : 항공에 사용하거나 개조 또는 정비한 경우 항공일지에 기록

5. 항공레저스포츠사업에 종사하는 경량항공기 조종사 준수사항
   (1) 비행 전에 해당 경량항공기의 이상유무 점검, 이상이 있을 경우에는 비행 중단
   (2) 비행 전에 비행안전을 위한 주의사항을 동승자에게 충분히 설명할 것
   (3) 제작자가 정한 최대이륙중량 초과 금지
   (4) 이륙 또는 착륙 거리기준을 충족하는 활주로를 이용
   (5) 동승자 인적사항(성명, 생년월일 및 주소) 기록 유지할 것

6. 경량항공기사고를 일으킨 조종사 또는 소유자등의 보고 사항
   (1) 지방항공청장에 보고
   (2) 조종사 및 그 경량항공기의 소유자등의 성명 또는 명칭
   (3) 사고가 발생한 일시 및 장소
   (4) 경량항공기의 종류 및 등록부호
   (5) 사고의 경위
   (6) 사람의 사상 또는 물건의 파손 개요
   (7) 사상자의 성명 등 사상자의 인적사항 파악을 위하여 참고가 될 사항

제121조 경량항공기에 대한 준용규정

1. 경량항공기의 등록 등에 관하여는 제7조~제18조 규정을 준용
2. 주류등의 섭취·사용 제한에 관하여는 제57조를 준용
3. 경량항공기의 비행규칙에 관하여는 제67조를 준용
4. 경량항공기의 비행제한에 관하여는 제79조를 준용
5. 경량항공기에 대한 항공교통관제 업무 지시에 관하여는 제84조를 준용
6. 시행규칙 제12조~제17조, 제129조, 제161조~제170조, 제172조~제175조, 제182조~제188조, 제190조~제196조, 제198조, 제222조, 제247조, 제248조를 준용

제10장 항공안전법 초경량비행장치

제122조 초경량비행장치 신고

1. **초경량비행장치 신고**

    (1) 안전성인증을 받기 전까지(초경량비행장치를 소유하거나 사용할 수 있는 권리가 있는 날부터 30일 이내) 지방항공청장에게 신고시 제출서류

    ① 초경량비행장치를 소유/권리 증명 서류

    ② 초경량비행장치의 제원 및 성능표

    ③ 가로 15센티미터, 세로 10센티미터의 측면사진

    (2) 신고받은 날로부터 7일 이내에 신고·수리여부를 신고인에게 통지

    (3) 지방항공청장은 신고증명서를 발급

    (4) 초경량비행장치소유자등은 비행 시 증명서를 휴대

    (5) 신고증명서의 신고번호를 해당 장치에 표시하여야 함

2. **신고를 필요로 하지 아니하는 초경량비행장치의 범위**

    「항공사업법」에 따른 항공기대여업·항공레저스포츠사업 또는 초경량비행장치사용사업에 사용되지 아니하는 아래의 비행장치

    (1) 행글라이더, 패러글라이더 등 동력을 이용하지 아니하는 비행장치

    (2) 계류식(繫留式) 기구류(사람이 탑승하는 것은 제외)

    (3) 계류식 무인비행장치

    (4) 낙하산류

    (5) 무인동력비행장치 중에서 연료의 무게를 제외한 자체무게(배터리 무게를 포함) 12킬로그램 이하인 것

    (6) 무인비행선 중에서 연료의 무게를 제외한 자체무게가 12킬로그램 이하이고, 길이가 7미터 이하인 것

    (7) 시험·조사·연구 또는 개발을 위하여 제작한 초경량비행장치

(8) 판매되지 아니하고 비행에 사용되지 아니하는 초경량비행장치
(9) 군사목적으로 사용되는 초경량비행장치

제123조 초경량비행장치 변경신고

1. **초경량비행장치 변경 신고 대상**

    (1) 초경량비행장치의 용도 변경
    (2) 초경량비행장치 소유자등의 성명, 명칭 또는 주소
    (3) 초경량비행장치의 보관 장소

2. 변경신고를 받은 날로부터 7일 이내에 신고수리 여부를 신고인에게 통지

3. 초경량비행장치가 멸실되었거나, 해체(정비등, 수송, 보관 제외)한 경우15일 이내에 말소신고

4. 말소신고를 하지 아니하면 국토교통부 장관은 30일 이상 소유자등에게 최고하고, 말소신고를 하지 아니하면 직권으로 신고번호를 말소

제124조 초경량비행장치 안전성인증

1. 초경량비행장치를 사용하여 비행하려는 사람은 국토교통부장관이 정하여 고시하는 비행안전을 위한 기술상의 기준에 적합하다는 안전성인증을 받아야 한다. 이 경우 안전성인증의 유효기간 및 절차·방법 등에 대해서는 국토교통부장관의 승인을 받아야 하며, 변경할 때에도 같다.

2. 성능개량, 연구/개발 중에 있는 초경량비행장치의 안전성 여부를 평가하기 위하여 시험비행을 하는 경우에는 안전성인증을 받기 전에 별도의 허가를 받아서 비행 할 수 있음

3. **초경량비행장치 안전성인증 대상**

    (1) 동력비행장치
    (2) 행글라이더, 패러글라이더, 낙하산류(레저스포츠사업에 사용되는 것만)
    (3) 기구류(사람이 탑승하는 것만 해당한다)
    (4) 무인비행장치
        ① 무인 비행기/헬리콥터/멀티콥터 최대이륙중량이 25kg 초과하는 것
        ② 무인비행선은 자체중량 12kg 초과 또는 길이 7미터 초과하는 것
    (5) 회전익비행장치
    (6) 동력패러글라이더

제125조 초경량비행장치 조종자 증명 등

1. 초경량비행장치를 사용하여 비행하려는 사람은 자격기준 및 시험의 절차·방법에 따라 초경량비행장치 조종자 증명을 받아야 한다.

    (1) 다른 사람에게 자기의 성명을 사용하여 초경량비행장치 조종을 수행하게 하거나, 초경량비행장치 조종자 증명을 빌려주어서는 아니 된다.
    (2) 다른 사람의 성명을 사용하여 초경량비행장치 조종을 수행하거나 다른 사람의 초경량비행장치 조종자 증명을 빌려서는 아니 된다.
    (3) 누구든지 위 금지된 행위를 알선하여서는 아니 된다.

2. **조종자 증명 대상**

    (1) 동력비행장치
    (2) 행글라이더, 패러글라이더, 낙하산류(레저스포츠사업에 사용되는 것만)
    (3) 유인자유기구
    (4) 무인비행장치(초경량비행장치 사용사업에 사용되는 것)
        ① 무인비행기, 무인헬리콥터 또는 무인멀티콥터 중에서 연료의 중량을 포함한 최대이륙중량이 250그램 이하인 것은 제외
        ② 무인비행선은 자체중량 12kg이하이고, 길이 7미터 이하인 것은 제외
    (5) 회전익비행장치
    (6) 동력패러글라이더

3. **초경량비행장치 조종자 증명**

    (1) **취소**
        ① 거짓이나 그 밖의 부정한 방법으로 조종자 증명을 받은 경우
        ② 초경량비행장치의 조종자로서 업무를 수행할 때 고의 또는 중대한 과실로 초경량비행장치사고를 일으켜 인명피해나 재산피해를 발생시킨 경우
        ③ 자격증명을 빌려서 사용하거나 사용하게 한 경우
            가. 다른 사람에게 자기의 성명을 사용하여 초경량비행장치 조종을 수행하게 하거나 초경량비행장치 조종자 증명을 빌려 주는 행위
            나. 다른 사람의 성명을 사용하여 초경량비행장치 조종을 수행하거나 다른 사람의 초경량비행장치 조종자 증명을 빌리는 행위, 안전교육을 받지 아니하고 비행을 한 경우
        ④ 주류등의 섭취 및 사용 여부의 측정 요구에 따르지 아니한 경우
        ⑤ 초경량비행장치 조종자 증명의 효력정지기간에 초경량비행장치를 사용하여 비행한 경우

(2) 취소 또는 1년 이내의 효력의 정지
　① 이 법을 위반하여 벌금 이상의 형을 선고받은 경우
　② 고의 또는 중대한 과실로 인명피해나 재산피해를 발생시킨 경우
　③ 초경량비행장치 조종자 준수사항을 위반한 경우
　④ 주류등의 영향으로 정상적인 비행을 수행할 수 없는 상태에서 비행한 경우
　⑤ 초경량비행장치 비행중 주류등을 섭취하거나 사용한 경우
　⑥ 주류등의 섭취 및 사용 여부의 측정 요구에 따르지 아니한 경우

제126조 초경량비행장치 전문교육기관의 지정 등

국토교통부장관은 초경량비행장치 조종자를 양성하기 위하여 초경량비행장치 전문교육기관을 지정할 수 있다. 국토교통부장관은 예산의 범위에서 전문교육기관이 초경량비행장치 조종자를 양성하는 데 필요한 경비를 지원할 수 있다.

1. 초경량비행장치 전문교육기관 지정기준

　(1) 전문교관이 있을 것
　　① 지도조종자 1명 이상
　　② 실기평가조종자 1명 이상

　(2) 시설 및 장비를 갖출 것
　　① 강의실 및 사무실 각 1개 이상
　　② 이륙·착륙 시설
　　③ 훈련용 비행장치 1대 이상

　(3) 교육과목, 교육시간, 평가방법, 교육훈련규정 등 교육훈련에 필요한 사항

2. 초경량비행장치 전문교육기관의 지정 취소

　(1) 취소 : 거짓이나 그 밖의 부정한 방법으로 지정받은 경우
　(2) 취소 가능 : 초경량비행장치 전문교육기관 지정기준에 미달하는 경우

제127조 초경량비행장치 비행승인

1. **초경량비행장치 비행제한공역** : 비행안전을 위하여 필요하다고 인정하는 경우 초경량비행장치의 비행을 제한

2. **초경량비행장치 비행승인** : 초경량비행장치 비행제한공역에서 비행하려는 사람은 국토교통부장관으로부터 비행승인을 받아야 함

   (1) **초경량비행장치 비행승인 제외되는 비행**
   비행장/이착륙장 중심 반경 3km 이내 지역의 고도 500 ft 이내 범위 비행

   (2) **제외 범위에 있지만 국토교통부장관의 비행승인을 받아야 하는 경우**
   ① 사람 또는 건축물이 밀집된 지역 : 해당 초경량비행장치를 중심으로 수평거리 150미터(500피트) 범위 안에 있는 가장 높은 장애물의 상단에서 150미터 이상에서 비행
   ② 그 외의 지역 : 지표면·수면 또는 물건의 상단에서 150미터 이상
   ③ 관제권과 통제공역중 비행금지구역에서 비행하는 경우

   (3) **비행승인 제외되는 초경량비행장치**
   ① 영 제24조제1호부터 제4호까지의 규정에 해당하는 초경량비행장치
   ※ 항공기대여업, 항공레저스포츠사업, 초경량비행장치사용사업에 사용되지 아니하는 것으로 한정
   　가. 행글라이더, 패러글라이더 등 동력을 이용하지 아니하는 비행장치
   　나. 계류식(繫留式) 기구류(사람이 탑승하는 것은 제외)
   　다. 계류식 무인비행장치
   　라. 낙하산류
   ② 최저비행고도(150미터) 미만의 고도에서 운영하는 계류식 기구
   ③ 관제권, 비행금지/제한 구역 외의 공역에서 비행하는 무인비행장치
   ④ 가축전염병의 예방 또는 확산 방지를 위하여 소독·방역업무 등에 긴급하게 사용하는 무인비행장치
   ⑤ 최대이륙중량이 25kg 이하인 무인동력비행장치
   ⑥ 연료의 중량을 제외한 자체중량이 12kg 이하이고 길이가 7m 이하인 무인비행선
   ⑦ 국토교통부장관이 정하여 고시하는 초경량비행장치

제128조 초경량비행장치 구조 지원 장비 장착 의무

1. **비행제한공역에서 비행하려는 사람이 신속한 구조 활동을 위하여 장착하거나 휴대해야 하는 장비**
   (1) 위치추적이 가능한 표시기 또는 단말기 또는 조난구조용 장비
   (2) 구급의료용품
   (3) 기상정보를 확인할 수 있는 장비
   (4) 휴대용 소화기
   (5) 항공교통관제기관과 무선통신을 할 수 있는 장비

2. 장비장착 예외
    (1) 동력을 이용하지 아니하는 비행장치
    (2) 계류식 기구
    (3) 동력패러글라이더
    (4) 무인비행장치

제129조 초경량비행장치 조종자 준수사항

1. 초경량비행장치의 조종자 금지행위
    (1) 인명이나 재산에 위험을 초래할 우려가 있는 낙하물 투하 행위
    (2) 인구밀집 상공에서 위험을 초래할 우려가 있는 비행하는 행위, 건축물과 충돌할 우려가 있는 방법으로 근접하여 비행하는 행위
    (3) 관제공역·통제공역·주의공역에서 비행하는 행위
        ※ 예외 : 군사목적으로 사용되는 초경량비행장치를 비행하는 행위
        ※ 예외 : 관제권 또는 비행금지구역이 아닌 곳에서 최저비행고도(150미터) 미만의 고도에서 비행하는 행위
        ① 무인 비행기/헬리콥터/멀티콥터 최대이륙중량이 25kg 이하인 것
        ② 무인비행선은 자체중량 12kg 이하 또는 길이 7미터 이하인 것
    (4) 지상목표물을 육안으로 식별할 수 없는 상태에서 비행하는 행위
    (5) 비행시정 및 구름으로부터의 거리기준을 위반하여 비행하는 행위
    (6) 일몰 후부터 일출 전까지의 야간에 비행하는 행위
        ※ 예외 : 최저비행고도(150m) 미만의 고도에서 운영하는 계류식 기구
        ※ 예외 : 시험비행 허가를 받아 비행하는 초경량비행장치
    (7) 주류등의 영향으로 조종업무를 정상적으로 수행할 수 없는 상태에서 조종하는 행위 또는 비행 중 주류등을 섭취하는 행위
    (8) 비행승인시 제시되었던 조건을 위반하여 비행하는 행위
    (9) 그 밖에 비정상적인 방법으로 비행하는 행위
    ※ (4), (5) 는 무인비행장치의 조종자에 대해서는 적용 안함

2. 초경량비행장치의 조종자 준수사항
    (1) 항공기, 경량항공기를 육안 식별하여 피할 수 있도록 주의하여 비행
    (2) 동력을 이용하는 초경량비행장치 조종자는 모든 항공기, 경량항공기, 동력을 이용하지 아니하는 초경량비행장치에 진로를 양보

(3) 해당 무인비행장치를 육안으로 확인할 수 있는 범위에서 조종

(4) 초경량비행장치 조종자는 무인자유기구를 비행시킬 경우 무인자유기구 비행허가 신청서를 작성하여 국토교통부장관의 허가를 받아야 한다.

(5) 초경량비행장치 사고를 일으킨 조종자 또는 그 초경량비행장치 소유자등은 지방항공청장에게 보고하여야 한다.

(6) 무인비행장치를 사용하여 개인의 공적·사적 생활과 관련된 정보를 수집하거나 이를 전송하는 경우 타인의 자유와 권리를 침해하지 아니하도록 하여야 하며 해당 법률에서 정하는 바에 따른다.

(7) 무인비행장치 조종자로서 야간에 비행 등을 위하여 국토교통부장관의 승인을 받은 자는 그 승인 범위 내에서 비행할 수 있다.

※ 이 경우 무인비행장치 특별비행을 위한 안전기준에 적합한지 검사

3. 항공레저스포츠사업에 종사하는 초경량비행장치 조종자 준수사항〈개정 2019. 9. 23.〉

(1) 비행 전에 이상이 있을 경우에는 비행 중단할 것

(2) 비행 전에 비행안전을 위한 주의사항을 동승자에게 충분히 설명할 것

(3) 최대이륙중량 및 풍속 기준을 초과하지 아니하도록 비행할 것

(4) 기록 유지 항목
   ① 탑승자의 인적사항(성명, 생년월일 및 주소)
   ② 사고 발생 시 비상연락·보고체계 등에 관한 사항
   ③ 비행 전·후 점검결과 및 조치에 관한 사항
   ④ 기상정보에 관한 사항
   ⑤ 비행 시작·종료시간, 이륙·착륙장소, 비행경로 등 비행에 관한 사항

(5) 계류식으로 운영되지 않는 기구류 조종자는 항공교통업무기관에 통보
   ① 비행 전 : 비행 시작시간 및 종료예정시간
   ② 비행 후 : 비행 종료시간

> **무인비행장치의 특별비행승인**
>
> 야간에 비행하거나 육안으로 확인할 수 없는 범위에서 비행하려는 자는 무인비행장치 특별비행승인 신청
>
> 1. 무인비행장치의 종류·형식 및 제원에 관한 서류
> 2. 무인비행장치의 성능 및 운용한계에 관한 서류
> 3. 무인비행장치의 조작방법에 관한 서류
> 4. 비행절차, 비행지역, 운영인력 등이 포함된 비행계획서
> 5. 안전성인증서
> 6. 무인비행장치 조종자의 조종 능력 및 경력 등을 증명하는 서류
> 7. 보험 또는 공제 등의 가입을 증명하는 서류
> 8. 그 밖에 국토교통부장관이 정하여 고시하는 서류
>
> 항공안전, 인구밀집도, 사생활 침해, 소음 발생 여부 등 주변 환경을 고려하여 비행일시, 장소, 방법 등을 정하여 승인

제131조의2 무인비행장치의 적용 특례

1. 군용, 경찰용, 세관용 무인비행장치와 관련업무에 종사하는 사람에 대하여는 이 법을 적용하지 아니한다.
2. 국가기관등이 소유하거나 임차한 무인비행장치를 긴급히 비행(훈련 포함)하는 경우에는 조종자 준수사항을 적용하지 아니한다.
   (1) 산불의 진화·예방
   (2) 응급환자를 위한 장기(臟器) 이송 및 구조·구급활동
   (3) 산림 방제(防除)·순찰
   (4) 산림보호사업을 위한 화물 수송
   (5) 대형사고 등으로 인한 교통장애 모니터링
   (6) 시설물 붕괴·전도 등으로 재난·재해 발생 또는 우려시 안전진단
   (7) 풍수해 및 수질오염 등이 발생하는 경우 긴급점검
   (8) 테러 예방 및 대응

제11장 항공안전법 보칙

제132조 항공안전 활동

1. **국토교통부장관은 업무에 관한 보고 또는 서류제출을 요구 할 수 있다.**

   (1) 항공기등, 장비품 또는 부품의 제작 또는 정비등을 하는 자
   (2) 비행장, 이착륙장, 공항, 공항시설, 항행안전시설의 설치자 및 관리자
   (3) 항공종사자, 경량항공기 조종사 및 초경량비행장치 조종자
   (4) 항공교통업무증명을 받은 자
   (5) 항공운송사업자(외국인국제항공운송사업자 및 외국항공기로 유상운송을 하는 자를 포함한다), 항공기사용사업자, 항공기정비업자, 초경량비행장치사용사업자, 항공기대여업자, 항공레저스포츠사업자
   (6) 그 밖에 항공기, 경량항공기, 초경량비행장치 전문교육기관의 설치자 및 관리자

2. **관계 공무원 또는 항공안전에 관한 전문가를 위촉하여 위 각 호의 어느 장소에 출입하여 검사하거나 관계인에게 질문 할 수 있다.**

   (1) 사무소, 공장이나 그 밖의 사업장
   (2) 비행장, 이착륙장, 공항, 공항시설, 항행안전시설, 그 시설의 공사장
   (3) 항공기, 경량항공기 정치장
   (4) 항공기, 경량항공기, 초경량비행장치

3. **항공운송사업자가 취항하는 공항에 대하여 정기적인 안전성검사**

   (1) 항공기 운항·정비 및 지원에 관련된 업무·조직 및 교육훈련
   (2) 항공기 부품과 예비품의 보관 및 급유시설
   (3) 비상계획 및 항공보안사항
   (4) 항공기 운항허가 및 비상지원절차
   (5) 지상조업과 위험물의 취급 및 처리

(6) 공항시설
(7) 국토교통부장관이 항공기 안전운항에 필요하다고 인정하는 사항

4. 검사를 하는 중에 긴급히 조치하지 아니할 경우 안전운항에 중대한 위험을 초래할 수 있는 사항이 발견되었을 때에는 운항 또는 항행안전시설의 운용을 일시 정지하게 하거나 항공종사자, 초경량비행장치 조종자 또는 항행안전시설을 관리하는 자의 업무를 일시 정지하게 할 수 있다.

제133조 항공운송사업자에 관한 안전도 정보의 공개

국민이 항공기를 안전하게 이용할 수 있도록 항공운송사업자에 관한 안전도 정보를 공개하여야 한다.
(1) 최근 5년 이내에 발생한 항공기사고
(2) 국제민간항공기구(ICAO)의 안전평가 결과
   [ICAO에서 안전기준에 미달하여 항공기사고의 위험도가 높은 것으로 공개한 국가만 해당]
(3) 외국정부에서 실시·공개한 항공운송사업자의 항공안전평가 결과
(4) 항공운송사업자별 기령(機齡) 20년 초과 항공기(경년항공기)의 보유 및 운영에 관한 사항(외국인국제항공운송사업자는 제외한다)

제134조 청문

처분을 하려면 청문을 해야하는 사항

(1) 형식증명/형식증명승인/부가형식증명/부가형식증명승인의 취소
(2) 제작증명/감항증명/감항승인/소음기준적합증명의 취소
(3) 기술표준품형식승인/부품등제작자증명의 취소
(4) 자격증명등 또는 항공신체검사증명의 취소 또는 효력정지
(5) 계기비행증명/조종교육증명/항공영어구술능력증명의 취소
(6) 전문교육기관 지정/항공전문의사 지정의 취소 또는 효력정지
(7) 기장자격인정/조종교육증명의 취소
(8) 포장·용기검사기관 지정/위험물전문교육기관 지정의 취소
(9) 항공교통업무증명/운항증명/정비조직인증/운항증명승인의 취소
(10) 경량항공기 전문교육기관 지정/초경량비행장치 조종자 증명의 취소
(11) 초경량비행장치 전문교육기관 지정의 취소

제135조 권한의 위임·위탁

1. 국토교통부장관의 권한 위임·위탁

    (1) 국토교통부장관의 권한 일부를 특별시장·광역시장·특별자치시장·도지사·특별자치도지사, 국토교통부장관 소속기관의 장에게 위임할 수 있다.

    (2) 증명, 승인, 검사에 관한 업무를 전문검사기관을 지정하여 위탁할 수 있다.

    (3) 수리·개조승인에 관한 권한을 중앙행정기관의 장에게 위탁할 수 있다.

    (4) 한국교통안전공단 또는 항공 관련 기관·단체에 위탁할 수 있다.

    (5) 항공의학 관련 전문기관 또는 단체에 위탁할 수 있다.
    ① 항공신체검사증명에 관한 업무
    ② 항공전문의사의 교육에 관한 업무

    (6) 한국교통안전공단 또는 영어평가 관련 전문기관·단체에 위탁할 수 있다.
    항공영어구술능력증명서의 발급에 관한 업무

    (7) 항공안전기술원 또는 항공 관련 기관·단체에 위탁할 수 있다.
    ① 항공기기술기준, 비행규칙, 위험물취급의 절차·방법 및 운항기술기준을 정하기 위한 연구 업무
    ② 항공안전 의무보고의 분석 및 전파에 관한 업무
    ③ 무인비행장치 특별비행을 위한 안전기준에 적합한지 여부 검사 업무

2. 위임 업무

    (1) 지방항공청장에게 위임하는 권한(시행령 제26조)
    ① 표준감항증명(최초의 표준감항증명은 제외)
    ② 특별감항증명(제한형식증명을 받은 최초의 특별감항증명은 제외)
    ③ 항공기의 설계, 제작과정, 완성 후의 상태와 비행성능의 검사 및 운용한계(運用限界)의 지정
    ④ 감항증명의 유효기간 연장, 감항증명서의 발급
    ⑤ 감항증명의 취소 및 효력정지명령
    ⑥ 항공기의 감항성 유지 여부에 대한 수시검사
    ⑦ 감항승인, 감항승인의 취소 및 효력정지명령
    ⑧ 제작자 등이 판매를 목적으로 제작하였으나 판매되지 아니한 것으로서 비행에 사용되지 아니하는 초경량비행장치
    ⑨ 군사목적으로 사용되는 초경량비행장치

(2) 항공교통본부장에게 위임하는 권한(시행령 제26조)

① 항공교통관제사에 대한 항공신체검사명령

② 항공교통관제연습 허가

③ 항공안전관리시스템의 구축·운용

④ 비행중 금지행위에 대한 허가

⑤ 관계 행정기관의 장과의 협조

⑥ 관제, 조언, 정보 제공, 수색구조 정보 제공

⑦ 항공기의 이동·이륙·착륙의 순서 및 시기, 비행의 방법에 대한 지시

⑧ 항공정보의 제공, 항공지도의 발간

⑨ 외국항공기의 항행허가

3. 위탁 업무

(1) 한국교통안전공단에 위탁하는 업무

① 자격증명 시험업무, 한정심사업무, 자격증명서 발급에 관한 업무

② 계기비행증명업무, 조종교육증명업무, 증명서 발급에 관한 업무

③ 항공영어구술능력증명서의 발급에 관한 업무

④ 항공교육훈련통합관리시스템에 관한 업무

⑤ 항공안전 자율보고의 접수·분석 및 전파에 관한 업무

⑥ 경량항공기 조종사 자격증명 시험업무, 자격증명 한정심사업무, 자격증명서의 발급에 관한 업무

⑦ 경량항공기 조종교육증명업무, 증명서의 발급, 경량항공기 조종교육증명을 받은 자에 대한 교육에 관한 업무

⑧ 초경량비행장치 신고의 수리 및 신고번호의 발급에 관한 업무

⑨ 초경량비행장치의 변경신고, 말소신고, 말소신고의 최고와 직권말소 및 직권말소의 통보에 관한 업무

⑩ 초경량비행장치 조종자 증명에 관한 업무

⑪ 실기시험장, 교육장 등 시설의 지정·구축·운영에 관한 업무

⑫ 초경량비행장치 전문교육기관의 지정 및 지정조건의 충족·유지 여부 확인에 관한 업무

⑬ 교육·훈련 등 조종자의 육성에 관한 업무

⑭ 안전투자의 공시에 관한 업무

(2) 항공안전기술원에 위탁하는 업무(시행령 제26조)

①「국제민간항공협약」및 부속서에서 채택된 표준과 권고되는 방식에 따라 항공기기술기준, 비행규칙, 위험물취급의 절차·방법 및 운항기술기준을 정하기 위한 연구 업무

② 항공기등, 부품에 발생한 결함에 관한 연구·분석 업무
③ 항공기사고, 준사고 또는 항공안전장애에 대한 조사결과의 연구·분석
④ 항공안전 의무보고의 분석 및 전파에 관한 업무
⑤ 국제민간항공기구(ICAO) 및 국제기구에서 요구하는 공역/교통관제/항공정보자료 등의 연구·분석·관리에 관한 업무

(3) 전문검사기관에 위탁하는 업무(시행령 제26조)

「형식증명, 제한형식증명, 부가형식증명, 형식증명승인, 부가형식증명승인, 제작증명, 최초의 감항증명/감항증명승인, 기술표준품형식승인, 부품등제작자증명을 위한 검사업무

(4) 중앙행정기관의 장에게 위탁하는 업무(시행령 제26조)

중앙행정기관이 소유하거나 임차한 국가기관등항공기의 수리·개조승인에 관한 권한

시행령 제27조 전문검사기관의 검사규정

항공기등, 장비품, 부품의 증명/승인 검사규정 포함되어야 할 사항
1. 검사업무를 수행하는 기구의 조직 및 인력
2. 검사업무를 사람의 업무 범위 및 책임
3. 검사업무의 체계 및 절차
4. 각종 증명의 발급 및 대장의 관리
5. 검사업무를 수행하는 사람에 대한 교육훈련
6. 기술도서 및 자료의 관리·유지
7. 시설 및 장비의 운용·관리
8. 증명 또는 승인을 위한 검사 결과의 보고에 관한 사항

제11장 보칙
기출문제풀이

01 다음 중 국토교통부장관에게 업무보고를 해야 하는 사람이 아닌 것은?

① 항공정비사
② 항행안전시설 관리직원
③ 공항출입사무소 관리소장
④ 소형항공운송사업자

해설
항공안전법 제132조(항공안전 활동) 제1항

02 국토교통부장관이 감항증명의 취소 처분을 하기 전에 필히 실시하여야 하는 절차는?

① 의견 청취   ② 통보
③ 청문   ④ 공청회

해설
항공안전법 제134조(청문)

03 항공안전 자율보고의 접수, 분석 및 전파는 누가 하는가?

① 국토교통부장관   ② 지방항공청
③ 한국교통안전공단 ④ 교통관제소

해설
항공안전법 제135조(권한의 위임·위탁)

04 감항증명 등의 항공관련업무를 수행하는 전문검사기관은 누가 지정, 고시하는가?

① 대통령   ② 국토교통부장관
③ 지방항공청장   ④ 한국교통안전공단

해설
항공안전법 제135조(권한의 위임·위탁) 제2항

05 항공기 검사기관의 항공기등의 검사에 필요한 업무규정에 포함되어야 할 사항이 아닌 것은?

① 검사업무를 수행하는 기구의 조직 및 인력
② 검사업무를 수행하는 자의 업무범위 및 책임
③ 검사업무를 수행하는 자의 교육훈련 방법
④ 증명 또는 검사업무의 체제 및 절차

해설
항공안전법 시행령 제27조(전문검사기관의 검사규정)

06 다음 중 국토교통부장관이 지방항공청장에게 위임하는 권한은?

① 형식증명에 관한 사항
② 국가기관등 항공기의 수리, 개조 승인
③ 감항증명에 관한 사항
④ 항공신체검사증명에 관한 사항

[**정답**] 01 ③ 02 ③ 03 ③ 04 ② 05 ③ 06 ③

07 국토교통부장관이 권한을 위임할 수 있는 사항이 아닌 것은?

① 감항증명
② 소음기준적합증명에 관한 사항
③ 수리, 개조승인에 관한 사항
④ 형식증명의 검사범위에 관한 사항

해설

항공안전법 시행령 제26조(권한의 위임·위탁)

08 다음 중 국토교통부장관이 교통안전공단에 위탁하지 않은 업무는?

① 항공종사자 자격증명시험 및 자격증명서의 교부에 관한 업무
② 계기비행증명 및 조종교육증명 업무
③ 항공신체검사증명에 관한 업무
④ 항공안전 자율보고의 접수, 분석 및 전파에 관한 업무

해설

항공안전법 시행령 제26조(권한의 위임·위탁) 제5항

09 국토교통부장관이 권한을 위임할 수 있는 사항이 아닌 것은?

① 감항증명
② 소음기준적합증명에 관한 사항
③ 수리, 개조승인에 관한 사항
④ 형식증명의 검사범위에 관한 사항

해설

항공안전법 시행령 제26조(권한의 위임 · 위탁)

10 항공기 전문검사기관이 제정하여 국토교통부장관의 인가를 받아야 하는 것은?

① 검사규정   ② 정비규정
③ 설비인력 및 장비규정 ④ 운항기준

해설

항공안전법 시행령 제27조(전문검사기관의 검사규정)

11 공항에 대한 정기 안전성 검사의 범위가 아닌 것은?

① 항공기 운항, 정비에 관련된 업무, 조직 및 교육훈련
② 항공기 부품과 예비품의 보관시설
③ 항공기 및 그 부품의 정비시설
④ 비상계획 및 항공보안사항

해설

항공안전법 시행규칙 제315조(정기안전성 검사) 제1항

12 항공운송사업자가 취항하고 있는 공항에 대한 정기적인 안전성검사 항목이 아닌 것은?

① 공항 내 비행절차
② 비상계획 및 항공보안사항
③ 항공기부품과 예비품의 보관 및 급유시설
④ 항공기운항, 정비 및 지원에 관련된 업무, 조직 및 교육훈련

[정답] 07 ④ 08 ③ 09 ④ 10 ① 11 ③ 12 ①

해설

항공안전법 시행규칙 제315조(정기안전성 검사) 제1항

13 국내 또는 국제항공운송사업자가 취항하고 있는 공항에 대한 정기적인 안전성검사는 누가 실시하는가?

① 국토교통부장관 ② 항공교통본부장
③ 공항공사사장 ④ 교통안전공단 이사장

해설

항공안전법 시행규칙 제315조(정기안전성 검사) 제1항

14 국토교통부령이 정하는 바에 따라 공항에 대한 정기 안전성검사를 실시하는 공무원이 지녀야 하는 증표는?

① 출입증 ② 공무원증
③ 항공안전감독관증 ④ 검사관증

해설

항공안전법 시행규칙 제315조(정기안전성검사) 제2항

[정답] 13 ① 14 ③

제12장 항공안전법 벌칙

제138조 항행 중 항공기 위험 발생의 죄

항공기, 경량항공기, 초경량비행장치를 항행 중에 추락, 전복, 파괴한 사람(제140조의 죄로 인하여 추락, 전복, 파괴한 사람 포함) : 사형, 무기징역, 5년 이상의 징역에 처한다.

제139조 항행 중 항공기 위험 발생으로 인한 치사·치상의 죄

제138조의 죄를 지어 사람을 사상(死傷)에 이르게 한 사람 : 사형, 무기징역 또는 7년 이상의 징역에 처한다.

제140조 항공상 위험 발생 등의 죄

비행장, 이착륙장, 공항시설, 항행안전시설을 파손하거나 그 밖의 방법으로 항공상의 위험을 발생시킨 사람은 10년 이하의 징역에 처한다.

제141조 미수범

제138조 및 제140조의 미수범은 처벌한다.

제142조 기장 등의 탑승자 권리행사 방해의 죄

1. 직권을 남용하여 항공기에 있는 사람에게 그의 의무가 아닌 일을 시키거나 그의 권리행사를 방해한 기장 또는 조종사는 1년 이상 10년 이하의 징역에 처한다.
2. 폭력을 행사하여 위의 죄를 지은 기장 또는 조종사는 3년 이상 15년 이하의 징역에 처한다.

제143조 기장의 항공기 이탈의 죄

제62조제4항을 위반하여 항공기를 떠난 기장(기장의 임무를 수행할 사람을 포함한다)은 5년 이하의 징역에 처한다.

제144조 감항증명을 받지 아니한 항공기 사용 등의 죄

3년 이하의 징역 또는 5천만원 이하의 벌금
(1) 감항증명 또는 소음기준적합증명을 받지 아니하였거나 취소 또는 정지된 항공기를 운항한 자
(2) 기술표준품형식승인을 받지 않고 제작·판매하거나 사용한 자
(3) 부품등제작자증명을 받지 않고 제작·판매하거나 사용한 자
(4) 수리·개조승인을 받지 않고 운항 또는 항공기등에 사용한 자
(5) 정비등을 한 항공기등, 장비품 또는 부품에 대하여 감항성을 확인받지 아니하고 운항하거나 사용한 자

제144조의2 전문교육기관의 지정 위반에 관한 죄

전문교육기관의 지정을 받지 아니하고 항공종사자를 양성하기 위하여 항공기등을 사용한 자 : 3년 이하 징역 또는 3천만원 이하 벌금에 처한다.

제145조 운항증명 등의 위반에 관한 죄

3년 이하의 징역 또는 3천만원 이하의 벌금
(1) 운항증명을 받지 않고 운항을 시작한 항공운송사업자, 항공기사용사업자
(2) 정비조직인증을 받지 않은 항공기정비업자, 외국의 항공기정비업자

제146조 주류등의 섭취·사용 등의 죄

3년 이하의 징역 또는 3천만원 이하의 벌금
(1) 주류등의 영향으로 업무를 정상적으로 수행할 수 없는 상태에서 그 업무에 종사한 항공종사자(조종연습, 항공교통관제연습 포함) 또는 객실승무원
(2) 업무중에 주류등을 섭취하거나 사용한 항공종사자 또는 객실승무원
(2) 측정에 응하지 아니한 항공종사자 또는 객실승무원

제147조 항공교통업무증명 위반에 관한 죄

1. 항공교통업무증명을 받지 않고 항공교통업무를 제공한 자 : 3년 이하의 징역 또는 3천만원 이하의 벌금
2. 1천만원 이하의 벌금
   (1) 항공교통업무제공체계를 유지하지 아니하거나 항공교통업무증명기준을 준수하지 아니한 자
   (2) 신고를 하지 아니하거나 승인을 받지 아니하고 항공교통업무제공체계를 변경한 자

제148조 무자격자의 항공업무 종사 등의 죄

2년 이하의 징역 또는 2천만원 이하의 벌금
   (1) 자격증명을 받지 아니하고 항공업무에 종사한 사람
   (2) 받은 자격증명의 종류에 따른 업무범위 외의 업무에 종사한 사람
   (3) 효력정지명령을 위반한 사람
   (4) 항공영어구술능력증명을 받지 않고 업무에 종사한 사람

제149조 과실에 따른 항공상 위험 발생 등의 죄

1. 과실로 항공기·경량항공기·초경량비행장치·비행장·이착륙장·공항시설 또는 항행안전시설을 파손하거나, 그 밖의 방법으로 항공상의 위험을 발생시키거나 항행 중인 항공기를 추락 또는 전복시키거나 파괴한 사람 : 1년 이하의 징역 또는 1천만원 이하의 벌금에 처한다.
2. 업무상 과실 또는 중대한 과실로 제1항의 죄를 지은 경우 : 3년 이하의 징역 또는 5천만원 이하의 벌금

제150조 무표시 등의 죄

제18조(항공기 국적 표시)에 따른 표시를 하지 아니하거나 거짓 표시를 한 항공기를 운항한 소유자등은 1년 이하의 징역 또는 1천만원 이하의 벌금에 처한다.

제151조 승무원을 승무시키지 아니한 죄

항공종사자 자격증명이 없는 사람을 승무시키거나, 승무시켜야 할 승무원을 승무시키지 아니한 소유자등 : 1년 이하의 징역 또는 1천만원 이하의 벌금

제152조 무자격 계기비행 등의 죄

2천만원 이하의 벌금

제153조 무선설비 등의 미설치·운용의 죄

2천만원 이하의 벌금

제154조 무허가 위험물 운송의 죄

2천만원 이하의 벌금

제155조 수직분리축소공역에서 승인 없이 운항한 죄

1천만원 이하의 벌금

제156조 항공운송사업자, 항공기사용사업자의 업무 등에 관한 죄

1천만원 이하의 벌금
 (1) 승인을 받지 아니하고 비행기를 운항한 경우
 (2) 규정을 준수하지 아니하고 항공기를 운항하거나 정비한 경우
 (3) 항공운송의 안전을 위한 명령을 이행하지 아니한 경우

제157조 외국인국제항공운송사업자의 업무 등에 관한 죄

1천만원 이하의 벌금
 (1) 서류를 항공기에 싣지 아니하고 운항한 경우
 (2) 항공기 운항의 정지명령을 위반한 경우
 (3) 항공운송의 안전을 위한 명령을 이행하지 아니한 경우

제158조 기장 등의 보고의무 등의 위반에 관한 죄

500만원 이하의 벌금
 (1) 항공기사고·항공기준사고 또는 의무보고 대상 항공안전장애에 관한 보고를 하지 아니하거나 거짓으로 한 자
 (2) 승인을 받지 아니하고 항공기를 출발시키거나 비행계획을 변경한 자

제159조 운항승무원 등의 직무에 관한 죄

1. 500만원 이하의 벌금
   (1) 항공기 이착륙, 비행규칙, 비행중 금지행위 위반한 자
   (2) 항공교통관제업무 지시에 따르지 아니한 자
   (3) 외국항공기 착륙 요구에 따르지 아니한 자
2. 기장 외의 운항승무원이 위의 죄를 지은 경우 기장도 500만원 이하의 벌금

제160조(경량항공기 불법 사용 등의 죄)

1. 3년 이하의 징역 또는 3천만원 이하의 벌금
   (1) 주류등의 영향으로 정상적인 비행을 할 수 없는 상태에서 경량항공기를 사용하여 비행한 사람
   (2) 경량항공기를 비행하는 동안에 주류등을 섭취하거나 사용한 사람
   (3) 측정 요구에 따르지 아니한 사람
2. 경량항공기 조종업무 외의 업무를 한 사람 : 2년 이하의 징역 또는 2천만원 이하의 벌금
3. 안전성인증을 받지 아니한 경량항공기를 사용하여 비행을 한 자 : 1년 이하의 징역 또는 1천만원 이하의 벌금
4. 6개월 이하의 징역 또는 500만원 이하의 벌금
   (1) 경량항공기 조종사 자격증명을 받지 아니하고 비행을 한 사람
   (2) 등록을 하지 아니한 경량항공기를 사용하여 비행을 한 자
   (3) 국적 및 등록기호를 표시하지 않았거나, 거짓 표시하여 비행한 사람
5. 조종교육증명을 받지 아니하고 조종교육을 한 자 : 2천만원 이하 벌금
6. 무선설비를 설치·운용하지 아니한 자 : 500만원 이하의 벌금
7. 300만원 이하의 벌금
   (1) 이륙·착륙 장소가 아닌 곳, 사용이 중지된 이착륙장에서 이륙하거나 착륙한 사람
   (2) 통제공역에서 비행한 사람

제161조 초경량비행장치 불법 사용 등의 죄

1. 3년 이하의 징역 또는 3천만원 이하의 벌금
   (1) 주류등의 영향으로 정상적인 비행을 할 수 없는 상태에서 초경량비행장치를 사용하여 비행한 사람

(2) 비행하는 동안에 주류등을 섭취하거나 사용한 사람
(3) 측정 요구에 따르지 아니한 사람
2. 안전성인증을 받지 아니한 초경량비행장치로 비행한 자, 초경량비행장치 조종자 증명을 받지 아니하고 비행을 한 사람 : 1년 이하의 징역 또는 1천만원 이하의 벌금
3. 초경량비행장치의 신고 또는 변경신고를 하지 아니하고 비행을 한 자 : 6개월 이하의 징역 또는 500만원 이하의 벌금
4. 허가 받지 아니하고 무인자유기구를 비행시킨 사람 : 500만원 이하의 벌금
5. 승인을 받지 아니하고 초경량비행장치 비행제한공역을 비행한 사람 : 200만원 이하의 벌금

제162조 명령 위반의 죄

초경량비행장치사용사업의 안전을 위한 명령을 이행하지 아니한 자 : 1천만원 이하의 벌금

제163조 검사 거부 등의 죄

소속 공무원의 검사 또는 출입을 거부·방해한 자 : 500만원 이하의 벌금

제164조 양벌규정

법인의 대표자, 대리인, 사용인, 종업원이 그 법인/개인의 업무에 관하여 제144조, 제145조, 제148조, 제150조부터 제154조까지, 제156조, 제157조 및 제159조부터 제163조까지의 어느 하나의 위반행위를 하면 그 행위자를 벌하는 외에 그 법인 또는 개인에게도 해당 조문의 벌금형을 과(科)한다. 다만, 법인/개인이 그 위반행위를 방지하기 위하여 상당한 주의와 감독을 게을리하지 아니한 경우에는 그러하지 아니하다.

제165조 벌칙 적용의 특례

제144조, 제156조 및 제163조의 벌칙에 관한 규정을 적용할 때 제92조 제95조 제4항에 따라 과징금을 부과할 수 있는 행위에 대해서는 국토교통부장관의 고발이 있어야 공소를 제기할 수 있으며, 과징금을 부과한 행위에 대해서는 과태료를 부과할 수 없다.

제12장 벌칙

기출문제풀이

01 항행 중인 항공기를 추락 또는 전복시키거나 파괴한 사람에 대한 처벌은?

① 사형, 무기징역 또는 5년 이상의 징역에 처한다.
② 사형, 무기징역 또는 7년 이상의 징역에 처한다.
③ 사형 또는 7년 이상의 징역이나 금고에 처한다.
④ 사형 또는 5년 이상의 징역이나 금고에 처한다.

해설
항공안전법 제138조(항행 중 항공기 위험 발생의 죄) 제1항

02 수리·개조승인 또는 감항증명을 받지 않은 항공기를 운항한 자에 대한 처벌은?

① 3년 이하의 징역 또는 5천만원 이하의 벌금
② 2년 이하의 징역 또는 5천만원 이하의 벌금
③ 3년 이하의 징역 또는 3천만원 이하의 벌금
④ 2년 이하의 징역 또는 3천만원 이하의 벌금

해설
항공안전법 제144조(감항증명을 받지 아니한 항공기 사용 등의 죄)

03 감항증명을 받지 아니하거나 감항증명이 취소된 항공기를 운항한 자의 처벌은?

① 2년 이하의 징역 또는 5,000만원 이하의 벌금에 처한다.
② 2년 이하의 징역 또는 3,000만원 이하의 벌금에 처한다.
③ 3년 이하의 징역 또는 5,000만원 이하의 벌금에 처한다.
④ 3년 이하의 징역 또는 3,000만원 이하의 벌금에 처한다.

해설
항공안전법 제144조(감항증명을 받지 아니한 항공기 사용 등의 죄)

04 수리·개조승인을 받지 않은 항공기를 운항한 자에 대한 처벌은?

① 3년 이하의 징역 또는 5천만원 이하의 벌금
② 2년 이하의 징역 또는 5천만원 이하의 벌금
③ 3년 이하의 징역 또는 3천만원 이하의 벌금
④ 2년 이하의 징역 또는 3천만원 이하의 벌금

해설
항공안전법 제144조(감항증명을 받지 아니한 항공기 사용 등의 죄)

05 주류 등을 섭취한 후 항공업무에 종사한 경우의 벌칙은?

① 2년 이하의 징역 또는 2천만원 이하의 벌금
② 2년 이하의 징역 또는 3천만원 이하의 벌금
③ 3년 이하의 징역 또는 3천만원 이하의 벌금
④ 3년 이하의 징역 또는 4천만원 이하의 벌금

해설
항공안전법 제146조(주류 등의 섭취·사용 등의 죄)

[정답] 01 ① 02 ① 03 ③ 04 ① 05 ③

06 무자격자가 항공업무에 종사한 경우의 처벌은?

① 1년 이하의 징역 또는 1천만원 이하의 벌금
② 1년 이하의 징역 또는 2천만원 이하의 벌금
③ 2년 이하의 징역 또는 1천만원 이하의 벌금
④ 2년 이하의 징역 또는 2천만원 이하의 벌금

해설

항공안전법 제148조(무자격자의 항공업무 종사 등의 죄)

07 항공업무 정지를 받은 자가 항공업무에 종사한 경우의 벌칙은?

① 1년 이하의 징역 또는 1천만원 이하의 벌금
② 2년 이하의 징역 또는 2천만원 이하의 벌금
③ 3년 이하의 징역 또는 3천만원 이하의 벌금
④ 3년 이하의 징역 또는 5천만원 이하의 벌금

해설

항공안전법 제148조(무자격자의 항공업무 종사 등의 죄)

08 효력정지 명령을 받은 사람이 업무범위를 위반하여 항공업무에 종사한 경우 처벌은?

① 2년 이하의 징역 또는 2,000만원 이하의 벌금
② 1년 이하의 징역 또는 2,000만원 이하의 벌금
③ 2,000만원 이하의 벌금
④ 1,000만원 이하의 벌금

해설

항공안전법 제148조(무자격자의 항공업무 종사 등의 죄)

09 기장이 보고의무 등의 위반에 관한 죄를 범했을 경우에는?

① 2년 이하의 징역에 처한다.
② 1천만원 이하의 벌금에 처하다.
③ 1년 이하의 징역에 처한다.
④ 5백만원 이하의 벌금에 처한다.

해설

항공안전법 제158조(기장 등의 보고의무 등의 위반에 관한 죄)

10 항공기준사고 등에 관한 보고를 하지 않았을 경우 벌금은?

① 200만원 이하
② 300만원 이하
③ 400만원 이하
④ 500만원 이하

해설

항공안전법 제158조(기장 등의 보고의무 등의 위반에 관한 죄)

11 항공안전법에 의한 항공정비시설의 검사 또는 출입을 거부하거나 기피한 자에 대한 처벌은?

① 200만원 이하의 벌금
② 300만원 이하의 벌금
③ 400만원 이하의 벌금
④ 500만원 이하의 벌금

해설

항공안전법 제163조(검사 거부 등의 죄)

12 안전성검사를 거부, 방해 또는 기피한 자에 대한 처벌은?

① 3천만원 이하의 벌금
② 1천만원 이하의 벌금
③ 500만원 이하의 벌금
④ 300만원 이하의 벌금

해설

항공안전법 제163조(검사 거부 등의 죄)

[정답] 06 ④ 07 ② 08 ① 09 ④ 10 ④ 11 ④ 12 ③

제3편

공항시설법

1. 제1장 　총칙
2. 제2장 　공항 및 비행장의 개발
3. 제3장 　공항 및 비행장의 관리 운영
4. 제4장 　항행안전시설
5. 제5장 　보칙
+ 제3편 기출문제 풀이

제1장 공항시설법 총칙

제1조 제정 목적

공항·비행장 및 항행안전시설의 설치 및 운영 등에 관한 사항을 정함으로써 항공산업의 발전과 공공복리의 증진에 이바지함을 목적으로 한다.

제2조 용어 정의

1. **비행장** : 항공기·경량항공기·초경량비행장치의 이륙(이수)과 착륙에 사용되는 육지 또는 수면의 일정한 구역. 육상비행장, 육상헬기장, 수상비행장, 수상헬기장, 옥상헬기장, 선상(船上)헬기장, 해상구조물헬기장
2. **비행장시설** : 비행장에 설치된 항공기의 이륙·착륙 시설과 그 부대시설
3. **공항** : 공항시설을 갖춘 공공용 비행장
4. **공항시설** : 공항구역 안/밖에 있는 시설
   (1) 항공기의 이륙/착륙/항행을 위한 시설과 그 부대시설, 지원시설
   (2) 항공 여객/화물의 운송을 위한 시설과 그 부대시설, 지원시설
5. **공항구역** : 공항지역과 공항·비행장개발예정지역중 고시된 지역
6. **비행장구역** : 비행장지역과 공항·비행장개발예정지역 중 고시한 지역
7. **공항·비행장개발예정지역** : 공항 또는 비행장 개발사업을 목적으로 공항 또는 비행장의 개발에 관한 기본계획에 포함하여 고시된 지역
8. **공항운영자** : 공항운영의 권한을 부여받은 자 또는 공항운영의 권한을 위탁·이전 받은 자
9. **활주로** : 항공기 착륙과 이륙을 위하여 공항 또는 비행장에 설정된 구역
10. **착륙대** : 활주로와 활주로 주변에 설치하는 안전지대(직사각형의 지표면/수면)
11. **장애물 제한표면** : 공항 또는 비행장 주변에 항공기의 안전운항을 방해하는 장애물의 설치 등이 제한되는 표면
12. **항행안전시설** : 유선통신, 무선통신, 인공위성, 불빛, 색채 또는 전파(電波)를 이용하여 항공기의 항행을 돕기 위한 시설

13. **항공등화** : 불빛, 색채 또는 형상(形象)을 이용하여 항공기의 항행을 돕기 위한 항행안전시설
14. **항행안전무선시설** : 전파를 이용하여 항공기의 항행을 돕기 위한 시설
15. **항공정보통신시설** : 전기통신을 이용하여 항공교통업무에 필요한 정보를 제공/교환하기 위한 시설
16. **이착륙장** : 비행장 외에 경량항공기 또는 초경량비행장치의 이륙 또는 착륙을 위하여 사용되는 육지 또는 수면의 일정한 구역

공항시설의 구분(공항시설법 시행령 제3조)

1. 기본시설
    (1) 활주로, 유도로, 계류장, 착륙대 등 항공기의 이착륙시설
    (2) 여객터미널, 화물터미널 등 여객시설 및 화물처리시설
    (3) 항행안전시설
    (4) 관제소, 송수신소, 통신소 등의 통신시설, 기상관측시설
    (5) 주차시설 및 경비·보안시설
    (6) 이용객에 대한 홍보시설 및 안내시설

2. 지원시설
    (1) 항공기 및 지상조업장비의 점검·정비 등을 위한 시설
    (2) 운항관리시설, 의료시설, 교육훈련시설, 소방시설 및 기내식 제조·공급
    (3) 공항의 운영 및 유지·보수를 위한 공항 운영·관리시설
    (4) 공항 이용객 편의시설 및 공항근무자 후생복지시설
    (5) 공항 이용객을 위한 업무·숙박·판매·위락·운동·전시 및 관람집회 시설
    (6) 공항교통시설 및 조경시설, 방음벽, 공해배출 방지시설 등 환경보호시설
    (7) 공항과 관련된 상하수도 시설 및 전력·통신·냉난방 시설
    (8) 항공기 급유시설 및 유류의 저장·관리 시설
    (9) 항공화물을 보관하기 위한 창고시설
    (10) 공항의 운영·관리와 항공운송사업에서 필요한 건축물에 부속되는 시설
    (11) 공항과 관련된 신에너지 및 재생에너지 설비

3. 도심공항터미널

4. 헬기장에 있는 여객시설, 화물처리시설 및 운항지원시설

5. 그 밖에 국토교통부장관이 공항의 운영 및 관리에 필요하다고 인정하는 시설

항행안전시설 : 시행규칙 별표3

항공등화시설 : 불빛, 색채, 형상을 이용하여 항행을 돕기 위한 시설
① 비행장 표시등화 : 비행장 등대, 비행장 식별등대, 진입각지시등화
② 활주로 등화 : 활주로등, 활주로 시단등, 활주로 중심선등, 경계등화
③ 유도로 등화 : 유도로등, 유도로 중심선등, 유도로 안내등
④ 이착륙지원등화 : 선회등, 풍향등, 착륙방향 지시등, 장애물 조명등
⑤ 시설안내등화 : 주기장식별표시등, 주기장 안내등, 계류장 조명등

항행안전무선시설
① 거리측정시설(DME)
② 계기착륙시설(ILS/MLS/TLS)
③ 다변측정감시시설(MLAT)
④ 레이더시설(ASR/ARSR/SSR/ARTS/ASDE/PAR)
⑤ 무지향표지시설(NDB), 전방향표지시설(VOR)
⑥ 전술항행표지시설(TACAN)
⑦ 범용접속데이터통신시설(UAT)
⑧ 위성항법감시시설(GNSS Monitoring System)
⑨ 위성항법시설(GNSS/SBAS/GRAS/GBAS)
⑩ 자동종속감시시설(ADS, ADS-B, ADS-C)

항공정보통신시설

항공고정통신시설
① 항공고정통신시스템(AFTN/MHS)   ② 항공관제정보교환시스템(AIDC)
③ 항공정보처리시스템(AMHS)   ④ 항공종합통신시스템(ATN)

항공이동통신시설
① 관제사·조종사간데이터링크 통신시설(CPDLC)
② 단거리이동통신시설(VHF/UHF Radio)
③ 단파데이터이동통신시설(HFDL)
④ 단파이동통신시설(HF Radio)
⑤ 모드 S 데이터통신시설
⑥ 음성통신제어시설(VCCS, 항공직통전화시설 및 녹음시설을 포함한다)
⑦ 초단파디지털이동통신시설(VDL, 항공기출발허가시설 및 디지털공항정보방송시설을 포함한다)
⑧ 항공이동위성통신시설[AMS(R)S]

항공정보방송시설 : 공항정보방송시설(ATIS)

제2장 공항시설법 공항 및 비행장의 개발

제3조 공항개발 종합계획

1. **공항개발 종합계획 수립**

    (1) **목적** : 공항개발사업을 체계적이고 효율적으로 추진

    (2) **작성주기** : 5년 마다

    (3) **계획수립 주체** : 국토교통부

    (4) **종합계획 포함 내용**

    ① 항공 수요의 전망

    ② 국가의 재정지원 규모가 300억원 이상이면서 총사업비 1천억원이상인 비행장 개발에 관한 계획

    ③ 비행장 개발지역의 면적이 20만제곱미터 이상인 비행장 개발 계획

    ④ 투자 소요 및 재원조달방안

    (5) 항공정책기본계획, 국가기간교통망계획 및 중기 교통시설투자계획과 조화를 이루도록 수립하여야 함

    (6) 종합계획을 수립 또는 변경하려는 경우 항공정책위원회의 심의를 거쳐야 함

2. **종합계획의 변경 요건**

    (1) 새로운 공항개발에 관한 사항을 종합계획에 추가하는 경우

    (2) 국가의 재정지원 규모가 300억원 이상이면서 총사업비가 1천억원 이상인 새로운 비행장개발에 관한 사항을 종합계획에 추가하는 경우

    (3) 면적이 당초 계획보다 20만제곱미터 이상 늘어나는 경우

    (4) 500미터 이상의 활주로 신설 또는 기존 활주로가 500미터 이상 늘어나는 경우

    ※ 변경안은 14일 이상 주민이 열람하게 하고 의견을 들어야 함

제4조 공항개발 기본계획

1. **기본계획 수립**

    (1) 공항 또는 비행장을 개발하려면 기본계획을 수립하여야 한다.

    (2) 기본계획 포함 내용

    ① 공항 또는 비행장의 현황 분석 ② 공항 또는 비행장의 수요전망
    ③ 공항·비행장개발예정지역 및 장애물 제한표면
    ④ 공항 또는 비행장의 규모 및 배치 ⑤ 건설 및 운영계획
    ⑥ 재원조달계획 ⑦ 환경관리계획
    ⑧ 그 밖에 공항 또는 비행장 개발 및 운영 등에 필요한 사항

2. **기본계획 변경**

    새로운 활주로의 건설 등 중요한 사항을 변경하려면 기본계획안의 변경을 시·도지사에게 송부하여 14일 이상 일반인에게 공람 시켜야 함

3. **기본계획 변경 요건[시행령 제8조]**

    (1) 당초 계획보다 소규모 환경영향평가를 해야 하는 면적 이상으로 늘어나는 경우(환경영향평가 시행령 제59조)
    (2) 활주로의 신설을 추가하는 경우
    (3) 활주로의 길이 변경을 추가하는 경우

4. **공항개발 기본계획을 수립하지 않아도 되는 경미한 개발사업의 범위 [시행령 제8조]**

    (1) 기존의 공항구역 또는 비행장구역 내에서 시행하는 개발사업
    (2) 소규모 환경영향평가를 실시하는 면적 미만인 개발사업
    (3) 제2조제2호부터 제7호 비행장(수상, 헬기)에 관한 비행장개발사업
    (4) 그 밖에 국토교통부장관이 수립할 필요가 없다고 인정하는 개발사업

제5조 공항개발 기술심의위원회

1. **기술심의위원회 목적** : 개발사업에 따른 건설기술·교통영향 등에 관한 중요사항 심의

2. **기술심의위원회 구성**

    (1) 위원장을 포함한 100명 이내의 위원을 국토교통부장관이 임명 또는 위촉

① 개발사업 업무와 관련된 5급 이상 공무원
② 공공기관의 임원
③ 공항/건축/소방/환경 분야의 전문적 학식과 경험이 풍부한 사람

(2) 위원의 임기는 2년

3. 공항개발기술심의위원회의 기능

(1) 개발사업에 관한 실시계획의 수립 또는 승인
(2) 개발사업에 대한 특수기술 또는 특수장치에 관한 사항
(3) 시설의 구조 및 형태에 관한 사항
(4) 통합발주에 관한 사항
(5) 그 밖에 건설공사의 설계 및 시공의 적정성 등에 관한 사항

4. 기술심의위원회 위원의 제척·기피·회피 : 공역위원회와 동일

5. 위원의 해임 및 해촉 : 공역위원회와 동일

제6조 개발사업의 시행

1. 개발사업은 국토교통부장관이 시행

2. 그 외의 자가 개발사업을 시행하려면 : 국토교통부장관의 허가

3. 시설의 개량 등 개발사업 중 경미한 개발사업 : 국토교통부장관 허가 불필요

4. 개발사업의 허가 기준

(1) 개발사업 내용이 종합계획 및 기본계획과 조화를 이룰 것
(2) 개발사업을 수행하는 데 필요한 재무능력 및 기술능력이 있을 것

5. 개발사업을 허가할 때 토지 및 시설을 국가에 귀속시킬 조건으로 할 수 있음

개발사업으로 필요하게 되는 도로 및 상하수도 등의 기반시설 설치에 드는 비용을 개발사업 시행자가 부담하는 조건으로 허가할 수 있음

제21조 투자허가 · 시설물의 귀속

1. 개발사업에 투자하려는 자는 국토교통부장관의 허가를 받아야 하며, 이 경우 국가에 귀속시킬 것을 조건으로 허가할 수 있다.
   (1) 공사의 준공과 동시에 국가에 귀속
   (2) 조건없이 허가 받은 경우 그 토지 및 공항시설은 사업시행자의 소유

2. 국가에 귀속되지 아니하는 시설(시행령 제18조)
   (1) 공항구역에 설치하는 공항시설로서 영 제3조제2호(지원시설),(단 운항지원시설은 귀속), 제4호(헬기장 여객/화물 처리시설 및 운항지원시설)
   (2) 비행장구역에 설치하는 비행장시설로서 제3조제2호에 따른 시설과 동일하거나 유사한 기능을 가진 시설
   (3) 그 밖에 공항구역 밖에 설치하는 공항시설

제22조 사용 · 수익

국가에 귀속된 공항시설 또는 비행장시설의 투자자 또는 사업시행자에게 그가 투자한 총사업비의 범위에서 무상으로 사용·수익 하게 할 수 있음

1. 부득이한 경우 무상사용·수익허가를 취소할 수 있음
   이 경우 다른 공항시설 또는 비행장시설을 무상으로 사용·수익하게 하는 등의 방식으로 보상이 이루어지도록 함

2. 무상으로 사용·수익할 수 있는 기간 : 총사업비에 도달할 때까지

> **총사업비 산정방법(시행령 제30조)**
>
> **총사업비** = 조사비(측량)+설계비+공사비(재료비, 노무비, 경비)+보상비(토지보상, 이주)+부대비(영향평가, 감리비)+건설이자(정기예금금리)

제24조 공항시설 및 비행장시설의 설치기준[시행령 제31조]

1. 공항, 비행장 주변 항공기의 이륙·착륙에 지장을 주는 장애물이 없어야 함
   ※ 공사 완료 예정일까지 그 장애물을 제거할 수 있는 경우는 허용

2. 공항/비행장의 체공선회권이 인접한 공항/비행장의 체공선회권과 중복되지 아니할 것
   ※ 체공선회권 : 착륙하려는 항공기의 체공선회를 위하여 공항 또는 비행장 상공의 정해진 공역

3. 활주로·착륙대·유도로의 길이 및 폭과 각 표면의 경사도 및 공항 또는 비행장의 표지시설 등이 기준에 적합할 것

제25조 이착륙장의 설치[시행령 제33조]

1. 이착륙장 주변에 경량항공기 또는 초경량비행장치의 이착륙에 지장을 주는 장애물이 없어야 함
   ※ 공사 완료 예정일까지 그 장애물을 제거할 수 있는 경우는 허용

2. 이착륙장 활주로의 길이·폭과 활주로 안전구역 및 활주로 보호구역의 길이·폭 등이 기준에 적합할 것

3. 이착륙장의 관리기준 [시행령 제34조]
   (1) 이착륙장의 설치기준에 적합하도록 유지할 것
   (2) 시설의 기능 유지를 위하여 점검·청소
   (3) 개량이나 공사를 하는 경우 필요한 표지 설치
       : 경량항공기·초경량비행장치의 이·착륙을 방해하지 아니할 것
   (4) 이착륙장에 사람·차량 출입 통제
   (5) 안전한 이륙 또는 착륙이 곤란할 경우(기상악화, 천재지변 등)
       ① 이착륙장의 사용을 일시 정지
       ② 사전 위해예방 조치
   (6) 관계 행정기관과 비상연락망 유지

제3장 공항시설법 공항 및 비행장의 관리·운영

제26조 공항/비행장 시설관리권

1. **공항시설관리권** : 공항시설을 유지·관리하고 사용료를 징수할 수 있는 권리

2. **비행장시설관리권** : 비행장시설을 유지·관리하고 사용료를 징수할 수 있는 권리

3. **관리대장**

    (1) 공항시설/비행장시설 관리대장 비치

    관리·운영하는 자가 상시적으로 볼 수 있는 장소에 비치

    (2) 관리대장에 시설의 도면 포함

    ① 평면도는 축척 1/5,000 도면에 지형·방위, 해발고도 등을 표시

    ② 도면에 포함되는 내용

    가. 공항구역 또는 비행장구역 및 그 경계선

    나. 행정구역의 명칭 및 그 경계선

    다. 시설의 위치 및 배치 현황

    라. 도로·철도 및 항만 등 접근교통시설

    마. 주변 장애물 분포현황

    바. 그 밖에 시설 관리에 필요한 참고사항

제31조 시설의 관리기준

1. **공항시설/비행장시설 관리 기준 [시행규칙 별표4]** : 연 1회 이상 검사 실시

2. **항공기의 급유/배유시 준수사항(별표 4의 14)**

    (1) 항공기의 급유/배유 금지 사항

    ① 발동기가 운전 중이거나 또는 가열상태에 있을 경우

② 항공기가 격납고 기타 폐쇄된 장소 내에 있을 경우
③ 항공기가 격납고 기타의 건물의 외측 15미터 이내에 있을 경우
④ 여객이 항공기내에 있을 경우(위험예방조치가 강구되었을 경우는 제외)

(2) **급유/배유중 사용금지** : 무선설비, 전기설비 조작하거나, 기타 정전/화학방전을 일으킬 우려가 있는 물건 사용금지

(3) 급유 또는 배유 장치를 항상 안전하고 확실히 유지할 것

(4) 항공기와 급유장치 간에 전위차를 없애기 위하여 전도체로 연결(Bonding)
다만, 항공기와 지면과의 전기저항 측정치 차이가 1메가옴 이상인 경우에는 항공기 또는 급유장치를 접지(Grounding) 시킬 것

3. 「항공보안법」상의 금지행위에 관한 홍보안내문을 일반인이 보기 쉬운 곳에 게시

4. 출입 금지 지역의 경계를 분명하게 하는 표지 등을 설치하여 사람·차량 등이 임의로 출입하지 않도록 할 것

(1) 지상조업, 항공기의 견인 등에 사용되는 차량 및 장비는 공항운영자에게 등록해야 하며, 안전도 등에 관한 검사를 받아야 함

(2) 차량/장비의 사용 및 취급시 준수사항(긴급한 경우에는 예외) (별표 4의 17.)
① 보호구역에서는 공항운영자가 승인한 자 이외는 차량 운행금지
② 격납고내에서 차량 운전금지(배기에 대한 방화 장치가 있는 트랙터는 제외)
③ 공항운영자가 정한 주차구역 안에서 주차
④ 공항운영자가 승인하지 않은 장소에서 차량 등의 수선 및 청소 금지
⑤ 버스 및 택시 등은 공항운영자가 승인하지 않은 장소에서 승하차 금지

5. 「국제민간항공조약」 부속서 14에 따라 공항 비상계획을 수립하고 필요한 조직·인원·시설 및 장비를 갖추어 아래의 비상사태에 대비(별표 4의 6)

(1) 공항 및 공항 주변 항공기사고 (2) 항공기의 비행 중 사고와 지상에서의 사고
(3) 폭탄위협 및 불법납치사고 (4) 공항의 자연재해
(5) 응급치료를 필요로 하는 사고

6. **업무일지 기록 및 보관(1년간 보존할 것) (별표 4의 9)**

(1) 시설의 현황 (2) 시행한 공사내용
(3) 재해, 사고 등이 발생한 경우에는 그 시각·원인·상황과 이에 대한 조치
(4) 관계기관과의 연락사항 (5) 그 밖에 공항의 관리에 필요한 사항

제31조의2 안전관리기준의 준수

1. 공항시설의 유지·보수, 항공기에 대한 급유, 항공화물 또는 수하물의 하역 등 항공관련업무를 수행시 안전관리기준 준수
    (1) 차량을 운전하거나 장비 등의 사용은 공항운영자의 승인을 받을 것
        공항운영자에게 등록된 차량을 사용
    (2) 보호구역에 설치된 교통안전 관련 시설 또는 표지를 훼손하지 말 것
    (3) 보호구역에서 차량 및 장비를 운행시 금지사항
        ① 제한속도 및 안전거리 위반
        ② 주행 중인 차량을 추월
        ③ 지상이동 중인 항공기의 앞을 가로지르는 행위
        ④ 주기 중인 항공기의 밑으로 운행하는 행위
    (4) 장비, 부품, 이물질 등을 활주로 및 유도로 등에 방치 금지
    (5) 지정한 구역이 아닌 장소에 가연성 물질, 위험물 보관 금지
    (6) 보호구역에서 사람, 차량, 장비 관련 사고가 발생한 경우 즉시 신고
    (7) 보호구역에서 흡연, 음주, 환각제 복용 금지
    (8) 음주 또는 환각제 복용 상태에서 업무 수행 금지
    (9) 차량 및 장비의 안전운행 기준(시행령 제35조의3)
        ※ 공항시설의 유지·보수, 항공기에 대한 급유, 항공화물 또는 수하물의 하역 관련 차량
        ① 연료가 유출된 경우 즉시 공항운영자에게 알리고 필요한 조치를 취할 것
        ② 승차정원 및 화물적재량을 초과하지 말 것
        ③ 일시정지선 준수
        ④ 지정한 구역 외의 장소에 차량 및 장비 주정차 금지
        ⑤ 운행 중 휴대전화 사용 등 안전 운행에 방해가 되는 행위 금지
        ⑥ 차량 및 장비 견인절차 준수
        ⑦ 차량 및 장비에 대하여 안전검사 실시

2. 운전업무 승인 취소
    (1) 거짓 또는 그 밖의 부정한 방법으로 승인
    (2) 음주 또는 환각제 복용 상태에서 운행
    (3) 1년 이내 해당업무/운전업무 정지 또는 운전업무 승인 취소 : 안전관리기준을 위반한 경우

3. 안전관리기준 위반 처분 기준 : 시행규칙 별표 4의2

제33조 공항 또는 비행장 사용의 휴지·폐지·재개

1. 공항시설을 휴지(休止) 또는 폐지하려는 경우 국토교통부장관의 승인 필요
   (15일 전에 국토교통부장관에게 신고)
   (1) 활주로, 유도로, 계류장, 격납고 등 항공기 운항과 직접적인 관련이 있는 시설
   (2) 탑승교, 여객·화물터미널 등 여객 또는 화물의 운송과 관련이 있는 시설
   (3) 항행안전시설 등 항공안전 확보와 관련이 있는 시설
   (4) 승강설비, 교통약자 편의시설 등 이용객 편의를 중대하게 저해하는 편의시설
   (5) 주차장 등 공항 또는 비행장의 운영 및 관리와 직접적인 관련이 있는 시설

2. 휴지 또는 폐지한 공항시설 또는 비행장시설을 재개하려면 국토교통부장관의 승인 필요
   이 경우 시설설치기준 및 시설관리기준에 따라 검사를 받아야 한다.

제34조 장애물의 제한

누구든지 기본계획의 고시, 실시계획의 고시 이후에는 장애물 제한표면의 높이 이상의 건축물·구조물·식물 및 그 밖의 장애물을 설치/재배할 수 없음

1. 예외 적용
   (1) 관계 행정기관의 장이 비행장설치자와 협의하여 설치 또는 방치를 허가하거나 그 비행장의 사용 개시 예정일 전에 제거할 예정인 가설물 적용제외 장애물[시행규칙 제22조]
      ① 「건축법」에 따른 가설건축물 및 피뢰설비
      ② 건축물 옥상에 설치되어 있는 7미터 미만의 안테나
      ③ 공항 또는 비행장 운영에 필요한 시설
      ④ 인위적으로 제거하기 곤란한 산악 및 구릉
      ⑤ 국토교통부장관이 고시하는 기준에 적합한 레이저광선
      ⑥ [별표 6 설치가능 장애물 기준]의 기준에 적합한 건축물이나 구조물
   (2) 항공학적 검토위원회의에서 비행안전을 해치지 아니한다고 결정하는 경우
   (3) 고시 당시 이미 관계 법령에 따라 허가를 받았거나 공사에 착수한 경우

2. 국토교통부장관은 장애물의 제거를 명할 수 있음
3. 고시 이전의 장애물 제한표면 높이를 넘어선 장애물에 대한 제거를 요구할 수 있음
   : 장애물 제거에 따른 손실 보상

4. 소유자는 장애물의 제거로 인하여 사용·수익이 곤란하게 된 경우에는 장애물 또는 토지의 매수를 요구할 수 있음, 보상 협의가 안되어 그 장애물을 제거할 수 없는 경우 비행장의 원활한 관리 및 운영을 위하여 그 장애물의 제거를 명할 수 있음
5. 장애물 제거명령을 따르지 아니하는 경우, 국토교통부장관은 「행정대집행법」에서 정하는 바에 따라 그 장애물을 제거할 수 있음
6. 손실보상 금액 협의가 안되는 경우에는 「공익사업을 위한 토지 등의 취득 및 보상에 관한 법률」에 따라 관할 토지수용위원회에 재결을 신청

제35조 항공학적 검토위원회

장애물의 제한 등 비행안전에 관한 항공학적 검토에 관한 사항을 심의·의결

1. 위원회 구성

    (1) 위원장 1명을 포함한 10명 이내의 위원으로 구성(위원 중 과반수 이상은 외부 관계 전문가로 구성)

    (2) 위원은 국토교통부장관이 임명하거나 위촉
      ① 항공 업무와 관련된 국토교통부 소속의 5급 이상 공무원
      ② 공항의 개발·운영 등 항공 관련 학식과 경험이 풍부한 사람

2. 위원의 임기 : 2년

3. 위원의 제척·기피·회피 : 공역위원회와 동일

4. 위원의 해임 및 해촉 조건 : 공역위원회와 동일

제36조 항공장애 표시등/주간표지의 설치

1. **장애물 제한표면 구역에 있는 구조물** : 항공장애 표시등(표시등) 및 주간표지(표지)를 설치해야 함
   (1) 설치대상 구조물 (시행규칙 별표9)
     ① 장애물 제한표면(진입표면, 전이표면, 수평표면, 원추표면) 보다 높게 위치한 고정 장애물
     ② 이동지역에서 차량과 이동물체에는 표지 설치, 그 차량이 야간에 사용되는 경우에는 표시등 설치(계류장에서만 사용되는 장비와 차량은 제외)
     ③ 이동지역 안에서 지상에 노출된 항공등화는 표지 설치(지방항공청장이 항공기의 항행안전을 해칠 가능성이 없다고 인정하는 경우에는 제외)

④ 유도로 중심선(center line of taxiway), 계류장 유도로(apron taxiway), 주기장의 유도선(aircraft stand taxi lane)으로부터 장애물 표시등 및 표지 설치 기준 거리(표 참조)
⑤ 강/계곡/고속도로를 횡단하는 가공선/케이블/현수선은 그 탑에 표지 설치(90m미만은 제외)
⑥ 탑에 표지를 설치할 수 없을 경우 고광도 표시등 설치

(2) 장애물 제한표면 밖의 구역에서 높이가 60미터 이상인 물체 및 구조물은 표시등 및 표지 설치 (국토교통부장관이 정하여 고시하는 구조물은 제외)

(3) 그 밖에 항행안전을 현저히 해칠 우려가 있는 구조물

(4) 관리 실태를 정기 또는 수시로 검사하여 시정을 명할 수 있다.

2. 장애물 제한표면 보다 높게 위치한 고정 장애물에 표시등 및 표지를 설치하지 않아도 되는 장애물 [시행규칙 제28조 별표9 1항]

(1) 다른 고정 장애물 차폐면보다 낮은 구조물은 표시등 및 표지 생략 가능(부분적으로만 차폐되는 경우는 제외)

(2) 장애물이 주간에 중광도 A형태의 표시등을 설치하여 운영되는 구조물 중 150미터 이하인 구조물은 표지 생략 가능

(3) 주간에 고광도 표시등을 설치하여 운영되는 장애물은 표지 생략 가능

(4) 장애물이 등대(lighthouse)인 경우 표시등 생략 가능

(5) 장애물에 의하여 비행로가 광범위하게 장애가 되는 곳에서 안전한 수직간격이 확보된 비행절차가 정해져 있는 경우 표시등 및 표지 생략 가능

(6) 지방항공청장이 항공기 항행안전을 해칠 우려가 없다고 인정하는 구조물은 표시등 및 표지 생략 가능

항공장애 표시등 및 주간표지의 설치 위치 및 방법[시행규칙 제28조 별표10]

1. 표시등의 설치위치

(1) 표시등은 수평빔 확산각도, 설치 위치, 배열 등을 고려하여 조종사가 볼 수 있도록 설치

(2) 표시등이 차폐되는 경우 표시등이 보이는 위치에 추가 설치

(3) 한 개 이상의 표시등을 구조물의 정상에 근접하게 설치

(4) 굴뚝은 정상에서 아래쪽으로 1.5~3m 낮은 곳(플레어 스택 경우 1.5~6m)에 위치하도록 설치할 수 있다.

(5) 한 무리의 수목, 빌딩, 그룹으로 근접하게 모여 있는 물체의 경우

(6) 정상에 있는 표시등은 물체의 전체적인 윤곽이 나타나도록 가장 높은 물체의 정상 또는 가장자리에 설치

(7) 가장자리가 같은 높이 일 경우에는 착륙지역에서 가까운 가장자리에 설치해야 한다.

2. 여러 개의 물체들이 밀접하게 모여 형성된 집단에 대한 전체적인 윤곽을 나타내는 경우
(1) 저광도 표시등을 설치할 경우, 수평간격은 45m를 초과할 수 없다.
(2) 중광도, 고광도 표시등을 설치할 경우, 수평간격은 900m를 초과할 수 없다.

3. 표지의 설치기준
(1) 고정물체를 표지하는 경우
  ① 색채로 표시
  ② 색체가 어려울 경우 장애표지물 또는 기(flags)를 설치해야 함(다만, 눈에 잘 띄어 표지할 필요가 없는 경우 제외)

(2) 이동물체를 표지하는 경우 : 색채, 기로 표지

(3) 물체가 가로, 세로가 각각 4.5미터 이상인 경우 : 체크무늬 형태의 색채로 표지해야 한다.
  ① 체크무늬 형태는 한 변이 1.5~3미터 이하의 직사각형
  ② 모서리는 좀 더 어두운 색채로 표지
  ③ 주황색과 흰색 또는 붉은색과 흰색 색채 사용

(4) 물체를 표지하는 기(flag)
  ① 물체의 가장자리 주위에 설치해야 한다.
  ② 광범위하게 모여 있는 물체는 15미터마다 기를 설치해야 한다.

(5) 고정물체에 사용되는 기
  ① 크기 : 가로/세로가 각각 0.6미터 이상인 정사각형
  ② 색상 : 주황색의 단일색이거나, 사각형을 대각선으로 분할하여 한 부분은 주황색 또는 붉은색으로, 다른 부분은 흰색으로 구성

(6) 이동물체에 사용하는 기
  ① 크기 : 가로/세로가 각각 0.9미터 이상인 정사각형
  ② 색상 : 각 변이 0.3m 이상의 정방형 체크무늬(주황색/흰색 또는 붉은색/흰색)

4. 장애물 제한표면 밖의 지역에서 60m 이상 구조물은 표시등을 설치해야 하나, 표시등을 설치하지 않아도 되는 구조물[시행규칙 제28조 별표11]
(1) 표시등이 설치된 구조물로부터 600미터 이내에 위치한 구조물로서, 표시등이 설치된 구조물의 정상에서 하방경사도가 1/10보다 낮은 구조물(장애물 차폐)
  ※ 다만, 철탑 등의 구조물 및 그에 부착된 지선 또는 가공선은 제외

(2) 표시등이 설치된 구조물로부터 45미터 이내에 위치한 구조물로서 표시등이 설치된 구조물과 같거나 낮은 구조물
　※ 다만, 철탑 등의 구조물 및 그에 부착된 지선 또는 가공선은 제외

(3) 장애물 제한표면 밖에서 높이 150미터 미만인 아래 형태의 구조물로서, 위의 (1), (2)에 해당되는 구조물만 표시등을 설치하지 않아도 됨
　① 굴뚝·철탑·기둥 또는 그 밖에 그 높이에 비하여 그 폭이 좁은 구조물
　② 뼈대로만 이루어진 구조물
　③ 가공선을 지지하는 탑
　④ 계류기구(주간 : 시정이 5천미터 미만 또는 야간에 계류하는 경우)

5. **장애물 제한표면 밖의 지역에서 60m 이상 구조물은 표지를 설치해야 하나, 표지를 설치하지 않아도 되는 구조물 [시행규칙 제28조 별표11]**

(1) 표지가 설치된 구조물로부터 600미터 이내에 위치한 구조물로서, 장애물 차폐면보다 낮은 구조물
　※ 다만, 철탑 등의 구조물 및 그에 부착된 지선 또는 가공선은 제외

(2) 표지가 설치된 구조물로부터 45미터 이내에 위치한 구조물로서, 표지가 설치된 구조물과 같거나 그보다 낮은 구조물
　※ 다만, 철탑 등의 구조물 및 그에 부착된 지선 또는 가공선은 제외

(3) 장애물 제한표면 밖에 설치된 높이 150미터 미만의 다음의 구조물로서, 위의 ①, ②에 해당되는 구조물만 표지를 설치하지 않아도 됨
　① 굴뚝·철탑·기둥 형태의 구조물 및 그에 부착된 지선
　② 뼈대로만 이루어진 구조물
　③ 가공선과 이를 지지하는 탑
　④ 계류기구와 그에 부착된 지선

(4) 주간에 고광도 표시등을 설치하여 운용하는 구조물

6. **그밖에 다음의 요건을 모두 갖춘 구조물은 표시등 및 표지를 설치하여야 한다.**

(1) 장애물 제한표면에서 수직으로 지상까지 투영한 구역에 위치한 구조물일 것
(2) 장애물 제한표면에 근접한 구조물일 것
(3) 항공기의 항행 안전을 해칠 우려가 있는 구조물일 것

7. **항공등화와 유사한 등화의 제한**

(1) 항공등화로 잘못 인식될 우려가 있는 등화(유사등화) 설치금지
(2) 유사등화가 이미 설치되어 있는 경우에는 유사등화의 소유자 또는 관리자에게 그 유사등화를 가리거나 소등할 것을 명할 수 있다.

제38조 공항운영증명

1. **공항을 운영하려는 자** : 국토교통부장관 증명
   (1) 공항의 사용목적, 항공기의 운항 횟수 등에 따라 등급을 구분하여 증명
   (2) **공항운영증명의 내용을 변경하려는 경우** : 변경 인가(국토교통부장관)

2. **공항운영증명을 받아야 하는 공항**

   인천·김포·김해·제주·청주·무안·양양·대구·광주공항 및 그 밖에 국토교통부장관이 정하여 고시하는 공항

3. **공항운항증명 등급 구분** : 부정기편만 운항하는 공항은 제외한다.
   (1) **1등급** : 국내항공운송사업 및 국제항공운송사업에 사용되고 최근 5년 평균 연간 운항횟수가 3만회 이상인 공항
   (2) **2등급** : 국내항공운송사업 및 국제항공운송사업에 사용되고 최근 5년 평균 연간 운항횟수가 3만회 미만인 공항
   (3) **3등급** : 국내항공운송사업에 사용되는 공항
   (4) **4등급** : 그외 공항으로서 항공운송사업에 사용되는 공항

4. **공항운영 검사** : 공항안전운영기준 준수 여부 정기(년1회) 또는 수시 검사

5. **공항운영증명 취소/영업정지**
   (1) **취소** : 거짓이나 그 밖의 부정한 방법으로 공항운영증명을 받은 경우

   (2) **영업정지**
   ① 사업을 시작하기 전까지 항공안전관리시스템을 마련하지 아니한 경우
   ② 승인을 받지 아니하고 항공안전관리시스템을 운용한 경우
   ③ 항공안전관리시스템을 승인받은 내용과 다르게 운용한 경우
   ④ 승인을 받지 아니하고 중요 사항을 변경한 경우
   ⑤ 시정조치를 이행하지 아니한 경우
   ⑥ 공항안전운영기준을 위반하여 공항안전에 위험을 초래한 경우
   ⑦ 고의 또는 중대한 과실로 항공기사고가 발생한 경우
   ⑧ 관리·감독하는 의무를 게을리함으로써 항공기사고가 발생한 경우

제4장 공항시설법 항행안전시설

제43조 항행안전시설의 설치

항행안전시설은 국토교통부장관이 설치한다. 개발사업으로 설치하는 항행안전시설 외의 것

1. 항행안전시설의 설치
  (1) 국토교통부장관 허가
  (2) 항행안전시설 설치 허가시 국가에 귀속시킬 것을 조건으로 설치
    ※ 귀속된 항행안전시설의 사용·수익에 관하여는 제22조를 준용

2. 항행안전시설의 완성검사
  공사가 끝난 경우에는 사용 개시 이전에 국토교통부장관의 완성검사를 받아야 한다.

3. 항행안전시설의 비행검사
  항행안전시설의 성능을 분석할 수 있는 장비를 탑재한 항공기를 이용하여 항행안전시설의 성능 검사 수행

4. 항행안전시설 휴지/폐지/재개 : 국토교통부장관 승인

5. 항행안전시설 성능적합증명 : 국토교통부장관 증명
  (1) 항행안전무선시설, 항공정보통신시설을 제작하거나 수입하는 자
  (2) 전문검사기관을 지정하여 검사업무를 대행

6. 항행안전시설 사용료
  (1) 항행안전시설설치자등은 항행안전시설을 사용하거나 이용하는 자에게 사용료를 받을 수 있다.
  (2) 항행안전시설 사용료를 받으려면 그 사용료의 금액을 정하여 국토교통부장관에게 신고하여야 한다. 항행안전시설 사용료를 변경하려는 경우에도 신고하여야 한다.
  (3) 항행안전시설 사용료의 징수절차, 징수방법 및 징수요율 : 시행규칙 별표5

제5장 공항시설법 보칙

제56조 금지행위

1. 금지행위
   (1) 누구든지 허가 없이 착륙대, 유도로, 계류장, 격납고, 항행안전시설이 설치된 지역 출입금지
   (2) 누구든지 활주로, 유도로, 공항시설, 비행장시설, 항행안전시설을 파손하거나 해칠 우려가 있는 행위금지
   (3) 누구든지 항공기, 경량항공기 또는 초경량비행장치를 향하여 물건을 던지거나 그 밖에 항행에 위험을 일으킬 우려가 있는 행위금지
   (4) 누구든지 항행안전시설과 유사한 기능을 가진 시설을 항공기 항행을 지원할 목적으로 설치·운영금지
   (5) 누구든지 공항 주변에 새들을 유인할 가능성이 있는 오물처리장 등 시설 설치금지
   (6) 누구든지 국토교통부장관, 사업시행자, 항행안전시설설치자, 이착륙장을 설치·관리하는 자의 승인 없이 해당 시설에서 다음의 행위금지
      ① 영업행위
      ② 시설을 무단으로 점유하는 행위
      ③ 상품의 구매를 강요하거나 영업을 목적으로 손님을 부르는 행위
      ④ 해당 시설의 이용이나 운영에 현저하게 지장을 주는 다음의 행위
         가. 노숙(露宿)하는 행위
         나. 폭언 또는 고성방가 등 소란을 피우는 행위
         다. 광고물을 설치·부착하거나 배포하는 행위
         라. 기부를 요청하거나 물품을 배부 또는 권유하는 행위
         마. 그 밖에 항공안전 확보 등을 위하여 국토교통부령으로 정하는 행위
   ※ 국토교통부장관, 사업시행자등, 항행안전시설설치자등, 이착륙장을 설치·관리하는 자, 국가경찰공무원, 자치경찰공무원은 (6)항을 위반하는 자의 행위를 제지하거나 퇴거를 명할 수 있다.
         바. 표찰, 표시, 화단, 그 밖에 공항 시설, 주차장의 차량을 훼손/오손하는 행위
         사. 지정한 장소 이외의 장소에 쓰레기, 그 밖에 물건을 버리는 행위

아. 공항관리·운영기관의 승인없이 무기, 폭발물, 위험한 가연물을 휴대/운반하는 행위(공용자, 시설이용자, 영업자가 그 업무 또는 영업을 위하여 하는 경우는 제외)

자. 공항관리·운영기관의 승인을 얻지 아니하고 불을 피우는 행위

차. 항공기, 발동기, 프로펠라, 그 밖에 기기를 청소하는 경우, 야외 또는 소화설비가 있는 내화성 작업소가 아닌 장소에서 가연성 또는 휘발성액체를 사용하는 행위

카. 공항관리·운영기관이 특별히 정한 구역 이외의 장소에 가연성의 액체가스, 그 밖에 이와 유사한 물건을 보관하거나 저장하는 행위(공항관리·운영기관이 승인한 경우로서 일정한 용기에 넣어 항공기내에 보관하는 경우는 제외)

타. 흡연이 금지된 장소에서 담배피우는 행위

파. 급유 또는 배유작업 중의 항공기로부터 30미터 이내의 장소에서 담배피우는 행위

하. 급유 또는 배유작업, 정비 또는 시운전중의 항공기로부터 30미터 이내의 장소에 들어가는 행위(그 작업에 종사하는 자는 제외한다)

거. 공항관리·운영기관이 정하는 조건을 구비한 건물 내에 내화 및 통풍설비가 있는 실 이외의 장소에서 도료의 도포작업을 행하는 행위

너. 격납고, 그 밖에 건물의 마루를 청소하는 경우에 휘발성 가연물을 사용하는 행위

더. 기름이 묻은 걸레 그 밖에 이에 유사한 것을 해당 폐기물에 의하여 부식되거나 파손되지 아니하는 재질로 된 보관시설 또는 보관용기 이외에 버리는 행위

러. 바~러항 이외에 질서를 문란하게 하거나 타인에게 폐가 미칠 행위를 하는 행위

2. 항행에 위험을 일으킬 우려가 있는 행위 금지

(1) 착륙대, 유도로, 계류장에 금속편·직물 또는 그 밖의 물건을 방치하는 행위
(2) 착륙대·유도로·계류장·격납고 등 화기 사용 또는 흡연을 금지한 장소에서 화기를 사용하거나 흡연을 하는 행위
(3) 운항 중인 항공기에 장애가 되는 방식으로 항공기나 차량 등을 운행하는 행위
(4) 지방항공청장의 승인 없이 레이저광선을 방사하는 행위
(5) 지방항공청장의 승인 없이 관제권에서 불꽃 또는 그 밖의 물건을 발사하거나 풍등(風燈)을 날리는 행위
(6) 그 밖에 항행의 위험을 일으킬 우려가 있는 행위

3. 레이저광선의 방사로부터 항공기 항행의 안전을 확보하기 위하여 보호공역을 비행장 주위에 설정

(1) 레이저광선 제한공역
(2) 레이저광선 위험공역
(3) 레이저광선 민감공역

※ 보호공역의 설정기준 및 레이저광선의 허용 출력한계 : 별표 18

4. 시설 설치 금지

(1) **공항 표점에서 3킬로미터 이내의 범위의 지역** : 양돈장 및 과수원 등 국토교통부장관이 정하여 고시하는 환경이나 시설

(2) **공항 표점에서 8킬로미터 이내의 범위의 지역** : 조류보호구역, 사냥금지구역 및 음식물 쓰레기 처리장 등 국토교통부장관이 정하여 고시하는 환경이나 시설

5. 허가등의 승인 취소 또는 효력정지

(1) 취소
① 거짓이나 그 밖의 부정한 방법으로 허가를 받은 경우
② 사정 변경으로 개발사업 또는 항행안전시설의 설치를 계속 시행하는 것이 불가능하다고 인정되는 경우

(2) 취소 또는 효력정지
① 제7조제3항 또는 제44조제3항을 위반하여 국토교통부장관 외의 사업시행자 또는 항행안전시설설치자가 승인을 받지 아니하고 실시계획을 수립하거나 승인받은 사항을 변경한 경우
② 제7조제3항, 제44조제3항에 따라 승인, 변경승인을 받은 실시계획을 위반한 경우

제3편 공항시설법 기출문제풀이

01 다음 중 공항시설법이 정하는 공항시설이 아닌 것은?

① 항공기의 이륙 및 착륙시설
② 여객 및 화물 운송을 위한 시설
③ 공항의 부대시설 및 지원시설
④ 대통령이 지정한 시설

해설

공항시설법 제2조(정의) 제7호 참조

02 다음 중 항공안전법에서 정하는 항공기사고의 범위에 속하지 않는 것은?

① 사람의 사망, 중상 또는 행방불명
② 비행 중 운항승무원의 조종능력 상실
③ 항공기의 파손 또는 구조적 손상
④ 항공기의 위치를 확인할 수 없거나 항공기에 접근이 불가능한 경우

해설

항공안전법 제2조(정의) 제6호 참조

03 항공기의 이륙, 착륙 및 여객, 화물운송을 위한 시설과 그 부대시설 및 지원시설을 말하는 것은?

① 항공시설   ② 공항시설
③ 비행장시설   ④ 여객화물 운송시설

04 착륙대에 대한 설명 중 맞는 것은?

① 활주로 중심선에 중심을 두는 직사각형의 지표면 또는 수면
② 활주로 중심선의 연장선에 중심을 두는 사다리꼴형 지표면 또는 수면
③ 활주로 시단의 바로 앞에 있는 직사각형의 지표면 또는 수면
④ 활주로 말단의 바로 뒤에 있는 직사각형의 지표면 또는 수면

05 착륙대에 대하여 바르게 설명한 것은?

① 항공기가 활주로를 이탈하는 경우 항공기와 탑승자의 피해를 감소시키기 위하여 활주로 주변에 설치하는 안전지대
② 항공기의 이륙(이수), 착륙(착수)을 위하여 사용되는 육지 또는 수면의 일정한 구역
③ 항공기의 안전운항을 위하여 비행장 주변에 장애물의 설치 등이 제한되는 표면
④ 항공교통의 안전을 위하여 국토교통부장관이 지정한 구역

해설

공항시설법 제2조(정의), 제13호

[정답] 01 ④ 02 ② 03 ② 04 ① 05 ①

06 항공기가 활주로를 이탈하는 경우 항공기와 탑승자의 피해를 줄이기 위하여 활주로와 활주로 주변에 설치하는 안전지대를 무엇이라 하는가?

① 안전대
② 착륙대
③ 안전구역
④ 진입구역

해설

공항시설법 제2조(정의), 제13호

07 공항의 명칭, 위치 및 구역은 누가 지정, 고시 하는가?

① 대통령
② 국토교통부장관
③ 지방항공청장
④ 교통안전공단

해설

공항시설법 제2조(정의), 제3호

08 다음 중 국토교통부장관의 허가를 받아 설치 하는 비행장이 아닌 것은?

① 육상비행장
② 수상비행장
③ 수상헬기장
④ 옥상헬기장(선상헬기장 제외)

해설

공항시설법 시행령 제2조(비행장의 구분)

09 다음 중 항행안전무선시설이 아닌 것은?

① VOR
② DME
③ ILS
④ ADF

해설

공항시설법 제2조(정의) 제17호, 시행규칙 제7조(항행안전무선시설)

10 항행안전시설에 대한 다음 설명 중 맞는 것은?

① 유선통신, 무선통신, 인공위성, 불빛, 색채 또는 전파를 이용하여 항공기의 항행을 돕기 위한 시설
② 유선통신, 무선통신, 인공위성, 불빛 또는 전파를 이용하여 항공기의 항행을 돕기 위한 시설
③ 야간이나 계기비행 기상상태에서 항공기의 이륙 또는 착륙을 돕기 위한 시설
④ 야간이나 계기비행 기상상태에서 항공기의 항행을 돕기 위한 시설

11 다음 중 공항의 기본시설이 아닌 것은?

① 활주로, 유도로, 계류장, 착륙대
② 공항운영, 관리시설
③ 기상관측시설
④ 항행안전시설

해설

공항시설법 시행령 제3조(공항시설의 구분)

12 공항의 기본시설이 아닌 것은?

① 정비점검 시설
② 기상관측시설, 주차시설
③ 항공기의 이착륙시설
④ 공항 홍보 및 안내시설

해설

공항시설법 시행령 제3조(공항시설의 구분)

[정답] 06 ② 07 ② 08 ④ 09 ④ 10 ① 11 ② 12 ①

13 다음 중 공항시설이 아닌 것은?

① 유도로, 착륙대
② 주차시설
③ 교통안전공단
④ 이용객 홍보 및 안내시설

14 대통령령으로 정하는 기본시설이 아닌 것은?

① 항행안전시설
② 항공기 급유시설
③ 기상관측시설
④ 화물처리시설

15 다음 중 대통령령이 정하는 공항의 기본시설은?

① 항공기 급유 및 유류저장, 관리시설
② 공항이용객 주차시설 및 경비보안 시설
③ 공항의 운영 및 유지 보수를 위한 공항운영, 관리시설
④ 항공기 점검, 정비 등을 위한 시설

16 다음 공항시설 중 기본시설이 아닌 것은?

① 기상관측시설
② 항공기 유류저장, 관리시설
③ 여객 및 화물처리시설
④ 공항 이용객 주차시설

17 공항시설 중 기본시설로 맞는 것은?

① 유류저장, 관리시설
② 기상관측시설
③ 공항이용객 편의시설
④ 운항관리, 소방시설

18 지방항공청장, 항공교통본부장 또는 공항운영자가 관리, 운영하는 공항시설이 아닌 것은?

① 화물 터미널
② 항행안전시설
③ 공항 주차시설
④ 항행안전본부 시설

해설

공항시설법 시행령 제3조(공항시설의 구분)

19 다음 중 대통령령이 정하는 공항의 기본시설은?

① 항공기 급유 및 유류저장, 관리시설
② 공항이용객 홍보 및 안내시설
③ 공항의 운영 및 유지 보수를 위한 공항운영, 관리시설
④ 항공기 점검, 정비 등을 위한 시설

해설

공항시설법 시행령 제3조(공항시설의 구분)

20 다음 중 대통령령이 정하는 공항시설의 기본시설에 해당하는 것은?

① 항공기점검 및 정비 등을 위한 시설
② 여객 및 화물처리시설
③ 도심공항터미널
④ 항공기 급유 및 유류저장시설

해설

공항시설법 시행령 제3조(공항시설의 구분)

[정답] 13 ③ 14 ② 15 ② 16 ② 17 ② 18 ④ 19 ② 20 ②

21 다음 공항시설 중 대통령령으로 정하는 기본시설이 아닌 것은?

① 활주로, 유도로, 계류장
② 소방시설
③ 항행안전시설
④ 기상관측시설

해설

공항시설법 시행령 제3조(공항시설의 구분)

22 육상비행장에서 수평표면의 원호 중심은 활주로 중심선 끝으로부터 몇 미터 연장된 지점에 있는가?

① 50m   ② 60m
③ 80m   ④ 100m

해설

공항시설법 시행규칙 제4조 관련, 별표 2(장애물 제한표면의 기준) 제2호나목 참조

23 항행안전시설에 해당되지 않는 것은?

① 자동항법장치(INS)
② 거리측정시설(DME)
③ 계기착륙시설(ILS/MLS)
④ 무지향표지시설(NDB)

해설

공항시설법 시행규칙 제5조(항행안전시설), 제7조(항행안전무선시설)

24 공항시설법이 정하는 항행안전시설이 아닌 것은?

① 항행안전무선시설   ② 항공등화
③ 항공정보통신시설   ④ 항공장애 주간표지

해설

공항시설법 시행규칙 제5조(항행안전시설)

25 다음 중 항행안전무선시설이 아닌 것은?

① 무지향표지시설(NDB)
② 계기착륙시설(ILS)
③ 자동방향탐지시설(ADF)
④ 레이더시설(RADAR)

해설

공항시설법 시행규칙 제7조(항행안전무선시설)

26 다음 중 항행안전무선시설이 아닌 것은?

① NDB   ② DME
③ ILS   ④ VDL

해설

공항시설법 시행규칙 제7조(항행안전무선시설)

27 다음 중 항행안전무선시설이 아닌 것은?

① NDB   ② DME
③ VOR   ④ GPS

해설

공항시설법 시행규칙 제7조(항행안전무선시설)

28 항행안전시설로서 전파를 이용하여 항공기의 항행을 돕는 것이 아닌 것은?

[정답] 21 ② 22 ② 23 ① 24 ④ 25 ③ 26 ④ 27 ④ 28 ②

① NDB　　② VDL
③ VOR　　④ DME

해설

공항시설법 시행규칙 제7조(항행안전무선시설)

29 공항 내 사용되는 자동차를 등록할 때 누구의 승인을 받아야 하는가?

① 지방항공청장　　② 국토교통부장관
③ 검사주임　　　　④ 공항관리공단

해설

공항시설법 시행규칙 제19조 제1항 관련, 별표4(공항시설·비행장시설 관리기준)

30 공항구역 내에서 차량운전에 관한 것 중 틀린 것은?

① 일반 면허만을 가지고 운전할 수 있다.
② 격납고 내에서는 배기 방화장치가 있는 트랙터 외는 차량을 운전할 수 없다.
③ 공항 내의 주차 시는 주차구역 내 규칙에 따라야 한다.
④ 정기출입 버스는 승인된 장소에서만 승하차가 가능하다.

해설

공항시설법 시행규칙 제19조 제1항 관련, 별표4(공항시설·비행장시설 관리기준)

31 격납고 안에 있는 항공기의 무선시설을 조작하고자 하는 경우 누구의 승인을 받아야 하는가?

① 국토교통부장관
② 지방항공청장
③ 검사주임
④ 무선설비 자격증이 있는 사람

해설

공항시설법 시행규칙 제19조 제1항 관련, 별표 4(공항시설·비행장시설 관리기준)

32 다음 중 항공기의 급유 또는 배유작업을 하지 말아야 할 경우가 아닌 것은?

① 항공기가 격납고 기타 건물의 외측 30m 이내에 있을 경우
② 필요한 예방조치가 강구된 경우를 제외하고 여객이 항공기 내에 있을 경우
③ 발동기가 운전중이거나 또는 가열상태에 있을 경우
④ 항공기가 격납고 기타 폐쇄된 장소 내에 있을 경우

해설

공항시설법 시행규칙 제19조 제1항 관련, 별표 4(공항시설·비행장시설 관리기준)

33 공항구역에서 차량의 사용 및 취급에 대한 다음 설명 중 틀린 것은?

① 공항운영자가 승인한 자 이외에는 보호구역 내에서 차량을 운전할 수 없다.
② 배기에 대한 방화장치가 있는 트랙터를 제외하고는 격납고 내에서 차량을 운전할 수 있다.
③ 자동차량의 수선 및 청소는 공항운영자가 정하는 장소에서 해야 한다.
④ 정기로 출입하는 버스는 공항운영자가 승인한 장소에서 승객을 승강시켜야 한다.

[정답] 29 ④　30 ①　31 ②　32 ①　33 ②

해설

공항시설법 시행규칙 제19조 제1항 관련, 별표4(공항시설·비행장시설 관리기준)

34 항공기가 격납고 기타 건물의 외측으로부터 몇 미터 이내에 있을 경우 급유 또는 배유를 해서는 안되는가?

① 10m
② 15m
③ 20m
④ 25m

해설

공항시설법 시행규칙 제19조 제1항 관련, 별표 4(공항시설·비행장시설 관리기준)

35 공항 안에서 차량의 사용 및 취급에 대한 다음 설명 중 틀린 것은?

① 공항운영자가 승인한 자 외는 보호구역 내에서 차량을 운전할 수 없다.
② 배기에 대한 방화장치가 있는 트랙터는 격납고 내에서 운전해서는 안된다.
③ 차량을 주차하는 경우에는 주차구역 내에서 공항운영자가 정한 규칙에 따라 주차하여야 한다.
④ 정기출입 버스는 공항운영자가 승인한 장소에서만 승하차가 가능하다.

해설

공항시설법 시행규칙 제19조 제1항 관련, 별표4(공항시설·비행장시설 관리기준)

36 항공기의 급유 또는 배유를 할 수 없는 경우는?

① 3점 접지를 했을 경우
② 항공기가 RAMP 안으로 들어와 있는 경우
③ 발동기가 운전 중이거나 또는 가열상태에 있을 경우
④ 항공기가 격납고 및 건물 외측 30미터에 있을 경우

해설

공항시설법 시행규칙 제19조 제1항 관련, 별표 4(공항시설·비행장시설 관리기준)

37 공항 안에서 지상조업에 사용되는 차량 및 장비는 어디에 등록하여야 하는가?

① 건설교통부
② 지방항공청
③ 교통안전공단
④ 공항관리, 운영기관

해설

공항시설법 시행규칙 제19조 제1항 관련, 별표4(공항시설·비행장시설 관리기준)

38 공항 내의 차량의 사용 및 취급에 대한 사항 중 틀린 것은?

① 차량의 수선 및 청소는 정하는 위치, 장소에서만 해야 한다.
② 공항관리, 운영기관 승인자만 차량을 사용할 수 있다.
③ 격납고 내에서는 방화장치가 있는 트랙터 외에는 사용할 수 없다.
④ 경찰서장이 승인한 곳에서만 주차를 할 수 있다.

해설

공항시설법 시행규칙 제19조 제1항 관련, 별표4(공항시설·비행장시설 관리기준)

[**정답**] 34 ② 35 ② 36 ③ 37 ④ 38 ④

39 다음 중 공항에서 금지되는 행위가 아닌 것은?

① 활주로에 금속성 물체를 무단 방치하는 행위
② 내화성 구역에서 항공기 청소를 하는 행위
③ 지정된 장소 이외의 장소에 쓰레기를 버리는 행위
④ 기름이 묻은 걸레를 금속성 용기 이외에 버리는 행위

해설

공항시설법 시행규칙 제19조 관련 별표 4(공항시설·비행장시설 관리기준)

40 다음 중 급유 또는 배유를 할 수 있는 경우는?

① 발동기가 운전 중이거나 가열상태에 있는 경우
② 항공기가 격납고 기타 폐쇄된 장소 내에 있을 경우
③ 안전이 강구된 항공기에 승객이 탑승 중 건물에서 25미터 떨어진 경우
④ 항공기가 건물의 외측 15미터 이내에 있을 경우

해설

공항시설법 시행규칙 제19조 제1항 관련, 별표 4(공항시설·비행장시설 관리기준)

41 다음 중 공항 안에서의 차량사용 및 취급에 관하여 틀린 것은?(긴급한 경우 제외)

① 격납고 내에서는 자동제동장치가 장착된 차량을 운행할 수 있다.
② 자동차량의 청소 및 수리는 공항관리기관이 정한 장소 이외에서는 할 수 없다.
③ 공항 안에 정기로 출입하는 버스는 공항운영기관이 승인한 장소에서만 승객을 승강시켜야 한다.

④ 항공보안법에 의한 보호구역 내에서는 운영기관이 승인한 자만 운전하여야 한다.

해설

공항시설법 시행규칙 제19조 제1항 관련, 별표4(공항시설·비행장시설 관리기준)

42 다음 중 항공기의 급유 또는 배유를 할 수 있는 경우는?

① 항공기가 격납고 내부에 있을 경우
② 발동기가 운전 중인 경우
③ 항공기가 건물에서 25m 떨어진 경우
④ 승객이 탑승하고 있을 경우

해설

공항시설법 시행규칙 제19조 제1항 관련, 별표 4(공항시설·비행장시설 관리기준)

43 공항 안에서 차량의 사용 및 취급에 대한 다음 설명 중 틀린 것은?

① 공항관리·운영기관이 승인한 자 외는 보호구역내에서 차량을 운전할 수 없다.
② 배기에 대한 방화장치가 있는 차량은 모두 격납고 내에서 운전할 수 있다.
③ 차량을 주차하는 경우에는 주차구역 내에서 공항운영자가 정한 규칙에 따라 주차하여야 한다.
④ 정기출입 버스는 공항관리·운영기관이 승인한 장소에서만 승하차가 가능하다.

해설

공항시설법 시행규칙 제19조 제1항 관련, 별표4(공항시설·비행장시설 관리기준)

[정답] 39 ② 40 ③ 41 ① 42 ③ 43 ②

44 다음 중 항공기의 급유 또는 배유작업이 가능한 경우는?

① 항공기가 건물의 외측 15미터 이내에 있을 경우
② 항공기가 격납고 기타 폐쇄된 장소 내에 있을 경우
③ 위험 예방조치가 강구된 항공기 내에 여객이 있을 경우
④ 발동기가 운전 중이거나 가열상태에 있을 경우

해설
공항시설법 시행규칙 제19조 제1항 관련, 별표 4(공항시설·비행장시설 관리기준)

45 공항에서 금지하는 사항이 아닌 것은?

① 지정구역 이외의 장소에 가연성의 액체가스를 보관하는 것
② 쓰레기를 지정한 장소에 버리는 것
③ 승인을 받지 않고 불을 피우는 것
④ 격납고 내에서 휘발성 물질로 바닥을 청소하는 것

해설
공항시설법 시행규칙 제19조 관련 별표 4(공항시설·비행장시설 관리기준)

46 다음 중 공항에서 금지되는 행위가 아닌 것은?

① 급유작업 중인 항공기로부터 30m 이내의 장소에서 담배를 피우는 행위
② 항공정비사가 정비 또는 시운전중의 항공기로부터 30m 이내로 들어오는 행위
③ 격납고 기타의 건물의 마루를 청소하는 경우에 휘발성 가연물을 사용
④ 기름이 묻은 걸레를 부식되거나 파손되지 않는 재료로 된 보관용기 이외에 버리는 행위

해설
공항시설법 시행규칙 제19조 관련 별표 4(공항시설·비행장시설 관리기준)

47 다음 중 급유 또는 배유를 할 수 있는 경우는?

① 항공기가 격납고 기타 폐쇄된 장소 내에 있을 경우
② 발동기가 운전 중이거나 가열상태에 있는 경우
③ 항공기가 건물의 기타의 외측 20m에 있는 경우
④ 필요한 위험 예방조치가 강구되었을 경우를 제외하고 여객이 항공기 내에 있을 경우

해설
공항시설법 시행규칙 제19조 제1항 관련, 별표 4(공항시설·비행장시설 관리기준)

48 공항 내의 차량 취급 및 사용에 대한 것으로 틀린 것은?

① 차량의 수선 및 청소는 공항운영자가 정해준 곳에서만 가능하다.
② 보호구역 내에서는 공항운영자가 승인한 자만이 운전이 가능하다.
③ 격납고 내에서는 배기에 대한 방화장치가 있는 트랙터를 제외하고는 차량을 운전해서는 안된다.
④ 공항에서 자동차량을 주차하는 경우에는 지방항공청장이 지정한 곳에서만 주차가 가능하다.

해설
공항시설법 시행규칙 제19조 제1항 관련, 별표4(공항시설·비행장시설 관리기준)

[정답] 44 ③ 45 ② 46 ② 47 ③ 48 ④

49 다음 중 급유작업을 할 수 있는 경우는?

① 항공기가 건물의 외측 15[m] 이내에 있을 경우
② 항공기가 격납고 기타 폐쇄된 장소 내에 있을 경우
③ 안전조치가 취해진 항공기 내에 승객이 있을 경우
④ 발동기가 운전 중이거나 가열상태에 있는 경우

해설

공항시설법 시행규칙 제19조 관련 별표 4(공항시설·비행장시설 관리기준)

50 공항의 보호구역 내에서 차량을 운전하고자 하는 경우 누구에게 등록하여야 하는가?

① 국토교통부장관
② 교통안전공단 이사장
③ 한국공항공사 사장
④ 관할 경찰관

해설

공항시설법 시행규칙 제19조 제1항 관련, 별표4(공항시설·비행장시설 관리기준)

51 항공기가 격납고 기타 건물의 외측으로부터 몇 미터 이내에 있을 경우 급유 또는 배유를 해서는 안되는가?

① 10m ② 15m
③ 20m ④ 25m

해설

공항시설법 시행규칙 제19조 제1항 관련, 별표 4(공항시설·비행장시설 관리기준)

52 항공기의 급유 또는 배유 중일 때 위배되는 것은?

① 항공기의 무선설비 조작
② 항공기로부터 35m에서 흡연
③ 정전, 화학방전을 일으키지 않는 물건 사용
④ 안전조치가 되어있는 상태에서 승객의 탑승

해설

공항시설법 시행규칙 제19조제1항 관련, 별표 4(공항시설·비행장시설 관리기준) 제14호

53 다음 중 급유를 해서는 안되는 경우는?

① 필요한 위험예방조치가 강구되었을 때 여객이 항공기 내에 있을 경우
② 항공기가 계류장에 있을 경우
③ 항공기가 격납고 내에 있을 경우
④ 항공기가 유도로에 있을 경우

해설

공항시설법 시행규칙 제19조 관련 별표 4(공항시설·비행장시설 관리기준)

54 다음 중 공항에서의 금지행위가 아닌 것은?

① 휘발성 가연물을 사용하여 건물의 마루를 청소하는 것
② 통풍설비가 없는 장소에서 도포도료의 도프작업을 하는 것
③ 정차된 항공기 옆으로 지나다니는 것
④ 금속성 용기 이외에 기름이 묻은 걸레를 버리는 것

해설

공항시설법 시행규칙 제19조 관련 별표 4(공항시설·비행장시설 관리기준)

[정답] 49 ③ 50 ③ 51 ② 52 ① 53 ③ 54 ③

55 다음 중 항공기의 급유 또는 배유를 하지 말아야 하는 경우가 아닌 것은?

① 발동기가 운전중이거나 또는 가열상태에 있을 경우
② 항공기가 격납고 기타 폐쇄된 장소 내에 있을 경우
③ 당해 항공기로부터 30m 이내의 장소에 사람이 모여 있을 경우
④ 항공기가 격납고 기타의 건물의 외측 15m 이내에 있을 경우

해설

공항시설법 시행규칙 제19조제1항 관련, 별표 4(공항시설·비행장시설 관리기준)

56 항공등화시설의 변경사항 중 국토교통부장관의 허가를 받지 않아도 되는 것은?

① 운용시간의 변경
② 관리책임자의 변경
③ 등의 규격 또는 광도의 변경
④ 등화의 배치 및 조합의 변경

해설

공항시설법 시행규칙 제39조(항행안전시설의 변경) 제1항 참조

57 항행안전시설 휴지 등을 고시할 때 고시하여야 할 사항이 아닌 것은?

① 설치자 성명 및 주소
② 항행안전시설 종류 및 명칭
③ 휴지의 경우 휴지기간
④ 폐지 또는 재개의 경우 그 개시일

해설

공항시설법 시행규칙 제41조(항행안전시설 사용의 휴지·폐지·재개)

58 급유 또는 배유작업 시 항공기로부터 몇 m 이내의 장소에서 흡연이 금지되는가?

① 10m   ② 15m
③ 30m   ④ 50m

해설

공항시설법 시행규칙 제47조 제7항 관련, 별표 19(항공안전 확보 등을 위하여 금지되는 행위)

59 다음 중 금속편, 직물 등을 보관할 수 있는 곳은?

① 격납고   ② 유도로
③ 계류장   ④ 착륙대

해설

공항시설법 시행규칙 제47조(금지행위 등)

60 다음 중 공항에서의 금지행위가 아닌 것은?

① 내화성작업소 이외의 장소에서 휘발성액체 사용
② 통풍이 되는 곳에서의 도포, 도료행위
③ 기름걸레를 금속용기 외에 방치
④ 격납고 내에서 휘발성 물질로 바닥 청소

해설

공항시설법 시행령 제50조(금지행위)

61 항공시설에 대한 금지행위가 아닌 것은?

① 계류장에 금속편, 직물 또는 기타의 물건을 방치하는 행위
② 격납고에 금속편, 직물 또는 기타의 물건을 방치하는 행위

[정답] 55 ③ 56 ② 57 ④ 58 ③ 59 ① 60 ② 61 ②

③ 착륙대, 유도로에 금속편, 직물 또는 기타의 물건을 방치하는 행위
④ 비행장 안으로 물건을 투척하는 행위

> **해설**
> 공항시설법 시행령 제50조(금지행위)

62 다음 중 공항 내에서 항공의 위험을 일으킬 우려가 있는 행위가 아닌 것은?

① 착륙대, 유도로 또는 계류장에 금속편, 직물 또는 그 밖의 물건을 방치하는 행위
② 격납고 내에 금속편, 직물 또는 그 밖의 물건을 방치하는 행위
③ 착륙대, 유도로, 계류장에서 화기를 사용하는 행위
④ 운항중인 항공기에 장애가 되는 방식으로 항공기나 차량 등을 운행하는 행위

> **해설**
> 공항시설법 제56조(금지행위), 시행규칙 제47조(금지행위 등)

63 공항 내의 금지행위로 옳지 않은 것은?

① 비행장 주변 레이저 발사
② 착륙대, 유도로 또는 계류장에 금속편, 직물 또는 기타의 물건을 방치하는 것
③ 공항 안에서 정차된 항공기 근처로 항공기를 운행하는 것
④ 착륙대, 유도로, 계류장 또는 격납고에서 함부로 화기를 사용하는 행위

> **해설**
> 공항시설법 시행령 제50조(금지행위)

64 다음 중 공항에서의 금지행위가 아닌 것은?

① 휘발성 가연물을 사용하여 건물의 마루를 청소하는 것
② 통풍설비가 없는 장소에서 도포도료의 도포작업을 하는 것
③ 정차된 항공기 옆으로 지나다니는 것
④ 금속성 용기 이외에 기름이 묻은 걸레를 버리는 것

> **해설**
> 공항시설법 시행령 제50조(금지행위)

65 다음 중 공항에서의 금지행위가 아닌 것은?

① 급유 또는 배유작업 중의 항공기로부터 30미터 이내의 장소에서 담배를 피우는 것
② 격납고 바닥을 액체세제로 청소하는 것
③ 내화 및 통풍설비가 있는 실 이외의 장소에서 도포도료의 도포작업을 행하는 것
④ 내화성작업소 이외의 장소에서 가연성액체를 사용하여 항공기를 세척하는 것

66 장애물 제한표면 밖의 지역에서 지표면이나 수면으로부터 몇 미터 이상 되는 구조물을 설치하려는 경우 표시등 및 표지를 설치하여야 하는가?

① 50m
② 60m
③ 80m
④ 100m

> **해설**
> 공항시설법 제36조(항공장애 표시등의 설치 등) 제2항 참조

[정답] 62 ② 63 ③ 64 ③ 65 ② 66 ②

67 다음 중 외국인 국제항공운송사업의 허가신청서에 첨부하여야 할 서류가 아닌 것은?

① 국제민간항공협약 부속서 6에 따라 해당 정부가 발행한 운항증명 및 운영기준
② 최근의 손익계산서와 대차대조표
③ 사업경영 자금의 내역과 조달방법
④ 운항규정 및 정비규정

해설

항공사업법 시행규칙 제55조(외국인 국제항공운송사업의 허가 신청 등)

68 다음 중 허가없이 출입해서는 안되는 곳은?

① 착륙대, 유도로, 계류장, 격납고, 항행안전시설 설치지역
② 활주로, 착륙대, 유도로, 관제탑, 항행안전시설 설치지역
③ 활주로, 유도로, 계류장, 급유시설, 항행안전시설 설치지역
④ 착륙대, 유도로, 계류장, 급유시설, 항행안전시설 설치지역

해설

공항시설법 제56조(금지행위) 제1항

69 다음 중 비행장에서의 금지행위가 아닌 것은?

① 격납고에 금속편, 직물 또는 기타의 물건을 방치하는 행위
② 비행장 안에서 항공기를 향하여 물건을 던지는 행위
③ 허가없이 착륙대, 유도로에 출입하는 행위
④ 활주로, 유도로를 파손하거나 이들의 기능을 해칠 우려가 있는 행위

해설

공항시설법 제56조(금지행위), 시행규칙 제47조(금지행위 등)

70 다음 중 장비, 금속편 및 직물 등을 보관할 수 있는 곳은?

① 격납고
② 유도로
③ 계류장
④ 착륙대

해설

공항시설법 제56조(금지행위) 제3항 참조

71 공항 내 사진촬영 시 허가를 받지 않고 촬영이 가능한 것은?

① 보안지역 외의 지역에서 단순한 기념촬영
② 공항업체가 전시나 업무목적으로 촬영
③ 언론의 보도 프로그램 제작
④ 공익목적으로 촬영

[정답] 67 ③ 68 ① 69 ① 70 ① 71 ①

제4편

항공사업법

1. 제1장 　총칙
2. 제2장 　항공운송사업
3. 제3장 　항공기사용사업 등 항공관련사업
4. 제4장 　외국인 국제항공운송사업
5. 제5장 　항공교통이용자 보호
+ 제4편 기출문제 풀이

제1장 항공사업법 총칙

제1조 항공사업법 제정 목적

항공정책의 수립 및 항공사업에 관하여 필요한 사항을 정하여
- (1) 대한민국 항공사업의 체계적인 성장
- (2) 경쟁력 강화 기반을 마련하는
- (3) 항공사업의 질서유지 및 건전한 발전을 도모
- (4) 이용자의 편의를 향상시켜 국민경제의 발전과 공공복리의 증진에 이바지

제2조 용어 정의

1. **항공사업** : 국토교통부장관의 면허, 허가 또는 인가를 받거나 국토교통부장관에게 등록 또는 신고하여 경영하는 사업

2. **항공운송사업** : 국내항공운송사업, 국제항공운송사업, 소형항공운송사업

3. **국내항공운송사업** : 타인의 수요에 맞추어 항공기를 사용하여 유상으로 여객이나 화물을 운송하는 사업
   - (1) **국내 정기편 운항** : 국내공항과 국내공항 사이에 노선을 정하고 정기적인 운항계획에 따라 운항
   - (2) **국내 부정기편 운항** : 정기편 외의 국내 항공기 운항

4. **국제항공운송사업** : 타인의 수요에 맞추어 항공기를 사용하여 유상으로 여객이나 화물을 운송하는 사업
   - (1) **국제 정기편 운항** : 국내공항과 외국공항 사이 또는 외국공항과 외국공항 사이에 노선을 정하고 정기적인 운항계획에 따라 운항
   - (2) **국제 부정기편 운항** : 정기편 외의 국제 항공기 운항

> **부정기편이란(시행규칙 제3조)**
>
> 1. 지점 간 운항 : 한 지점과 다른 지점 사이에 노선을 운항
> 2. 관광비행 : 관광을 목적으로 이륙하여 정해진 노선을 따라 비행후 출발지점에 착륙하는 운항
> 3. 전세운송 : 노선을 정하지 아니하고 항공기를 독점하여 이용하려는 자와 사업자간에 항공운송계약을 맺고 운항하는 것

> **국내/국제 항공운송사업을 할 수 있는 항공기 규모(시행규칙 제2조)**
>
> 1. 여객 운송사업의 경우 : 승객의 좌석 수가 51석 이상일 것
> 2. 화물 운송사업의 경우 : 최대이륙중량이 2만5천킬로그램 초과
> 3. 조종실과 객실 또는 화물칸이 분리된 구조일 것

5. **소형항공운송사업** : 항공기를 사용하여 유상으로 여객이나 화물을 운송하는 사업으로서, 국내/국제 항공운송사업 외의 항공운송사업

6. **항공기정비업**

    (1) 항공기, 발동기, 프로펠러, 장비품, 부품을 정비·수리·개조하는 업무
    (2) 정비업무에 대한 기술관리 및 품질관리 등을 지원하는 업무

7. **항공기취급업 [시행규칙 제5조]** : 항공기 급유, 항공화물/수하물의 하역, 지상조업을 하는 사업

    (1) **항공기 급유업** : 항공기에 연료 및 윤활유를 주유하는 사업
    (2) **항공기 하역업** : 화물이나 수하물을 항공기에 싣거나 내려서 정리하는 사업
    (3) **지상조업사업** : 항공기 유도, 항공기 탑재 관리 및 동력 지원, 항공기 운항정보 지원, 승객 및 승무원의 탑승, 출입국 관련 업무, 장비 대여, 항공기 청소 등을 하는 사업

8. **항공기사용사업**

    (1) 항공운송사업 외의 사업으로, 항공기를 사용하여 농약살포, 건설자재 등의 운반, 사진촬영, 비행훈련 등 업무를 하는 사업

    (2) **항공기사용사업의 범위 [시행규칙 제4조]**

    ① 비료 또는 농약 살포, 씨앗 뿌리기 등 농업 지원
    ② 해양오염 방지약제 살포
    ③ 광고용 현수막 견인 등 공중광고

④ 사진촬영, 육상 및 해상 측량 또는 탐사
⑤ 산불 등 화재 진압
⑥ 수색 및 구조(응급구호 및 환자 이송을 포함한다)
⑦ 헬리콥터를 이용한 건설자재 등의 운반(헬리콥터 외부에 건설자재 등을 매달고 운반하는 경우만 해당한다)
⑧ 산림, 관로(管路), 전선(電線) 등의 순찰 또는 관측
⑨ 항공기를 이용한 비행훈련
⑩ 항공기를 이용한 고공낙하
⑪ 글라이더 견인
⑫ 그 밖에 특정 목적을 위하여 하는 것으로서 국토교통부장관 또는 지방항공청장이 인정하는 업무

9. 초경량비행장치사용사업

(1) 초경량비행장치를 사용하여 농약살포, 사진촬영 등을 하는 사업
(2) **사업범위** [시행규칙 제6조]
① 비료 또는 농약 살포, 씨앗 뿌리기 등 농업 지원
② 사진촬영, 육상·해상 측량 또는 탐사
③ 산림 또는 공원 등의 관측 또는 탐사
④ 조종교육
⑤ 다음에 해당하지 않는 업무
  가. 국민의 생명과 재산 등 공공의 안전에 위해를 일으킬 수 있는 업무
  나. 국방·보안 등에 관련된 업무로서 국가 안보를 위협할 수 있는 업무

10. 항공기대여업
: 항공기, 경량항공기 또는 초경량비행장치를 대여하는 사업(항공레저스포츠를 위하여 대여하여 주는 서비스는 제외 함)

11. 항공레저스포츠사업

(1) **항공레저스포츠란** : 취미·오락·체험·교육·경기 등을 목적으로 하는 비행
(2) **사업분야**
① 항공기(비행선과 활공기에 한정), 경량항공기, 초경량비행장치(인력활공기, 기구류, 동력패러글라이더, 낙하산류)를 사용하여 조종교육, 체험 및 경관조망을 목적으로 사람을 태워 비행하는 서비스
② 항공레저스포츠를 위하여 활공기, 비행선, 경량항공기, 초경량비행장치 대여해 주는 서비스
③ 경량항공기 또는 초경량비행장치에 대한 정비/수리/개조 서비스

12. **상업서류송달업** : 수출입 등에 관한 서류와 견본품을 항공기로 송달하는 사업
13. **항공운송총대리점업** : 항공운송사업자의 국제운송계약 체결을 대리하는 사업
14. **도심공항터미널업** : 공항구역이 아닌 곳에서 항공여객 및 항공화물의 수송 및 처리 시설을 운영하는 사업
15. **공항운영자** : 공항운영의 권한을 받았거나, 권한을 위탁·이전 받은 자
16. **항공교통사업자** : 공항운영자 또는 항공운송사업자
17. **항공교통이용자** : 항공교통서비스를 이용하는 자
18. **항공보험** : 여객보험, 기체보험, 화물보험, 전쟁보험, 제3자보험 , 승무원보험 등
19. **외국인 국제항공운송사업** : 제54조 외국인 국제항공운송사업 참조

제3조 항공정책

1. 항공정책기본계획의 수립
   (1) 국가항공정책에 관한 기본계획 5년마다 수립
   (2) 항공정책기본계획은 「항공보안법」 항공보안 기본계획, 「항공안전법」 항공안전정책기본계획 및 「공항시설법」 공항개발 종합계획에 우선하며, 그 계획의 기본이 된다.

2. 항공정책기본계획 포함 내용
   (1) 국내외 항공정책 환경의 변화와 전망
   (2) 국가항공정책의 목표, 전략계획 및 단계별 추진계획
   (3) 국내 항공산업의 육성 및 경쟁력 강화에 관한 사항
   (4) 공항의 효율적 개발 및 운영에 관한 사항
   (5) 항공교통이용자 보호 및 서비스 개선에 관한 사항
   (6) 항공전문인력의 양성 및 항공안전기술·항공기정비기술 등 항공산업 관련 기술의 개발에 관한 사항
   (7) 항공교통의 안전관리에 관한 사항
   (8) 항공보안에 관한 사항
   (9) 항공레저스포츠 활성화에 관한 사항
   (10) 그 밖에 항공산업의 진흥을 위하여 필요한 사항

3. 항공정책위원회 운영
   (1) 위원장 : 국토교통부장관

(2) 위원 구성 : 20명 내외 (임기 2년)
   ① 행정각부의 차관(기획재정부, 미래창조과학부, 외교부, 국방부, 산업자원부)
   ② 항공에 관한 학식과 경험이 풍부한 사람으로서 국토교통부장관이 위촉하는 13명 이내의 사람

(3) 위원회 심의내용
   ① 항공정책기본계획의 수립 및 변경
   ② 연도별 시행계획의 수립 및 변경
   ③ 공항개발 기본계획의 수립에 관한 사항
   ④ 공항, 비행장의 개발에 관한 주요 정책 및 자금의 조달에 관한 사항
   ⑤ 공항, 비행장의 개발과 관련하여 위원장이 심의에 부치는 사항
   ⑥ 그 밖에 항공정책에 관련하여 위원장이 심의에 부치는 사항

(4) **실무위원회를 둘 수 있음** : 전문적인 연구, 사전 검토, 위임한 업무 처리

(5) 위원 제척
   ① 위원 또는 위원이 속한 법인·단체 등과 이해관계가 있는 경우
   ② 위원의 가족(「민법」 제779조에 따른 가족을 말한다)이 이해관계인인 경우
   ③ 그 밖에 위원회의 의결에 직접적인 이해관계가 있다고 인정되는 경우

(6) 위원에게 공정한 직무집행을 기대하기 어려운 사정이 있으면 기피신청을 할 수 있음

(7) 위원이 제척 사유에 해당 된다면 위원 스스로 심의를 회피하여야 한다.

항공사업법
항공운송사업

제7조 국내/국제 항공운송사업 면허

1. **국내항공운송사업 또는 국제항공운송사업을 경영하려는 자는 국토교통부장관의 면허를 받아야 함**
   국제항공운송사업의 면허를 받은 경우 국내항공운송사업의 면허를 받은 것으로 본다.

   (1) 정기편 운항을 하려면 노선별로 국토교통부장관의 허가를 받아야 함
   (2) 부정기편 운항을 하려면 국토교통부장관의 허가를 받아야 함

2. **면허신청/변경**
   (1) 신청서에 사업운영계획서를 첨부하여 국토교통부장관에게 제출
   (2) 면허 또는 허가를 받은 자가 중요한 사항을 변경하려면 변경면허 또는 변경허가를 받아야 함

3. **면허 기준**
   (1) 항공교통의 안전에 지장을 줄 염려가 없을 것
   (2) 사업자 간 과당경쟁의 우려가 없고, 이용자의 편의에 적합할 것
   (3) 일정 기간 동안 사업을 수행할 수 있는 재무능력을 갖출 것
   (4) 다음 각 목의 요건에 적합할 것 [시행령 별표1]
      ① 재무능력 : 자본금 50억 원 이상
      ② 항공기 보유 : 국내선은 1대 이상, 국제선은 3대 이상
   ※ 면허를 받은 후 최초 운항전까지 면허기준을 충족하여야 하고, 그 이후에도 유지되어야 함

국내항공운송사업 및 국제항공운송사업의 면허기준 [시행령 별표 1]

구 분	국내(여객)·국내(화물)·국제(화물)	국제(여객)
1. 재무능력	법 제19조제1항에 따른 운항개시예정일(이하 "운항개시예정일"이라 한다)부터 2년 동안 법 제7조제4항에 따른 사업운영계획서에 따라 항공운송사업을 운영하였을 경우에 예상되는 운영비 등의 비용을 충당할 수 있는 재무능력(해당 기간 동안 예상되는 영업수입을 포함한다)을 갖출 것. 다만, 운항개시예정일부터 3개월 동안은 영업수입을 제외하고도 해당 기간에 예상되는 운영비 등의 비용을 충당할 수 있는 재무능력을 갖추어야 한다.	

구 분	국내(여객)·국내(화물)·국제(화물)	국제(여객)
2. 자본금 또는 자산평가액	가. 법인 : 납입자본금 50억원 이상일 것 나. 개인 : 자산평가액 75억원 이상일 것	가. 법인 : 납입자본금 150억원 이상일 것 나. 개인 : 자산평가액 200억원 이상일 것

3. 항공기	가. 항공기 대수: 1대 이상
	나. 항공기 성능
	  1) 계기비행능력을 갖출 것
	  2) 쌍발(雙發) 이상의 항공기일 것
	  3) 여객을 운송하는 경우에는 항공기의 조종실과 객실이, 화물을 운송하는 경우에는 항공기의 조종실과 화물칸이 분리된 구조일 것
	  4) 항공기의 위치를 자동으로 확인할 수 있는 기능을 갖출 것
	다. 승객의 좌석 수가 51석 이상일 것 (여객을 운송하는 경우만 해당한다)
	라. 항공기의 최대이륙중량이 25,000킬로그램을 초과할 것(화물을 운송하는 경우만 해당한다)
		가. 항공기 대수: 3대 이상
		나. 항공기 성능
		  1) 계기비행능력을 갖출 것
		  2) 쌍발 이상의 항공기일 것
		  3) 항공기의 조종실과 객실이 분리된 구조일 것
		  4) 항공기의 위치를 자동으로 확인할 수 있는 기능을 갖출 것
		다. 승객의 좌석 수가 51석 이상일 것

제9조 항공운송사업 면허의 결격사유

1. 「항공안전법」 제10조제1항에 해당하는 자(등록할 수 없는자)
2. 피성년후견인, 피한정후견인 또는 파산선고를 받고 복권되지 아니한 사람
3. 항공관련 법을 위반하여 금고 이상의 실형을 받고 3년이 지나지 아니한 사람
4. 항공관련 법을 위반하여 금고 이상의 집행유예를 받고 유예기간 중에 있는 사람
5. 면허 또는 등록의 취소처분을 받은 후 2년이 지나지 아니한 자
6. 임원 중에 제1호부터 제5호까지의 어느 하나에 해당하는 사람이 있는 법인

제10조 소형항공운송사업

1. 소형항공운송사업을 경영하려는 경우 : 국토교통부장관에게 등록

2. 등록 요건 [시행령 별표 2]

  (1) 자본금 또는 자산평가액이 7억5천만원 이상
  (2) 항공기 1대 이상
  (3) 그 밖에 사업 수행에 필요한 요건

3. 정기편 운항을 하려면 노선별로 국토교통부장관의 허가를 받아야 하며, 부정기편 운항을 하려면 국토교통부장관에게 신고하여야 한다.

4. 면허신청/변경
   (1) 신청서에 사업운영계획서를 첨부하여 국토교통부장관에게 제출
   (2) 등록 또는 신고를 하거나 허가를 받으려는 자가 중요한 사항을 변경하려면 변경등록/변경신고/변경허가를 받아야 한다.
   ※ 소형항공운송사업 등록의 결격사유는 항공운송사업의 결격사유와 같음

제11조 항공기사고 시 지원계획서

1. 국내/국제 항공운송사업 또는 소형항공운송사업 등록을 하려는 자는 항공기 사고시 탑승자 및 그 가족에 대한 지원 계획서를 제출 하여야 함

2. 지원계획서 포함할 내용
   (1) 항공기사고대책본부의 설치 및 운영에 관한 사항
   (2) 피해자의 구호 및 보상절차에 관한 사항
   (3) 유해(遺骸) 및 유품(遺品)의 식별·확인·관리·인도에 관한 사항
   (4) 피해자 가족에 대한 통지 및 지원에 관한 사항
   (5) 그 밖에 국토교통부령으로 정하는 사항

제12조 사업계획의 변경

항공운송사업자는 면허/등록 당시 사업계획에 따라 업무를 수행해야 한다.

1. 사업계획 대로 수행할 수 없는 예외 조건
   (1) 기상악화   (2) 안전운항을 위한 정비로서 예견하지 못한 정비
   (3) 천재지변   (4) 항공기 접속관계로 노선이 지연된 경우
   (5) 제1호 ~ 제4호까지에 준하는 부득이한 사유 발생시

2. 다음의 경우로 인하여 접속관계에 있는 노선의 운항이 지연된 경우에 당일 사업계획의 변경신고 가능
   (1) 이륙 대기 및 공중 체공 등의 사유로 항공교통관제 허가가 지연된 경우
   (2) 항공로 혼잡으로 운항이 지연된 경우
   (3) 테러 및 전염병 등의 발생으로 조치가 필요하여 운항이 지연된 경우
   (4) 공항시설에 장애가 발생하여 운항이 지연된 경우
   ※ 사업계획변경 신고는 출발 10분 전까지 하여야 한다.

3. **사업계획 변경** : 국토교통부장관 인가 필요

4. **사업계획의 경미한 사항[시행규칙 제18조] 변경** : 국토교통부장관 신고
   ※ 비사업 목적으로 운항하는 경우 사업계획 변경인가를 받은 것으로 본다.
   (1) 항공기 정비를 위한 공수(空手) 비행
   (2) 항공기 정비 후 항공기의 성능을 점검하기 위한 시험 비행
   (3) 교체공항으로 회항한 항공기의 목적공항으로의 비행
   (4) 구조대원 또는 긴급구호물자 등 무상으로 사람이나 화물을 수송하기 위한 비행

제13조 사업계획의 준수 여부 조사

1. 국토교통부장관은 항공서비스 이용자의 불편을 최소화하기 위하여 항공운송사업자에 대하여 운항계획의 준수 여부를 조사할 수 있다.

2. 효율적인 조사업무 추진을 위한 전담조사반 운영
   (1) **담당업무** : 운항계획 준수 여부 조사
   (2) **조사결과 보고** : 국토교통부장관

3. 조사 결과에 따라 사업개선 명령 또는 사업정지 조치

제14조 항공운송사업 운임 및 요금의 인가

1. 국제항공운송사업자/국제운항 소형항공운송사업자는 국제항공노선의 여객 또는 화물(우편물은 제외한다. 이하 같다)의 운임 및 요금을 정하여 (국제항공노선 관련 항공협정에 의하여) 국토교통부장관의 인가 또는 신고하여야 한다.

2. **국제항공운송 운임과 요금 인가기준**
   (1) 적정한 경비 및 이윤을 포함한 범위를 초과하지 아니할 것
   (2) 제공하는 서비스의 성질이 고려되어 있을 것
   (3) 특정한 여객/화물운송 의뢰인에 대하여 불합리하게 차별하지 아니할 것
   (4) 여객/화물운송 의뢰인이 이용하는 것을 매우 곤란하게 하지 아니할 것
   (5) 다른 항공운송사업자와의 부당한 경쟁을 일으킬 우려가 없을 것

3. 국내항공노선의 여객/화물의 운임 및 요금을 정하거나 변경하려는 경우, 20일 이상 예고하여야 한다.

제16조 국제항공 운수권의 배분

1. 국토교통부장관은 외국정부와의 항공회담을 통하여 운항횟수를 정하고, 그 횟수 내에서 운항할 수 있는 권리(운수권)를 국제항공운송사업자의 신청을 받아 배분할 수 있다.

2. **운수권 배부기준**

   면허기준 및 외국정부와의 항공회담에 따른 합의사항 고려하여 배분한다.

3. 운수권의 활용도를 높이기 위하여 배분된 국제항공운송사업자의 운수권의 전부 또는 일부를 회수할 수 있다.
   (1) 폐업하거나 해당 노선을 폐지한 경우
   (2) 운수권을 배분받은 후 1년 이내에 해당 노선을 취항하지 아니한 경우
   (3) 취항한 후 운수권의 전부 또는 일부를 사용하지 아니한 경우

> **항공기 운항시각의 배분**
> ① 공항의 효율적인 운영과 항공기의 원활한 운항을 위하여 항공기의 출발 또는 도착시각(운항시각)을 신청 받아 배분 또는 조정할 수 있다.
> ② 공항시설의 규모, 여객수용능력 등을 고려하여 운항시각 배분
> ③ 운항시각의 활용도를 높이기 위하여 배분된 운항시각의 전부 또는 일부가 사용되지 아니하는 경우에는 운항시각을 회수할 수 있다.

> **영공통과이용권의 배분**
> ① 외국정부와의 항공회담을 통하여 외국의 영공통과 이용 횟수를 정하고,
> ② 그 횟수 내에서 항공기를 운항할 수 있는 권리(영공통과이용권)를 국제항공운송사업자의 신청을 받아 배분할 수 있다.
> ③ 영공통과이용권을 배분하는 경우에는 면허기준 및 외국정부와의 항공회담에 따른 합의사항 등을 고려하여 배분
> ④ 배분된 영공통과이용권이 사용되지 아니하는 경우에는 이용권의 전부 또는 일부를 회수할 수 있다.

제19조 항공운송사업자의 운항개시 의무

1. 항공운송사업자는 운항개시예정일에 운항을 시작하여야 한다.
   정기편 노선의 허가를 받은 경우 운항개시예정일에 운항을 시작하여야 한다.

2. 운항개시예정일을 연기하는 경우 : 국토교통부장관의 승인

   (천재지변이나 그 밖의 불가피한 사유시 연기)

3. 운항개시예정일 전에 운항을 시작하려는 경우 : 국토교통부장관 신고

※ 항공운송사업자는 타인에게 항공운송사업을 경영하게 하거나 그 면허증 또는 등록증을 빌려주어서는 아니 된다.

4. 항공운송사업자가 항공운송사업을 양도·양수하려는 경우 : 국토교통부장관 인가

5. 소형항공운송사업자가 그 소형항공운송사업을 양도·양수하려는 경우 : 신고

제24조 항공운송사업의 휴업과 노선의 휴지

1. 국제항공운송사업자가 휴업(국제노선의 휴지를 포함)하려는 경우 : 국토교통부장관 허가

2. 소형항공운송사업자가 국제노선을 휴지하려는 경우 : 신고

3. 국제항공운송사업자가 국내항공운송사업을 휴업하려는 경우 : 신고

4. 국내항공운송사업자 또는 소형항공운송사업자가 휴업하려는 경우 : 신고

5. 휴업/휴지의 허가기준
   (1) 항공편 예약 사항이 없거나, 대체 항공편 제공 등의 조치가 완료되어야 함
   (2) 휴업 또는 휴지로 이용자 등에게 심한 불편을 주거나 공익을 해칠 우려가 없을 것

6. 휴업/휴지 기간 : 6개월 이내
※ 외국과의 항공협정으로 운항지점 및 수송력 등에 제한없이 운항이 가능한 노선의 휴지기간 : 12개월 이내

항공운송사업의 폐업과 노선의 폐지

1. 폐업하려는 경우와 국제노선을 폐지하려는 경우 : 국토교통부장관의 허가
2. 국제항공운송사업자가 국내항공운송사업을 폐업하려는 경우 : 신고
3. 폐업/폐지의 허가기준
   ① 폐업일/폐지일 이후 항공편 예약 사항이 없거나, 예약 사항이 있는 경우 대체 항공편 제공 등의 조치가 끝났을 것
   ② 폐업 또는 폐지로 항공시장의 건전한 질서를 침해하지 아니할 것
4. 국내항공운송사업자 또는 소형항공운송사업자가 폐업(노선의 폐지를 포함하되, 국제노선의 폐지는 제외한다)하려는 경우 : 신고

항공운송사업 면허의 취소/정지

1. 면허 또는 등록 취소 : 법 제28조[p272]제1호·제2호·제4호 또는 제20호
2. 면허 정지(6개월 이내) : 법 제28조[p272] 1항

제29조 과징금 부과

사업의 정지를 명하여야 하는 경우 이용자 등에게 심한 불편을 주거나 공익을 해칠 우려가 있는 경우
1. 사업정지처분을 갈음하여 50억원 이하의 과징금 부과
2. 소형항공운송사업자의 경우 20억원 이하의 과징금 부과

제3장 항공사업법
항공기사용사업 등 항공관련사업

항공기사용사업

1. 항공기사용사업의 등록
   (1) 항공기사용사업을 경영하려는 경우 : 국토교통부장관에게 등록
   (2) 항공기사용사업 등록 요건[시행령 별표4, p276]
      ① 자산평가액이 7억원 이상
      ② 항공기 1대 이상
      ③ 그 밖에 국토교통부령으로 정하는 요건
   (3) 제9조 국내/국제항공운송사업의 결격사유에 해당하는 자는 항공기사용사업의 등록을 할 수 없다.

2. 사업계획 변경
   (1) 사업계획을 변경하는 경우 : 국토교통부장관의 인가
   (2) 경미한 사항을 변경하려는 경우 : 국토교통부장관에게 신고
      ① 자본금의 변경
      ② 사업소의 신설 또는 변경
      ③ 대표자 변경
      ④ 대표자의 대표권 제한 및 그 제한의 변경
      ⑤ 상호 변경
      ⑥ 사업범위의 변경
      ⑦ 항공기 등록 대수의 변경

3. 사업계획의 변경인가 기준
   (1) 항공교통의 안전에 지장을 줄 염려가 없을 것
   (2) 사업자 간 과당경쟁의 우려가 없고 이용자의 편의에 적합할 것

4. 항공기사용사업, 항공기정비업, 항공기취급업, 항공기대여업, 초경량비행장치 사용사업, 항공레저스포츠사업, 상업서류송달업 관련 공통적용 법조항

   (1) 명의대여 등의 금지에 관하여는 제33조를 준용한다.
   (2) 양도·양수에 관하여는 제34조를 준용한다.
   (3) 합병에 관하여는 제35조를 준용한다.
   (4) 상속에 관하여는 제36조를 준용한다.
   (5) 휴업 및 폐업에 관하여는 제37조 및 제38조를 준용한다.
   (6) 사업개선 명령에 관하여는 제39조를 준용한다.
   (7) 등록취소 또는 사업정지에 관하여는 제40조를 준용한다.
   (8) 과징금의 부과에 관하여는 제41조를 준용한다.(과징금은 사업종류별로 다름)

항공기정비업

1. 항공기정비업의 등록

   (1) 항공기정비업을 경영하려는 경우 : 국토교통부장관에게 등록

   (2) 변경하려는 경우 : 국토교통부장관에게 신고
      ① 자본금의 감소
      ② 사업소의 신설 또는 변경
      ③ 대표자 변경
      ④ 대표자의 대표권 제한 및 그 제한의 변경
      ⑤ 상호의 변경
      ⑥ 사업 범위의 변경

2. 항공기정비업을 등록 요건[시행령 별표6, p282]

   (1) 자산평가액이 3억원 이상
   (2) 정비사 1명 이상
   (3) 그밖에 국토교통부령으로 정하는 요건

3. 항공기정비업의 등록 불가

   (1) 제9조제2호부터 제6호의 어느 하나에 해당하는 자
   (2) 항공기정비업 등록의 취소처분을 받은 후 2년이 지나지 아니한 자

항공기취급업

1. 항공기취급업의 등록
    (1) 항공기취급업을 경영하려는 경우 : 국토교통부장관에게 등록
    (2) 변경하려는 경우 : 국토교통부장관에게 신고
        ① 자본금의 감소
        ② 사업소의 신설 또는 변경
        ③ 대표자 변경
        ④ 대표자의 대표권 제한 및 그 제한의 변경
        ⑤ 상호의 변경
        ⑥ 사업 범위의 변경

2. 항공기취급업을 등록 요건[별표7]
    (1) 자산평가액이 3억원 이상
    (2) 항공기 급유, 하역, 지상조업을 위한 장비가 기준에 적합할 것
    (3) 그 밖에 국토교통부령으로 정하는 요건

3. 항공기취급업의 등록 불가
    (1) 제9조제2호부터 제6호의 어느 하나에 해당하는 자
    (2) 항공기취급업 등록의 취소처분을 받은 후 2년이 지나지 아니한 자

항공기대여업

1. 항공기대여업의 등록
    (1) 항공기대여업을 경영하려는 경우 : 국토교통부장관에게 등록
    (2) 변경하려는 경우 : 국토교통부장관에게 신고

2. 항공기대여업 등록요건[별표8]
    (1) 자산평가액이 3천만원 이상
    (2) 항공기, 경량항공기 또는 초경량비행장치 1대 이상
    (3) 그 밖에 국토교통부령으로 정하는 요건

3. 항공기대여업의 등록 불가
    (1) 제9조 각 호의 어느 하나에 해당하는 자
    (2) 항공기대여업 등록의 취소처분을 받은 후 2년이 지나지 아니한 자

초경량비행장치 사용사업

1. 초경량비행장치 사용사업의 등록
    (1) **초경량비행장치 사용사업을 경영하려는 경우** : 국토교통부장관에게 등록
    (2) **변경하려는 경우** : 국토교통부장관에게 신고

2. 초경량비행장치 사용사업 등록요건[별표9]
    (1) 자산평가액이 3천만원 이상(최대이륙중량 25킬로그램 이하인 무인비행장치만을 사용하여 초경량비행장치 사용사업을 하려는 경우는 제외)
    (2) 초경량비행장치 1대 이상
    (3) 그 밖에 국토교통부령으로 정하는 요건

3. 초경량비행장치 사용사업 등록 불가
    (1) 제9조 각 호의 어느 하나에 해당하는 자
    (2) 초경량비행장치 사용사업 등록의 취소처분을 받은 후 2년이 지나지 아니한 자

항공레저스포츠사업

1. 항공레저스포츠사업 등록
    (1) **항공레저스포츠사업을 경영하려는 경우** : 국토교통부장관에게 등록
    (2) **변경하려는 경우** : 국토교통부장관에게 신고

2. 항공레저스포츠사업 등록요건[별표9]
    (1) 자산평가액이 3천만원 이상
    (2) 항공기, 경량항공기 또는 초경량비행장치 1대 이상
    (3) 그 밖에 국토교통부령으로 정하는 요건

3. 초경량비행장치 사용사업 등록 불가
    (1) 제9조 각 호의 어느 하나에 해당하는 자

(2) 항공기취급업, 항공기정비업, 또는 항공레저스포츠사업 등록의 취소처분을 받은 후 2년이 지나지 아니한 자

4. 항공레저스포츠사업 등록 제한
　　(1) 안전사고 우려, 이용자들에게 심한 불편, 공익을 해칠 우려가 있는 경우
　　(2) 인구밀집지역, 사생활 침해, 교통, 소음 및 주변환경 등을 고려할 때 부적합하다고 인정하는 경우
　　(3) 항공안전 및 사고예방 등을 위하여 국토교통부장관이 필요하다고 인정하는 경우

상업서류송달업, 항공운송총대리점업 및 도심공항터미널업

상업서류송달업, 항공운송총대리점업 및 도심공항터미널업을 경영하려는 경우 : 국토교통부장관에게 신고

제4장 항공사업법
외국인 국제항공운송사업

제54조 외국인 국제항공운송사업의 허가

1. 외국인 국제항공운송사업자는 국토교통부장관의 허가를 받아 유상으로 여객 또는 화물을 운송하는 사업을 할 수 있음
   (1) 대한민국 각 지역 간의 항행을 포함
   (2) 국토교통부장관은 국내항공운송사업이 국제항공 발전에 지장을 초래하지 아니하는 범위에서 운항 횟수 및 항공기 기종을 제한할 수 있다.

2. 외국인 허가대상
   (1) 대한민국 국민이 아닌 사람
   (2) 외국정부 또는 외국의 공공단체
   (3) 외국의 법인 또는 단체
   (4) 주식이나 지분의 2분의 1 이상을 소유하거나 그 사업을 사실상 지배하는 법인
   (5) 외국인이 대표자
   (6) 외국인이 임원 수의 2분의 1 이상을 차지하는 법인

3. 허가기준
   (1) 우리나라와 체결한 항공협정에 따라 해당 국가로부터 국제항공운송사업자로 지정받은 자일 것
   (2) 운항의 안전성이 「국제민간항공협약」 및 부속서에서 정한 표준과 방식에 부합하여 운항증명승인을 받았을 것
   (3) 우리나라가 해당 국가와 체결한 항공협정에 적합한 항공운송사업 일 것
   (4) 국제 여객 및 화물의 원활한 운송을 목적으로 할 것

제55조 외국항공기의 유상운송

1. 외국 국적을 가진 항공기의 사용자는 국내 각 지역간의 항행을 포함하여 국내에 도착하거나 국내에서 출발하는 여객/화물의 유상운송을 하는 경우 : 국토교통부장관의 허가를 받아야 한다.
   (외국인 국제항공운송사업자가 해당 사업에 사용하는 항공기는 제외)

2. 허가기준
   (1) 우리나라와 체결한 항공협정에 따른 정기편 운항을 보완하는 것일 것
   (2) 운항의 안전성이 「국제민간항공협약」 부속서의 표준과 방식에 부합할 것
   (3) 건전한 시장질서를 해치지 아니할 것
   (4) 국제 여객 및 화물의 원활한 운송을 목적으로 할 것

3. 외국인 국제항공운송사업의 휴업
   (1) 외국인 국제항공운송사업자가 휴업하려는 경우 : 국토교통부장관에게 신고, 휴업기간은 6개월을 초과할 수 없다.
   (2) 최대 휴업기간이 지난 이후에 사업을 재개하지 아니하면서 폐업신고를 하지 아니한 경우에는 최대 휴업기간 종료일의 다음날 폐업한 것으로 본다.

4. 군수품 수송의 금지
   (1) 외국국적 항공기로 군수품을 수송하려는 경우 : 국토교통부장관의 허가
   (2) "한미 상호방위조약"에 따라 아메리카합중국정부가 사용하는 항공기와 이에 관련된 항공업무에 종사하는 사람은 제외한다.

5. 외국인 국제항공운송사업 허가의 취소/사업정지
   (1) 허가 취소
      ① 거짓이나 그 밖의 부정한 방법으로 허가를 받은 경우
      ② 이 조에 따른 사업정지기간에 사업을 경영한 경우
   (2) 허가 취소 또는 사업정지(6개월 이내) : [법 제59조, p296]

제5장 항공사업법 항공교통이용자 보호

제61조 항공교통이용자 보호

1. 항공교통사업자는 항공교통이용자의 피해에 대한 구제절차 및 처리계획을 수립하고(영업개시 30일 전까지) 이를 이행하여야 한다.
   (1) 항공교통사업자의 운송 불이행 및 지연
   (2) 위탁수화물의 분실·파손
   (3) 항공권 초과 판매
   (4) 취소 항공권의 대금환급 지연
   (5) 탑승위치, 항공편 등 관련 정보 미제공으로 인한 탑승 불가
   (6) 항공사 과실로 인한 항공마일리지의 누락
   (7) 항공사의 사전 고지 없이 발생한 항공마일리지의 소멸
   (8) 교통약자 이동편의시설의 미설치로 인한 항공기의 탑승 장애
   ※ 불가항력적 피해임을 증명하는 경우에는 제외

2. **운송약관 등 서류의 비치**
   (1) 사업자의 영업소, 인터넷 홈페이지 또는 항공교통이용자가 잘 볼 수 있는 곳에 갖추어 두고, 항공교통이용자가 열람할 수 있게 하여야 한다.
   ※ 운임표, 요금표, 운송약관, 피해구제 계획 및 신청을 위한 관계 서류
   (2) 항공운송사업자, 항공운송총대리점업자 및 여행업자는 운임 및 요금을 포함하여 실제로 부담하여야 하는 금액의 총액을 쉽게 알 수 있도록 해당 정보를 제공하여야 한다.
   (3) 항공기사용사업자, 항공기정비업자, 항공기취급업자, 항공기대여업자, 초경량비행장치사용사업자 및 항공레저스포츠사업자는 요금표 및 약관을 영업소나 이용자가 잘 볼 수 있는 곳에 갖추어 두고, 이용자가 열람할 수 있게 하여야 한다.

3. **항공교통서비스 평가**
   (1) 국토교통부장관은 공공복리의 증진과 항공교통이용자의 권익보호를 위하여 항공교통서비스에 대한 평가를 한다.

(2) 평가항목
① 항공교통서비스의 정시성 또는 신뢰성
② 항공교통서비스 관련 시설의 편의성
③ 항공교통서비스의 안전성
④ 그밖에 국토교통부령으로 정하는 사항

4. 항공교통이용자를 위한 정보의 제공
   (1) 국토교통부장관은 항공교통서비스 보고서 발간 : 매년
   (2) 항공교통서비스 보고서를 항공교통이용자에게 제공하여야 한다.
   (3) 보고서 내용
   ① 항공교통사업자 및 항공교통이용자 현황
   ② 항공교통이용자의 피해현황 및 그 분석 자료
   ③ 항공교통서비스 수준에 관한 사항
   ④ 항공운송사업자의 안전도에 관한 정보
   ⑤ 국제기구 또는 다른 나라 항공교통이용자 보호 및 항공교통서비스 정책에 관한사항
   ⑥ 항공권 구입에 따라 적립되는 마일리지(탑승거리, 판매가 등에 따라 적립되는 점수)에 대한 적립 기준 및 사용 기준

제68조 한국항공협회의 설립

항공운송사업의 발전, 항공운송사업자의 권익보호, 공항운영 개선 및 항공 안전에 관한 연구와 그 밖에 정부가 위탁한 업무를 효율적으로 수행하기 위하여 한국항공협회를 설립할 수 있다.

1. 협회설립 가능자
   (1) 국내항공운송사업자 또는 국제항공운송사업자
   (2) 「인천국제공항공사법」에 따른 인천국제공항공사
   (3) 「한국공항공사법」에 따른 한국공항공사
   (4) 그 밖에 항공과 관련된 사업자 및 단체

2. 협회는 법인으로 하고, 그 주된 사무소의 소재지에서 설립등기 함으로써 성립한다.

3. 협회에 대한 재정지원 가능한 사업
   (1) 항공 진흥 및 안전을 위한 연구사업
   (2) 항공 관련 정보의 수집·관리를 위한 사업
   (3) 외국 항공기관과의 국제협력 촉진을 위한 사업

제4편 항공사업법 기출문제풀이

01 타인의 수요에 맞추어 항공기를 사용하여 유상으로 여객 또는 화물을 운송하는 사업은?

① 항공운송사업 ② 정기항공운송사업
③ 항공기사용사업 ④ 항공기취급업

해설

항공사업법 제2조(정의) 제7호, 제9호 참조

02 다음 중 항공기정비업에 대한 설명 중 옳은 것은?

① 항공기등, 장비품 또는 부품에 대하여 정비를 하는 사업
② 항공기등, 장비품 또는 부품에 대하여 정비 또는 수리를 하는 사업
③ 항공기등, 장비품 또는 부품에 대하여 정비 또는 개조를 하는 사업
④ 항공기등, 장비품 또는 부품에 대하여 정비, 수리 또는 개조를 하는 사업

해설

항공사업법 제2조(정의), 제17호 참조

03 항공사업법에 따른 항공운송사업의 종류에 포함되지 않는 것은?

① 소형항공운송사업 ② 부정기항공운송사업
③ 국내항공운송사업 ④ 국제항공운송사업

해설

항공사업법 제2조(정의) 제7호

04 항공기를 사용하여 유상으로 농약살포, 건설자재 등의 운반 또는 사진촬영 등을 하는 사업은?

① 항공기사용사업
② 소형항공운송사업
③ 항공기취급업
④ 항공기대여업

해설

항공사업법 제2조(정의)

05 소형항공운송사업의 정의로 맞는 것은?

① 국내항공운송사업 및 국제항공운송사업 외의 항공운송사업
② 국제항공운송사업 외의 항공운송사업
③ 국내 및 국제 정기편 외의 항공운송사업
④ 국제 정기편 외의 항공운송사업

해설

항공사업법 제2조(정의) 제13호 참조

[정답] 01 ② 02 ④ 03 ② 04 ① 05 ① 06 ②

제4편 항공사업법 기출문제풀이 | 255

06 다음 중 부정기편 운항이 아닌 것은?

① 지점간운항   ② 전세운송
③ 화물운송   ④ 관광비행

해설
항공사업법 시행규칙 제3조(부정기편 운항의 구분)

07 항공기취급업이 아닌 것은?

① 항공기하역업   ② 항공기급유업
③ 항공기정비업   ④ 지상조업사업

해설
항공사업법 시행규칙 제5조(항공기취급업의 구분)

08 다음 중 항공기취급업의 종류가 아닌 것은?

① 항공기급유업   ② 화물이동사업
③ 지상조업사업   ④ 항공기하역업

해설
항공사업법 시행규칙 제5조(항공기취급업의 구분)

09 항공기취급업에 포함되지 않는 것은?

① 지상조업사업
② 항공기 급유업
③ 항공기 하역업
④ 항공기 전세운송사업

해설
항공사업법 시행규칙 제5조(항공기취급업의 구분)

10 국내 또는 국제항공운송사업자가 사업계획으로 업무를 변경하려는 경우 해야 하는 것은? (다만, 국토교통부령으로 정하는 경미한 사항은 제외)

① 국토교통부장관의 인가
② 국토교통부장관에게 신고
③ 국토교통부장관에게 등록
④ 국토교통부장관에게 제출

해설
항공사업법 제12조(사업계획의 변경 등)

11 항공기급유업을 등록하기 위하여 필요한 장비는?

① 터그카   ② 서비스카
③ GPU   ④ 스텝카

해설
항공사업법 시행령 제21조 관련, 별표 7(항공기취급업 등록요건)

12 토잉 트랙터, 지상발전기(GPU), 엔진시동지원장치(ASU) 및 스텝카 등을 사용하여 수행하는 사업은?

① 항공기급유업   ② 항공기하역업
③ 항공기정비업   ④ 지상조업사업

해설
항공사업법 시행령 제21조 관련, 별표 7(항공기취급업 등록요건)

[정답] 06 ③ 07 ③ 08 ② 09 ④ 10 ① 11 ② 12 ④

13 항공기 전문검사기관의 검사규정에 포함되어야 할 사항이 아닌 것은?

① 항공기 및 장비품의 운용, 관리
② 증명 또는 검사업무의 체제 및 절차
③ 증명의 발급 및 대장의 관리
④ 기술도서 및 자료의 관리, 유지

해설
항공안전법 시행령 제27조(전문기검사기관의 검사규정)

14 항공기취급업 또는 항공기정비업 등록신청서의 내용이 명확하지 아니하거나 첨부서류가 미비한 경우 지방항공청장은 며칠 이내에 그 보완을 요구하여야 하는가?

① 3일 ② 5일
③ 7일 ④ 10일

해설
항공사업법 시행규칙 제41조(항공기정비업의 등록), 제43조(항공기취급업의 등록)

15 항공기정비업의 등록취소 처분을 받고 그 취소일부터 몇 년이 경과되지 아니한 자는 항공기정비업의 등록을 할 수 없는가?

① 1년 ② 2년
③ 3년 ④ 4년

해설
항공사업법 제42조(항공기정비업의 등록)

16 항공기취급업을 하려는 자는 누구에게 등록하여야 하는가?

① 국토교통부장관 ② 지방항공청장
③ 공항관리공단   ④ 해당 시도지사

해설
항공사업법 제44조(항공기취급업의 등록) 제1항

17 외국인이 국내에서 여객 또는 화물을 운송하는 사업을 하려면?

① 국토교통부장관의 허가를 받아야 한다.
② 국토교통부장관에게 등록하여야 한다.
③ 지방항공청장의 허가를 받아야 한다.
④ 지방항공청장에게 등록하여야 한다.

해설
항공사업법 제54조(외국인 국제항공운송사업의 허가)

18 외국인 국제항공운송사업을 하려는 자는 운항개시 예정일 며칠 전까지 허가신청서를 제출하여야 하는가?

① 30일   ② 60일
③ 90일   ④ 120일

해설
항공사업법 시행규칙 제55조(외국인 국제항공운송사업의 허가 신청)

19 다음 중 외국인 국제항공운송사업의 허가신청서에 첨부할 서류가 아닌 것은?

① 「국제민간항공협약」부속서 6에 따라 해당 정부가 발행한 운항증명 및 운영기준
② 최근의 손익계산서와 대차대조표
③ 운송약관 및 그 번역본
④ 사업경영 자금의 내역과 조달방법

해설
항공사업법 시행규칙 제55조(외국인 국제항공운송사업의 허가 신청 등)

[정답] 13 ① 14 ③ 15 ② 16 ① 17 ① 18 ② 19 ④

부록

항공·철도 사고조사에 관한 법률

국제항공법

국제민간항공협약

항공·철도 사고조사에 관한 법률

[시행 2020. 6. 9] [법률 제17453호, 2020. 6. 9, 타법개정]

제1장 총칙

제1조(목적) 이 법은 항공·철도사고조사위원회를 설치하여 항공사고 및 철도사고등에 대한 독립적이고 공정한 조사를 통하여 사고 원인을 정확하게 규명함으로써 항공사고 및 철도사고등의 예방과 안전 확보에 이바지함을 목적으로 한다.

제2조(정의) ① 이 법에서 사용하는 용어의 정의는 다음과 같다.
1. "항공사고"란 「항공안전법」 제2조제6호에 따른 항공기사고, 같은 조 제7호에 따른 경량항공기사고 및 같은 조 제8호에 따른 초경량비행장치사고를 말한다.
2. "항공기준사고"란 「항공안전법」 제2조제9호에 따른 항공기준사고를 말한다.
3. "항공사고등"이라 함은 제1호에 따른 항공사고 및 제2호에 따른 항공기준사고를 말한다.
4, 5. 삭 제
6. "철도사고"란 철도(도시철도를 포함한다. 이하 같다)에서 철도차량 또는 열차의 운행 중에 사람의 사상이나 물자의 파손이 발생한 사고로서 다음 각 호의 어느 하나에 해당하는 사고를 말한다.
   가. 열차의 충돌 또는 탈선사고
   나. 철도차량 또는 열차에서 화재가 발생하여 운행을 중지시킨 사고
   다. 철도차량 또는 열차의 운행과 관련하여 3명 이상의 사상자가 발생한 사고
   라. 철도차량 또는 열차의 운행과 관련하여 5천만원 이상의 재산피해가 발생한 사고
7. "사고조사"란 항공사고등 및 철도사고(이하 "항공·철도사고등"이라 한다)와 관련된 정보·자료 등의 수집·분석 및 원인규명과 항공·철도안전에 관한 안전권고 등 항공·철도사고등의 예방을 목적으로 제4조에 따른 항공·철도사고조사위원회가 수행하는 과정 및 활동을 말한다.

② 이 법에서 사용하는 용어 외에는 「항공사업법」·「항공안전법」·「공항시설법」에서 정하는 바에 따른다.

제3조(적용범위 등) ① 이 법은 다음 각 호의 어느 하나에 해당하는 항공·철도사고등에 대한 사고조사에 관하여 적용한다.
1. 대한민국 영역 안에서 발생한 항공·철도사고등
2. 대한민국 영역 밖에서 발생한 항공사고등으로서 「국제민간항공조약」에 의하여 대한민국을 관할권으로 하는 항공사고등

② 제1항에도 불구하고 「항공안전법」 제2조제4호에 따른 국가기관등항공기에 대한 항공사고조사는 다음 각 호의 어느 하나에 해당하는 경우 외에는 이 법을 적용하지 아니한다.
1. 사람이 사망 또는 행방불명된 경우
2. 국가기관등항공기의 수리·개조가 불가능하게 파손된 경우
3. 국가기관등항공기의 위치를 확인할 수 없거나 국가기관등항공기에 접근이 불가능한 경우

③ 제1항에도 불구하고 「항공안전법」 제3조에 따른 항공기의 항공사고조사는 이 법을 적용하지 아니한다.

④ 항공사고등에 대한 조사와 관련하여 이 법에서 규정하지 아니한 사항은 「국제민간항공조약」과 같은 조약의 부속서(附屬書)에서 채택된 표준과 방식에 따라 실시한다.

제2장 항공·철도사고조사위원회

제4조(항공·철도사고조사위원회의 설치) ① 항공·철도사고등의 원인규명과 예방을 위한 사고조사를 독립적으로 수행하기 위하여 국토교통부에 항공·철도사고조사위원회(이하 "위원회"라 한다)를 둔다.

② 국토교통부장관은 일반적인 행정사항에 대하여는 위원회를 지휘·감독하되, 사고조사에 대하여는 관여하지 못한다.

항공·철도 사고조사에 관한 법률 시행령
[시행 2013. 2.22] [대통령령 제24395호, 2013. 2.22, 일부개정]

제1조(목적) 이 영은 「항공·철도 사고조사에 관한 법률」에서 위임된 사항과 그 시행에 필요한 사항을 규정함을 목적으로 한다.

항공·철도 사고조사에 관한 법률 시행규칙
[시행 2013. 2.28] [국토해양부령 제571호, 2013. 2.28, 일부개정]

제1조(목적) 이 규칙은 「항공·철도 사고조사에 관한 법률」 및 같은 법 시행령에서 위임된 사항과 그 시행에 필요한 사항을 규정함을 목적으로 한다.

항공·철도 사고조사에 관한 법률

제5조(위원회의 업무) 위원회는 다음 각 호의 업무를 수행한다.
1. 사고조사
2. 제25조에 따른 사고조사보고서의 작성·의결 및 공표
3. 제26조에 따른 안전권고 등
4. 사고조사에 필요한 조사·연구
5. 사고조사 관련 연구·교육기관의 지정
6. 그 밖에 항공사고조사에 관하여 규정하고 있는 「국제민간항공조약」 및 동 조약부속서에서 정한 사항

제6조(위원회의 구성) ① 위원회는 위원장 1인을 포함한 12인 이내의 위원으로 구성하되, 위원 중 대통령령으로 정하는 수의 위원은 상임으로 한다.
② 위원장 및 상임위원은 대통령이 임명하며, 비상임위원은 국토교통부장관이 위촉한다.
③ 상임위원의 직급에 관하여는 대통령령으로 정한다.

제7조(위원의 자격요건) 위원이 될 수 있는 자는 항공·철도관련 전문지식이나 경험을 가진 자로서 다음 각 호의 어느 하나에 해당하는 자로 한다.
1. 변호사의 자격을 취득한 후 10년 이상 된 자
2. 대학에서 항공·철도 또는 안전관리분야 과목을 가르치는 부교수 이상의 직에 5년 이상 있거나 있었던 자
3. 행정기관의 4급 이상 공무원으로 2년 이상 있었던 자
4. 항공·철도 또는 의료 분야 전문기관에서 10년 이상 근무한 박사학위 소지자
5. 항공종사자 자격증명을 취득하여 항공운송사업체에서 10년 이상 근무한 경력이 있는 자로서 임명·위촉일 3년 이전에 항공운송사업체에서 퇴직한 자
6. 철도시설 또는 철도운영관련 업무분야에서 10년 이상 근무한 경력이 있는 자로서 임명·위촉일 3년 이전에 퇴직한 자
7. 국가기관등항공기 또는 군·경찰·세관용 항공기와 관련된 항공업무에 10년 이상 종사한 경력이 있는 자

제8조(위원의 결격사유) 다음 각 호의 어느 하나에 해당하는 자는 위원이 될 수 없다.
1. 피성년후견인·피한정후견인 또는 파산자로서 복권되지 아니한 자
2. 금고 이상의 실형을 선고받고 그 집행이 종료(집행이 종료된 것으로 보는 경우를 포함한다)되거나 집행이 면제된 날부터 3년이 지나지 아니한 자
3. 금고 이상의 형의 집행유예를 선고받고 그 유예기간 중에 있는 자
4. 법원의 판결 또는 법률에 의하여 자격이 상실 또는 정지된 자
5. 항공운송사업자, 항공기 또는 초경량비행장치와 그 장비품의 제조·개조·정비 및 판매사업 그 밖에 항공관련 사업을 운영하는 자 또는 그 임직원
6. 철도운영자 및 철도시설관리자, 철도차량을 제작·조립 또는 수입하는 자, 철도건설관련 시공업자 또는 철도용품·장비 판매사업자 그 밖의 철도관련 사업을 운영하는 자 및 그 임직원

제9조(위원의 신분보장) ① 위원은 임기 중 직무와 관련하여 독립적으로 권한을 행사한다.
② 위원은 다음 각 호의 어느 하나에 해당하는 경우를 제외하고는 그 의사에 반하여 해임 또는 해족되지 아니한다.
1. 제8조 각 호의 어느 하나에 해당하는 경우
2. 심신장애로 인하여 직무를 수행할 수 없다고 인정되는 경우
3. 이 법에 의한 직무상의 의무를 위반하여 위원으로서의 직무수행이 부적당하게 된 경우

제10조(위원장의 직무 등) ① 위원장은 위원회를 대표하며 위원회의 업무를 통할한다.
② 위원장이 부득이한 사유로 인하여 직무를 수행할 수 없는 때에는 위원장이 미리 지명한 위원, 상임위원, 위원 중 연장자 순으로 그 직무를 대행한다.

제11조(위원의 임기) 위원의 임기는 3년으로 하되, 연임할 수 있다.

재미있는 항공이야기

하늘에 그리는 그림 - 비행운

요즘같이 공해에 찌든 잿빛 하늘이야 쳐다보기도 싫지만, 가끔 맑은 날 가슴에 한줄기 선을 깊게 그어주는 하늘의 추억이 하나 있다. 하얀 선을 그으며 날아가는 비행기 꼬리구름의 모습이다.

어린 시절, 눈이 시리도록 파란 하늘에 그 꼬리구름이 다 없어질 때까지 고개를 뒤로 젖히고 목이 아프도록 쳐다보며 꿈을 키웠던 사람들도 많을 것이다. 이 동경의 대상이었던 하늘에 그려진 이 하얀 선은 바로 비행운(Con-densation trail)이라고 불리우는 일종의 구름이다.

비행운은 항공기가 맑고 냉습한 하늘을 날 때 그 뒤에 가끔 만들어지는 긴 줄 모양의 구름으로 엔진이 2대인 항공기에는 2줄, 엔진이 4개인 항공기에는 4줄의 구름이 나타난다. 비행운은 주로 작은 물방울이 쉽게 증발하지 않고 얼어 버릴 만큼의 높은 고도에서 발생하는데, 보통 대기온도가 영하 38도 이하인 약 8,000미터 이상의 고도에서 나타난다.

제트엔진을 장착한 항공기가 이 고도 이상에서 비행할 때 엔진에서 뿜어져 나오는 섭씨 약 625도 고온의 배기가스는 대기 중의 찬 공기와 혼합된다. 이 열을 전달받은 대기 중의 수증기는 더욱 활발히 주위의 수증기와 합쳐져 작은 물방울을 만들게 된다.

동시에 배기가스 속의 미세한 입자들은 수증기와 결합해 물방울이 더욱 잘 만들어지도록 도와준다. 이 물방울들은 대기의 저온으로 인해 곧바로 얼어버리고 이 얼음 알갱이들이 모여 구름, 즉 비행운으로 만들어 지게 되는 것이다.

따라서 이 비행운이 만들어지기 위해서는 비행중 엔진 후방 주위의 공기에 충분한 열을 공급할 수 있는 제트엔진을 장착하고 높은 고도를 비행하여야 하는 조건이 있다. 따라서 국내선을 운항하는 항공기의 경우 제트엔진을 장착하고 있지만 비행운을 만들 수 있을 만큼의 고도로 비행하지 않기 때문에 군용기의 경우에서 주로 볼 수 있다.

때문에 이 비행운이 만들어지기 위해서는 제트엔진을 장착한 비행기가 높은 고도를 비행하는 경우라야 가능한 것이다.

국내 공항에서 민간 항공기가 많이 뜨고 내리지만 비행운을 보기 드문 까닭도 이 때문이다.

높은 고도로 우리 영공을 통과하는 항공기 및 정찰용 군용기의 경우에서 주로 볼 수 있다.

잘 알지 못하는 경우, 비행운을 항공기 엔진이 내뿜는 매연이라고 오해하는 사람들도 적지 않다. 에어쇼 등에서 떼를 지어 색색의 비행운을 창공에 수놓는 것은 연막탄을 이용한 것으로 자연적으로 생겨나는 비행운과는 거리가 멀다.

하지만 비행운이 생겨나는 과학적 원리야 어떻든 푸른 하늘에 흰 줄을 그으며 저 멀리 사라지는 비행기를 바라볼 때만은 어린 시절 비행운을 보며 가졌던 동경과 낭만이 아직 그대로 남아있음을 느낄 수 있을 것이다.

〈자료출처 : 대한항공 홍보실〉

항공·철도 사고조사에 관한 법률

제12조(회의 및 의결) ① 위원회의 회의는 위원장이 소집하고, 위원장은 의장이 된다.
② 위원회의 의사는 재적위원 과반수로 결정한다.

제13조(분과위원회) ① 위원회는 사고조사 내용을 효율적으로 심의하기 위하여 분과위원회를 둘 수 있다.
② 제1항에 따른 분과위원회의 의결은 위원회의 의결로 본다.
③ 분과위원회의 조직 및 운영에 관하여 필요한 사항은 대통령령으로 정한다.

제14조(자문위원) 위원회는 사고조사에 관련된 자문을 얻기 위하여 필요한 경우 항공 및 철도분야의 전문지식과 경험을 갖춘 전문가를 대통령령으로 정하는 바에 따라 자문위원으로 위촉할 수 있다.

제15조(직무종사의 제한) ① 위원회는 항공·철도사고등의 원인과 관계가 있거나 있었던 자와 밀접한 관계를 갖고 있다고 인정되는 위원에 대하여는 해당 항공·철도사고등과 관련된 회의에 참석시켜서는 아니 된다.
② 제1항의 규정에 해당되는 위원은 해당 항공·철도사고등과 관련한 위원회의 회의를 회피할 수 있다.

제16조(사무국) ① 위원회의 사무를 처리하기 위하여 위원회에 사무국을 둔다.
② 사무국은 사무국장·사고조사관 그 밖의 직원으로 구성한다.
③ 사무국장은 위원장의 명을 받아 사무국 업무를 처리한다.
④ 사무국의 조직 및 운영 등에 관하여 필요한 사항은 대통령령으로 정한다.

제3장 사고조사

제17조(항공·철도사고등의 발생 통보) ① 항공·철도사고등이 발생한 것을 알게 된 항공기의 기장, 「항공안전법」 제62조제5항 단서에 따른 그 항공기의 소유자등, 「철도안전법」 제61조제1항에 따른 철도운영자등, 항공·철도종사자, 그 밖의 관계인(이하 "항공·철도종사자등"이라 한다)은 지체 없이 그 사실을 위원회에 통보하여야 한다. 다만, 「항공안전법」 제2조제4호에 따른 국가기관등항공기의 경우에는 그와 관련된 항공업무에 종사하는 사람은 소관 행정기관의 장에게 보고하여야 하며, 그 보고를 받은 소관 행정기관의 장은 위원회에 통보하여야 한다.
② 제1항에 따른 항공·철도종사자와 관계인의 범위, 통보에 포함되어야 할 사항, 통보시기, 통보방법 및 절차 등은 국토교통부령으로 정한다.
③ 위원회는 제1항에 따라 항공·철도사고등을 통보한 자의 의사에 반하여 해당 통보자의 신분을 공개하여서는 아니 된다.

제18조(사고조사의 개시 등) 위원회는 제17조제1항에 따라 항공·철도사고등을 통보 받거나 발생한 사실을 알게 된 때에는 지체 없이 사고조사를 개시하여야 한다. 다만, 항공사고등에 대한 조사와 관련하여 이 법에서 규정하지 않은 사항은 「국제민간항공조약」의 규정과 동 조약의 부속서로서 채택된 표준과 방식에 따라 실시한다. 다만, 대한민국에서 발생한 외국항공기의 항공사고등에 대한 원활한 사고조사를 위하여 필요한 경우 해당 항공기의 소속 국가 또는 지역사고조사기구(Regional Accident Investigation Organization)와의 합의나 협정에 따라 사고조사를 그 국가 또는 지역사고조사기구에 위임할 수 있다.

제19조(사고조사의 수행 등) ① 위원회는 사고조사를 위하여 필요하다고 인정되는 때에는 위원 또는 사무국 직원으로 하여금 다음 각 호의 사항을 조치하게 할 수 있다.
  1. 항공기 또는 초경량비행장치의 소유자, 제작자, 탑승자, 항공사고등의 현장에서 구조 활동을 한 자 그 밖의 관계인(이하 "항공사고등 관계인"이라 한다)에 대한 항공사고등 관련 보고 또는 자료의 제출 요구
  2. 철도사고등과 관련된 철도운영 및 철도시설관리자, 종사자, 사고현장에서 구조활동을 하는 자 그 밖의 관계인(이하 "철도사고등 관계인"이라 한다)에 대한 철도사고와 관련한 보고 또는 자료의 제출 요구
  3. 사고현장 및 그 밖에 필요하다고 인정되는 장소에 출입하여 항공기 및 철도 시설·차량 그 밖의 항공·철도사고등과 관련이 있는 장부·서류 또는 물건(이하 "관계물건"이라 한다)의 검사
  4. 항공사고등 관계인 및 철도사고 관계인(이하 "관계인"이라 한다)의 출석 요구 및 질문

| 항공·철도 사고조사에 관한 법률 시행령 | 항공·철도 사고조사에 관한 법률 시행규칙 |

제2조(분과위원회의 구성 등) ① 「항공·철도 사고조사에 관한 법률」(이하 "법" 이라 한다) 제4조에 따른 항공·철도사고조사위원회(이하"위원회"라 한다)에 두는 분과위원회는 다음 각 호와 같다.
　1. 항공분과위원회
　2. 철도분과위원회
② 제1항제1호에 따른 항공분과위원회는 항공사고등에 대한 다음 각 호의 사항을 심의·의결한다.
　1. 법 제25조제1항에 따른 사고조사보고서의 작성 등에 관한 사항
　2. 법 제26조제1항에 따른 안전권고 등에 관한 사항
　3. 그 밖에 항공사고등에 관한 사항으로서 위원회에서 심의를 위임한 사항
③ 제1항제2호에 따른 철도분과위원회는 철도사고에 대한 다음 각 호의 사항을 심의·의결한다.
　1. 법 제25조제1항에 따른 사고조사보고서의 작성 등에 관한 사항
　2. 법 제26조제1항에 따른 안전권고 등에 관한 사항
　3. 그 밖에 철도사고에 관한 사항으로서 위원회에서 심의를 위임한 사항
④ 제1항 각 호에 따른 분과위원회(이하 "분과위원회"라 한다)는 분과위원회의 위원장(이하 "분과위원장"이라 한다)과 분과위원회의 상임위원(이하 "분과상임위원"이라 한다) 각 1명을 포함한 7명 이내의 위원으로 구성한다.
⑤ 각 분과위원장과 분과상임위원은 위원회의 위원장(이하 "위원장"이라 한다)과 상임위원이 각각 겸임하고, 분과위원회의 위원은 위원장이 위원회의 위원 중에서 지명한 사람으로 한다.
⑥ 분과위원장은 분과위원회를 대표하고, 분과위원회의 업무를 총괄한다.

제3조(분과위원회의 회의) ① 분과위원장은 분과위원회의 회의를 소집하며, 그 의장이 된다.
② 분과위원회의 회의는 분과위원회 재적위원 과반수의 찬성으로 의결한다.
③ 이 영에서 정한 것 외에 분과위원회의 운영 등에 관하여 필요한 사항은 위원장이 정한다.

제4조(자문위원의 위촉 등) ① 법 제14조에 따라 위원장은 해당 분야에 관하여 학식과 경험이 풍부한 사람을 자문위원으로 위촉할 수 있다.
② 위원장은 자문위원으로 하여금 사고조사에 관하여 의견을 진술하게 하거나 서면으로 의견을 제출할 것을 요청할 수 있다.
③ 자문위원의 임기는 5년으로 하되, 연임할 수 있다.

제2조 (항공·철도종사자와 관계인의 범위) 「항공·철도 사고조사에 관한 법률」(이하 "법"이라 한다) 제17조제1항에 따라 항공·철도사고등의 발생사실을 법 제4조제1항에 따른 항공·철도사고조사위원회(이하 "위원회"라 한다)에 통보해야 하는 항공·철도종사자와 관계인의 범위는 다음 각 호와 같다.
　1. 경량항공기 조종사(조종사가 통보할 수 없는 경우에는 그 경량항공기의 소유자)
　2. 초경량비행장치의 조종자(조종자가 통보할 수 없는 경우에는 그 초경량비행장치의 소유자)

제3조 (통보사항) 법 제17조제1항에 따라 항공·철도사고등의 발생 통보 시 포함되어야 할 사항은 다음 각 호와 같다.
　1. 항공사고등
　　가. 항공기사고 등의 유형
　　나. 발생 일시 및 장소
　　다. 기종(통보자가 알고 있는 경우만 해당한다)
　　라. 발생 경위(통보자가 알고 있는 경우만 해당한다)
　　마. 사상자 등 피해상황(통보자가 알고 있는 경우만 해당한다)
　　바. 통보자의 성명 및 연락처
　　사. 가목부터 바목까지에서 규정한 사항 외에 사고조사에 필요한 사항
　2. 철도사고
　　가. 철도사고의 유형

항공·철도 사고조사에 관한 법률

  5. 관계 물건의 소유자·소지자 또는 보관자에 대한 해당 물건의 보존·제출 요구 또는 제출된 물건의 유치
  6. 사고현장 및 사고와 관련 있는 장소에 대한 출입통제
② 제1항제5호에 따른 보존의 요구를 받은 자는 해당 물건을 이동시키거나 변경·훼손하여서는 아니 된다. 다만, 공공의 이익에 중대한 영향을 미친다고 판단되거나 인명구조 등 긴급한 사유가 있는 경우에는 그러하지 아니하다.
③ 위원회는 제1항제5호에 따라 유치한 관련물건이 사고조사에 더 이상 필요하지 아니할 때에는 가능한 한 조속히 유치를 해제하여야 한다.
④ 제1항에 따른 조치를 하는 자는 그 권한을 표시하는 증표를 가지고 있어야 하며, 관계인의 요구가 있는 때에는 이를 제시하여야 한다.

제20조(항공·철도사고조사단의 구성·운영) ① 위원회는 사고조사를 위하여 필요하다고 인정되는 때에는 분야별 관계 전문가를 포함한 항공·철도사고조사단을 구성·운영할 수 있다.
② 항공·철도사고조사단의 구성·운영에 관하여 필요한 사항은 대통령령으로 정한다.

제21조(국토교통부장관의 지원) ① 위원회는 사고조사를 수행하기 위하여 필요하다고 인정하는 때에는 국토교통부장관에게 사실의 조사 또는 관련 공무원의 파견, 물건의 지원 등 사고조사에 필요한 지원을 요청할 수 있다.
② 국토교통부장관은 제1항의 규정에 따라 사고조사의 지원을 요청받은 때에는 사고조사가 원활하게 진행될 수 있도록 필요한 지원을 하여야 한다.
③ 국토교통부장관은 제2항의 규정에 따라 사실의 조사를 지원하기 위하여 필요하다고 인정하는 때에는 소속 공무원으로 하여금 제19조제1항 각 호의 사항을 조치하게 할 수 있다. 이 경우 제19조제4항의 규정을 준용한다.

제22조(관계 행정기관 등의 협조) 위원회는 신속하고 정확한 조사를 수행하기 위하여 관계 행정기관의 장, 관계 지방자치단체의 장 그 밖의 공·사 단체의 장(이하 "관계기관의 장"이라 한다)에게 항공·철도사고등과 관련된 자료·정보의 제공, 관계 물건의 보존 등 그 밖의 필요한 협조를 요청할 수 있다. 이 경우 관계기관의 장은 정당한 사유가 없으면 협조하여야 한다.

제23조(시험 및 의학적 검사) ① 위원회는 사고조사와 관련하여 사상자에 대한 검시, 생존한 승무원 등에 대한 의학적 검사, 항공기·철도차량 등의 구성품 등에 대하여 검사·분석·시험 등을 할 수 있다.
② 위원회는 필요하다고 인정하는 경우에는 제1항에 따른 검시·검사·분석·시험 등의 업무를 관계 전문가·전문기관 등에 의뢰할 수 있다.

제24조(관계인 등의 의견청취) ① 위원회는 사고조사를 종결하기 전에 해당 항공·철도사고등과 관련된 관계인에게 대통령령으로 정하는 바에 따라 의견을 진술할 기회를 부여하여야 한다.
② 위원회는 사고조사를 위하여 필요하다고 인정되는 경우에는 공청회를 개최하여 관계인 또는 전문가로부터 의견을 들을 수 있다.

제25조(사고조사보고서의 작성 등) ① 위원회는 사고조사를 종결한 때에는 다음 각 호의 사항이 포함된 사고조사보고서를 작성하여야 한다.
  1. 개요
  2. 사실정보
  3. 원인분석
  4. 사고조사결과
  5. 제26조에 따른 권고 및 건의사항
② 위원회는 대통령령으로 정하는 바에 따라 제1항에 따라 작성된 사고조사보고서를 공표하고 관계기관의 장에게 송부하여야 한다.

제26조(안전권고 등) ① 위원회는 제29조제2항에 따른 조사 및 연구활동 결과 필요하다고 인정되는 경우와 사고조사과정 중 또는 사고조사결과 필요하다고 인정되는 경우에는 항공·철도사고등의 재발방지를 위한 대책을 관계 기관의 장에게 안전권고 또는 건의할 수 있다.

| 항공·철도 사고조사에 관한 법률 시행령 | 항공·철도 사고조사에 관한 법률 시행규칙 |

항공·철도 사고조사에 관한 법률 시행규칙 측:

나. 발생 일시 및 장소
다. 발생 경위(통보자가 알고 있는 경우만 해당한다)
라. 사상자, 재산피해 등 피해상황(통보자가 알고 있는 경우만 해당한다)
마. 사고수습 및 복구계획(통보자가 알고 있는 경우만 해당한다)
바. 통보자의 성명 및 연락처
사. 가목부터 바목까지에서 규정한 사항 외에 사고조사에 필요한 사항

제4조(통보시기) 법 제17조제1항에 따른 통보의무자는 항공·철도사고등이 발생한 사실을 알게 된 때에는 지체 없이 통보하여야 하며, 제3조에 따른 통보사항의 부족을 이유로 통보를 지연시켜서는 아니 된다.

제5조(통보방법 및 절차) ① 제17조제1항에 따른 항공·철도사고등의 발생통보는 구두, 전화, 모사전송(FAX), 인터넷 홈페이지 등의 방법 중 가장 신속한 방법을 이용하여야 한다.
② 제1항의 통보에 필요한 전화번호, 모사전송번호, 인터넷 홈페이지 주소 등은 위원회가 정하여 고시한다.

제6조(국가기관등항공기 사고발생 통보) 법 제17조제1항 단서에 따라 소관 행정기관의 장이 국가기관등항공기의 사고발생 사실을 위원회에 통보할 경우에는 제3조부터 제5조까지를 준용한다.

제7조(증표) 법 제19조제4항에 따른 증표는 별지 서식과 같다.

항공·철도 사고조사에 관한 법률 시행령 측:

제5조(항공·철도사고조사단의 구성 등) ① 법 제20조제1항에 따른 항공·철도사고조사단(이하 "조사단"이라 한다)의 단장은 법 제16조제2항에 따른 사고조사관 또는 사고조사와 관련된 업무를 수행하는 직원 중에서 위원장이 임명한다.
② 조사단의 단장은 조사단에 관한 사무를 총괄하고, 조사단의 구성원을 지휘·감독한다.
③ 위원회는 항공사고등이 군용항공기 또는 군 항공업무[항공기에 탑승하여 행하는 항공기의 운항(항공기의 조종연습은 제외한다), 항공교통관제 및 운항관리에 한정한다]와 관련되거나 군용항공기지 안에서 발생한 경우로서 이에 대한 조사를 위하여 조사단을 구성하는 경우에는 그 사고와 관련된 분야의 전문가 중에서 국방부장관이 추천하는 사람을 조사단에 참여시켜야 한다.
④ 이 영에서 정한 것 외에 조사단의 구성 및 운영에 관하여 필요한 사항은 위원장이 정한다.

제6조(의견청취) ① 위원회는 법 제24조제1항에 따라 관계인의 의견을 들으려는 때에는 일시 및 장소를 정하여 의견청취 7일 전까지 서면으로 통지하여야 한다.
② 제1항에 따른 통지를 받은 관계인은 위원회에 출석할 수 없는 부득이한 사유가 있는 경우에는 미리 서면(전자문서를 포함한다)으로 의견을 제출할 수 있다.
③ 제1항에 따른 통지를 받은 관계인이 정당한 사유 없이 위원회에 출석하지 아니하고 서면으로도 의견을 제출하지 아니한 때에는 의견진술의 기회를 포기한 것으로 본다.

제7조(사고조사보고서의 공표) 위원회는 법 제25조제2항에 따른 사고조사보고서를 언론기관에 발표하거나 위원회의 인터넷 홈페이지 게재 또는 인쇄물의 발간 등 일반인이 쉽게 알 수 있는 방법으로 공표하여야 한다.

항공·철도 사고조사에 관한 법률

② 관계 기관의 장은 제1항에 따른 위원회의 안전권고 또는 건의에 대하여 조치계획 및 결과를 위원회에 통보하여야 한다.

제27조(사고조사의 재개) 위원회는 사고조사가 종결된 이후에 사고조사 결과가 변경될 만한 중요한 증거가 발견된 경우에는 사고조사를 다시 할 수 있다.

제28조(정보의 공개금지) ① 위원회는 사고조사 과정에서 얻은 정보가 공개됨으로써 해당 또는 장래의 정확한 사고조사에 영향을 줄 수 있거나, 국가의 안전보장 및 개인의 사생활이 침해될 우려가 있는 경우에는 이를 공개하지 아니할 수 있다. 이 경우 항공·철도사고등과 관계된 사람의 이름을 공개하여서는 아니 된다.
② 제1항에 따라 공개하지 아니할 수 있는 정보의 범위는 대통령령으로 정한다.

제29조(사고조사에 관한 연구 등) ① 위원회는 국내외 항공·철도사고등과 관련된 자료를 수집·분석·전파하기 위한 정보관리 체제를 구축하여 필요한 정보를 공유할 수 있도록 하여야 한다.
② 위원회는 사고조사 기법의 개발 및 항공·철도사고등의 예방을 위하여 조사 및 연구활동을 할 수 있다.

제4장 보 칙

제30조(다른 절차와의 분리) 사고조사는 민·형사상 책임과 관련된 사법절차, 행정처분절차 또는 행정 쟁송절차와 분리·수행되어야 한다.

제31조(비밀누설의 금지) 위원회의 위원·자문위원 또는 사무국 직원, 그 직에 있었던 자 및 위원회에 파견되거나 위원회의 위촉에 의하여 위원회의 업무를 수행하거나 수행하였던 자는 그 직무상 알게 된 비밀을 누설하여서는 아니 된다.

제32조(불이익의 금지) 이 법에 의하여 위원회에 진술·증언·자료 등의 제출 또는 답변을 한 사람은 이를 이유로 해고·전보·징계·부당한 대우 또는 그 밖에 신분이나 처우와 관련하여 불이익을 받지 아니한다.

제33조(위원회의 운영 등) ① 이 법에서 정하지 아니한 위원회의 운영 및 사고조사에 필요한 사항 등은 위원장이 따로 정한다.
② 위원회는 국토교통부령으로 정하는 바에 따라 위원회에 출석하여 발언하는 위원장·위원·자문위원 및 관계인에 대하여 수당 또는 여비를 지급할 수 있다.

제34조(벌칙적용에서의 공무원 의제) 위원회의 위원, 자문위원, 제20조제1항에 따른 분야별 관계전문가, 제23조제2항에 따른 관계전문가 또는 전문기관의 임직원 중 공무원이 아닌 자는 「형법」 제129조부터 제132조까지의 규정을 적용할 때에는 공무원으로 본다.

제5장 벌 칙

제35조(사고조사방해의 죄) 다음 각 호의 어느 하나에 해당하는 자는 3년 이하의 징역 또는 3천만원 이하의 벌금에 처한다.
1. 제19조제1항제1호 및 제2호의 규정을 위반하여 항공·철도사고등에 관하여 보고를 하지 아니하거나 허위로 보고를 한 자 또는 정당한 사유 없이 자료의 제출을 거부 또는 방해한 자
2. 제19조제1항제3호의 규정을 위반하여 사고현장 및 그 밖에 필요하다고 인정되는 장소의 출입 또는 관계 물건의 검사를 거부 또는 방해한 자
3. 제19조제1항제5호의 규정을 위반하여 관계 물건의 보존·제출 및 유치를 거부 또는 방해한 자
4. 제19조제2항의 규정을 위반하여 관계 물건을 정당한 사유 없이 보존하지 아니하거나 이를 이동·변경 또는 훼손시킨 자

제36조(비밀누설의 죄) 제31조의 규정을 위반하여 직무상 알게 된 비밀을 누설한 자는 2년 이하의 징역, 5년 이하의 자격정지 또는 2천만원 이하의 벌금에 처한다.

항공·철도 사고조사에 관한 법률 시행령	항공·철도 사고조사에 관한 법률 시행규칙

제8조(공개를 금지할 수 있는 정보의 범위) 법 제28조제2항에 따라 공개하지 아니할 수 있는 정보의 범위는 다음 각 호와 같다. 다만, 해당정보가 사고분석에 관계된 경우에는 법 제25조제1항에 따른 사고조사보고서에 그 내용을 포함시킬 수 있다.
  1. 사고조사과정에서 관계인들로부터 청취한 진술
  2. 항공기운항 또는 열차운행과 관계된 자들 사이에 행하여진 통신기록
  3. 항공사고등 또는 철도사고와 관계된 자들에 대한 의학적인 정보 또는 사생활 정보
  4. 조종실 및 열차기관실의 음성기록 및 그 녹취록
  5. 조종실의 영상기록 및 그 녹취록
  6. 항공교통관제실의 기록물 및 그 녹취록
  7. 비행기록장치 및 열차운행기록장치 등의 정보 분석과정에서 제시된 의견
	제8조(수당 등의 지급) 법 제33조제2항에 따라 위원회에 출석하는 위원장·위원·자문위원 및 관계인에 대하여 예산의 범위에서 수당 및 여비를 지급할 수 있다. 다만, 공무원이 그 소관업무와 직접적으로 관련되어 위원회에 출석하는 경우에는 그러하지 아니하다.

항공·철도 사고조사에 관한 법률

제36조의2(사고발생 통보 위반의 죄) 제17조제1항 본문을 위반하여 항공·철도사고등이 발생한 것을 알고도 정당한 사유 없이 통보를 하지 아니하거나 거짓으로 통보한 항공·철도종사자등은 500만원 이하의 벌금에 처한다.

제37조(양벌규정) 법인의 대표자나 법인 또는 개인의 대리인, 사용인, 그 밖의 종업원이 그 법인 또는 개인의 업무에 관하여 제35조 또는 제36조의2의 어느 하나에 해당하는 위반행위를 하면 그 행위자를 벌하는 외에 그 법인 또는 개인에게도 해당 조문의 벌금형을 과(科)한다. 다만, 법인 또는 개인이 그 위반행위를 방지하기 위하여 해당 업무에 관하여 상당한 주의와 감독을 게을리하지 아니한 경우에는 그러하지 아니하다.

제38조(과태료) ① 제32조를 위반하여 이 법에 따라 위원회에 진술, 증언, 자료 등의 제출 또는 답변을 한 자에 대하여 이를 이유로 해고, 전보, 징계, 부당한 대우 또는 그 밖에 신분이나 처우와 관련하여 불이익을 준 자에게는 1천만원 이하의 과태료를 부과한다.
② 다음 각 호의 어느 하나에 해당하는 자에게는 500만원 이하의 과태료를 부과한다.
  1. 제19조제1항제1호 또는 제2호를 위반하여 항공·철도사고등과 관련이 있는 자료의 제출을 정당한 사유 없이 기피하거나 지연시킨 자
  2. 제19조제1항제4호를 위반하여 정당한 사유 없이 출석을 거부하거나 질문에 대하여 거짓으로 진술한 자
③ 다음 각 호의 어느 하나에 해당하는 자에게는 300만원 이하의 과태료를 부과한다.
  1. 제19조제1항제3호를 위반하여 항공·철도사고등과 관련이 있는 관계물건의 검사를 기피한 자
  2. 제19조제1항제5호를 위반하여 관계물건의 제출 및 유치를 기피하거나 지연시킨 자
  3. 제19조제1항제6호를 위반하여 출입통제에 따르지 아니한 자
④ 제1항부터 제3항까지의 규정에 따른 과태료는 대통령령으로 정하는 바에 따라 국토교통부장관이 부과·징수한다.

부칙 〈법률 제18188호, 2021. 5. 18, 일부개정〉

이 법은 공포 후 6개월이 경과한 날부터 시행한다.

항공·철도 사고조사에 관한 법률 시행령	항공·철도 사고조사에 관한 법률 시행규칙
제9조(과태료의 부과·징수절차) ① 법 제38조제1항에 따른 과태료의 부과기준은 별표와 같다.	
부칙 〈제24395호, 2013. 2.22〉	부칙 〈제571호, 2013. 2.28〉
제1조(시행일) 이 영은 공포한 날부터 시행한다.	이 영은 공포한 날부터 시행한다.
제2조(공개하지 아니할 수 있는 정보의 범위에 관한 적용례) 제8조제4호부터 제7호까지의 개정규정은 이 영 시행 후 발생하는 항공사고등 및 철도사고부터 적용한다.	

국제항공법

Ⅰ. 국제 항공법의 개념

1. 국제 항공법의 특성

국제 항공법은 각국 항공기의 운항 및 항공기의 운항 등으로 발생하는 법률관계를 규제하는 특수한 법의 영역을 형성하고 있으며 민법·상법 등의 일반 법규가 아닌 특별법에 속하며 독자적인 자율성을 갖는 법이라고 볼 수 있다. 항공법은 직접적으로 필요에 따라 입법된 성문법규로서, 국제 항공법은 항공법이 국제법규로서 성립된 것이며 성문의 국제조약으로서 형성되는 것이다.

국제 항공법은 항공 그 자체가 갖는 국제성이 법의 분야에 반영되고 있는 법규로서 국제적이고 보편적이어야 한다는 것이 요구되며, 항공법 부문 중에서 큰 비중을 차지하고 있다. 이와 같은 국제 항공법은 우위성은 입법면에서도 인정되고 있다. 즉, 국제적 통일법으로서 국제기구에 의해 입법되며, 이것이 각국의 국내항공법 제정에 반영되는 것이다.

2. 국제 항공법의 적용

국제 항공법은 평화 시의 항공에 대해서만 적용되며 전시의 항공에는 적용되지 않는다. 그리고 민간 항공기에만 적용되며 국가 항공기에는 적용되지 않는다. 국제민간항공조약(시카고조약) 제3조 a항은 "이 조약은 민간 항공기에 대해서만 적용되는 것이며 국가 항공기에는 적용되지 않는다"고 규정하고, 또한 이 조약 b항에서는 "군·세관·경찰의 업무에 사용되는 항공기는 국가 항공기로 인정한다"고 규정하고 있다.

그리고 국제 항공법의 적용 대상이 되는 항공기에는 "무조종사 항공기"도 포함되고 있으며 조종자 없이 비행할 수 있는 항공기는 체약국의 특별한 허가를 받고 또한 그 허가조건에 따르지 않으면 그 체약국의 영역 상공을 조종자 없이 비행할 수 없다.

3. 국제 항공법의 발달과정

가. 제1기

이 시기는 항공기의 발달이 극히 미비한 시기로서 항공기는 실험단계에 있었다. 이와 같은 상태에서 각국의 항공법은 대체로 경찰규칙의 정도에 불과하였으며, 국제적으로는 비정부 간의 사적 활동이 주가 되고 있었다.

이 당시 많은 학자 중에서도 가장 공적이 많았던 학자는 프랑스의 Fauchille 이었으며, 그가 1901년에 발표한

「공역과 항공기의 법률문제」는 최초의 체계적인 것이며 국제 항공법의 역사적 문헌이 되고 있다. 이 시기에 개최한 중요한 국제회의는, 1910년 19개국의 대표가 참가하여 파리에서 개최한 국제항공회의가 있다. 이 회의에서는 공역의 문제에 관한 국제 항공법전안이 제출되었으나 영국과 프랑스 간의 의견 대립으로 채택되지 않았다.

나. 제2기

제2기는 1919년의 파리국제항공조약으로부터 시작된다. 즉, 제1차 세계대전 종료 후 1919년 10월 13일 파리에서 국제항공조약이 체결되었으며, 이 조약에 의해 각국은 자국의 영공에 대한 국가주권이 확립되었고 세계 각국은 국제 간에 있어 항공기의 사용과 비행을 규제하는 국제항공의 체계가 확립되었다.

파리조약 제1조는 영역상의 공역에 대한 주권을 확립하였으며, 제2조에서는 부정기항공에 있어 무해항공의 자유를 인정하고 제3조는 비행금지구역의 설정에 관해 규정하였다. 이 밖에도 항공기의 국적, 감항증명 및 항공종사자의 기능증명, 비행규칙, 운송금지품 그리고 국가 항공기등에 관해 규정하였다.

파리조약은 국제민간항공을 위해 국제적인 통일 공법(公法)으로서, 제1차 세계대전 후의 국제항공운송의 발달을 촉진하는데 크게 기여하였으며, 시카고 국제민간항공조약이 체결될 때까지 국제항공의 기본법으로서, 이 기간에는 세계 각국이 항공법을 파리조약에 근거하여 제정을 하였다.

다. 제3기

제3기는 2차 세계대전 말기인 1944년 시카고 국제민간항공회의에서부터 현재까지의 기간이다. 이 시카고 회의는 1919년의 파리 국제항공회의 이후 가장 중요한 국제항공회의이며, 1944년 11월 1일 미국의 초청으로 시카고에서 국제민간항공회의가 개최되었다.

이 회의에서는 제2차 세계대전 후의 국제민간항공의 질서있는 발전을 기하기 위한 상공의 자유 확립, 국제민간항공조약의 제정 및 국제민간항공기구의 설치 등이 토의되었으며 현재 국제민간항공의 기본법인 국제민간항공조약을 성립시켰다.

4. 공역 이론

가. 공역의 자유설

지구상의 공간은 어떠한 국가도 영유할 수 없다는 뜻에서 공역은 자유라고 주장하는 설이다.
(1) 절대적 자유설 : 전 공역은 공간적으로나 물적으로 제한없이 완전히 자유이다.
(2) 상대적 자유설 : 전 공역은 원칙적으로 자유를 인정하나 영역상의 공역에 관해서는 하토국(下土國)의 안전상의 권리를 인정한다.

나. 공역의 주권설

공역 주권설은 공역은 하토국의 영유에 속하는 것이며 일정고도까지 주권을 인정하는 학설과 고도의 제한없이 주권을 인정하는 학설로 구분된다.

공역주권의 원칙형성은 제1차 세계대전의 결과로서 공역의 법적 성질에 관한 각국의 태도는 공역주권설에 의해 통일되었으며, 1919년의 파리 국제항공조약에 의해 명문화되었다.

Ⅱ. 항공에 관한 국제조약 및 기구

1. 국제민간항공조약(시카고조약)

가. 국제민간항공회의(시카고 회의)와 국제민간항공조약의 체결

1944년 11월 1일 미국 시카고에서 연합국 및 중립국 52개국 대표가 모여 국제민간항공회의를 개최하고 종전 후의 국제민간항공의 제반문제에 관해 토의를 하였다. 이것을 일반적으로 "시카고회의"라고 하며 이 회의에서 토의된 주요사항은 상공의 자유 확립, 국제민간항공조약의 제정 및 국제민간항공기구의 설치 등이다. 전후 국제항공의 방향을 설정하고 건전한 발전을 도모하기 위하여 개최된 시카고 회의에서는 영공주권에 관한 파리조약의 원칙을 그대로 인정하였으며, 주요한 의제중의 하나인 "상공의 자유"는 그 완전한 자유를 주장하는 미국과 제한된 자유만을 보장하자는 영국을 비롯한 유럽 국가들 간의 의견 대립으로 시카고조약에서는 상공의 자유에 관한 규정을 성립시키지 못하고 상공의 자유에 관한 규정은 부속협정인 국제항공운송협정과 국제항공업무통과협정에 위임하기로 하였다. 시카고조약에서는 부정기항공에 대한 자유만을 일정한 조건하에 각 체약국이 향유할 수 있을 뿐이고, 각국은 타국의 허가 없이는 정기항공운송을 위해 그 영역으로 취항하는 것은 물론, 영공통과의 권리도 인정받지 않았다.

시카고 회의에서 영공의 자유를 인정하는 다국간 질서가 수립되지는 않았지만, 반면에 국제민간항공을 통일적으로 규율하는 국제민간항공조약(시카고조약)이 제정되었으며, 국제항공의 안정성 확보와 국제항공질서의 감시를 목적으로 한 국제적 관리기구인 국제민간항공기구(ICAO)의 설립이 결정되었다.

나. 국제민간항공조약

1919년 파리조약, 1926년의 마드리드조약, 1928년의 아바나조약 등에서 채택된 국제민간항공에 관한 원칙을 정리해서 통합하고, 동시에 제2차 세계대전 이후의 국제항공의 건전하고 질서있는 발전을 위하여 필요한 기본원칙과 법적 질서를 확립하기 위해, 1944년 12월 7일에 시카고회의(국제민간항공회의)의 국제민간항공조약을 체결하게 되었다. 본 조약은 1947년 4월 4일에 발효되었으며, 우리나라는 1952년 12월 11일에 가입하였다.

국제민간항공조약의 목적은 조약의 전문에 있는 바와 같이 국제민간항공을 안전하고 질서있게 발달하도록 하여 국제민간항공업무가 기회 균등주의에 의하여 확립되고, 또 건전하고도 경제적으로 운영되도록 국제항공의 원칙과 기술을 발전시키는데 있다.

국제민간항공조약이 채택하고 있는 국제항공에 관한 원칙과 주요 개념을 요약하면 다음과 같다.

(1) 영공주권의 원칙

영공주권의 원칙은 1919년 파리조약에서 최초로 성문화하였으며, 시카고조약은 그러한 영공주권의 원칙을 재확인하였다. 조약의 제1조에서 "각국이 자기 나라 영역상의 공간에서 완전하고도 배타적인 권리를 가질 것을 승인한다."라고 규정하여, 체약국은 각국이 그 영공에서 완전하고 배타적인 주권을 갖고 있음을 인정하고 있다.

(2) 부정기 항공기의 무해 통과의 자유와 기술 착륙의 자유

(가) 무상 부정기 항공

정기국제항공업무에 종사하지 않는 체약국의 항공기가 사전허가가 없더라도 체약국의 영공을 통과(제1의

자유)하거나, 운송 이외의 목적을 위한 기술착륙, 즉 여객, 화물 등의 적하를 하지 않고 급유나 정비등의 기술적 필요성 때문에 착륙(제2의 자유)할 수 있다. 기술착륙의 자유라 함은 급유나 정비, 또는 승무원 교체의 목적에서 착륙하는 것을 뜻하며, 상업상 목적에서 여객이나 화물을 내려놓을 목적으로 착륙하는 것이 아니다.

　(나) 유상 부정기 항공

　정기국제항공업무에 종사하지 않는 체약국의 항공기가 유상으로 여객, 화물, 우편물의 운송을 할 경우에는, 원칙적으로 타 체약국의 사전허가 없이도 영공을 통과하거나 영역 내에 착륙할 수 있다.

(3) 정기항공업무

　정기국제항공업무는 체약국의 특별한 허가를 받아야 하며, 그 허가조건을 준수할 경우에 한하여 그 체약국의 영공을 통과하거나 그 영역에 취항할 수가 있다.

(4) 에어 카보타지(Air Carbotage) 금지의 원칙

　시카고조약 제7조는 각 체약국은 다른 체약국의 항공기가 유상 또는 전세로 자국의 영역 내에 있는 지점 간에 여객, 화물, 우편물을 적재할 때, 항공운송을 하는 것을 금지할 수 있다고 규정하고 있다. 이것이 에어 카보타지(Cabotage)의 금지규정으로서 자국내 지점간의 국내수송을 자국의 항공기만이 운항할 수 있는 것이다.

　타국의 영역 내에서 그 나라의 국내운송을 하는 자유를 에어 카보타지(Air Carbotage)의 자유라고도 한다.

(5) 조약의 적용

　조약 제3조 제1항에 의거 시카고조약은 민간 항공기에만 적용되는 것이며, 국가 항공기는 시카고조약 대상에서 제외된다. 국가 항공기라 함은 군용기, 세관용 항공기, 경찰용 항공기등 국가기관에 소속하거나 그와 같은 목적을 위하여 그와 동일한 기능을 가지고 사용되는 경우를 뜻한다.

　국가 항공기의 범주는 다음 항목들로 구분될 수 있다.

① 세관 항공기
② 경찰 항공기
③ 군용 항공기
④ 우편배달 항공기
⑤ 국가원수의 수행 항공기
⑥ 고위관료 수행 항공기
⑦ 특별사절 수행 항공기

(6) 항공기의 휴대서류

　시카고조약 제29조에서 국제항공에 종사하는 체약국의 모든 항공기는 다음의 서류를 휴대하여야 한다고 규정하였다. 조약상의 요건은 다음과 같다.

① 등록증명서 : 국적 및 등록기호, 항공기 형식, 제조사, 제조번호, 등록인의 주소, 성명 등 기재
② 감항증명서 : 기술적 안전기준에 적합하다는 증명
③ 각 승무원의 유효한 면장
④ 항공일지 : 항공기의 사용, 정비, 개조에 관한 기록부
⑤ 무선기를 장비할 때에는 항공기국의 면허장
⑥ 여객을 운송할 때에는 그 성명, 탑승지 및 목적지의 기록표 : 탑승지, 목적지를 좌석 등급별로 정리

⑦ 화물을 운송할 때에는 화물의 목록 및 세목 신고서 : 적하물의 내용, 중량, 적재지 및 적하지별 정리

(7) 사고조사

시카고조약 제26조에서 "체약국의 항공기가 다른 체약국 영역 내에서 사고를 일으켰을 경우 그 사고가 사망 혹은 중상을 수반하였을 때, 또는 항공기 혹은 항공시설의 중대한 기술적 결함을 표시하는 때에는, 그 사고가 발생한 나라는 자국의 법률이 허용하는 한도 내에서 국제민간항공기구가 권고하는 수속에 따라 사고의 사정을 조사하여야 할 의무를 갖는다."라고 규정하고 있다.

그리고 사고 항공기의 등록국에는 조사에 참석할 입회인을 파견할 기회를 주도록 하여야 하며, 또는 사고조사를 하는 국가는 항공기 등록국에 조사한 사항을 보고하여야 한다.

(8) 국제표준과 권고방식

국제민간항공조약은 항공기, 항공종사자에 대한 규칙, 표준 등의 통일을 위하여 국제표준과 권고된 방식을 채택하고 있다. 그리고 이것을 조약의 부속서로 한다는 취지를 규정하고 있다.

국제표준 및 권고방식이라 함은, 조약 제37조에 의하여 가입한 각 국가가 항공업무의 안전과 질서를 위해서 각국의 비행방식, 항로, 항공종사자 규칙 등에 여기에 대한 관련 업무를 통일하기 위해 설정되는 국제적 기준이다.

국제표준은 물질적 특성, 형상, 시설, 성능, 종사자, 절차 등에 관한 세칙으로서 그 통일적 적용이 국제항공의 안전이나 정확을 위하여 필요하다고 인정한 것이며, 체약국이 조약에 대해 준수할 것을 요하고 준수할 수 없을 경우에는 이사회에 통보하는 것을 의무로 하고 있다.

권고방식은 그 통일적 적용이 국제항공의 안전, 정확 및 능률을 위하여 바람직하다고 인정되는 사항이다. 권고방식은 국제표준과 달리 의무적이 아니고 여기에 따르도록 노력하는 것에 불과하다. 따라서 권고방식과 자국의 방식과의 차이에 대하여 ICAO에 통고할 것이 의무는 아니지만, 이러한 사항이 항공의 안전을 위하여 중대할 경우에는 그 상이점에 관하여 통고를 행할 것이 권장되고 있다.

국제표준 및 권고된 방식을 정하는 사항의 범위는 조약 제37조에 명시되어 있다. 국제민간항공기구에 의해 채택된 조약 부속서는 19개 부속서로 되어 있으며, 현재 부속서로서 채택된 국제표준 및 권고된 방식은 다음과 같다.

① 제1부속서(Annex 1) : 항공종사자 면허(Personnel Licensing)
② 제2부속서(Annex 2) : 항공규칙(Rules of the Air)
③ 제3부속서(Annex 3) : 항공기상(Meteorological Service for International Air Navigation)
④ 제4부속서(Annex 4) : 항공지도(Aeronautical Charts)
⑤ 제5부속서(Annex 5) : 공지통신에 사용되는 측정단위(Units of Measurement to be used in Air and Ground Operations)
⑥ 제6부속서(Annex 6) : 항공기의 운항(Operation of Aircraft)
⑦ 제7부속서(Annex 7) : 항공기 국적 및 등록기호(Aircraft Nationality and Registration Marks)
⑧ 제8부속서(Annex 8) : 항공기의 감항성(Airworthiness of Aircraft)
⑨ 제9부속서(Annex 9) : 출입국의 간소화(Facilitation)
⑩ 제10부속서(Annex10) : 항공통신(Aeronautical Telecommunications)
⑪ 제11부속서(Annex11) : 항공교통업무(Air Traffic Services)

⑫ 제12부속서(Annex12) : 수색과 구조(Search and Rescue)
⑬ 제13부속서(Annex13) : 항공기 사고조사(Aircraft Accident Investigation)
⑭ 제14부속서(Annex14) : 비행장(Aerodrome)
⑮ 제15부속서(Annex15) : 항공정보업무(Aeronautical Information Services)
⑯ 제16부속서(Annex16) : 환경보호(Environmental Protection)
　　　　　　　　　　Volume Ⅰ　항공기 소음(Aircraft Noise)
　　　　　　　　　　Volume Ⅱ　항공기 기관 배출물질(Aircraft Engine Emissions)
⑰ 제17부속서(Annex17) : 보안-불법방해 행위에 대한 국제민간항공의 보호(Security- Safeguarding International Civil Aviation against Acts of Unlawful Interference)
⑱ 제18부속서(Annex18) : 위험물의 안전수송(The Safe Transport of Dangerous Goods by Air)
⑲ 제19부속서(Annex19) : 안전관리(Safety Management)_'13년 11월부로 시행

다. 양자협정(항공협정)의 성립 배경

　시카고조약이 의견의 차이를 해소하지 못해 상공의 자유에 관한 문제는 완벽히 해결하지 못한 반면, 시카고조약과는 별개로 국제항공운송협정과 국제항공업무통과협정의 2개의 조약이 성립되었다.

　국제항공운송협정은 다섯 가지의 하늘의 자유를 상호 승인할 것을 인정하였으며, 이것을 "5개의 자유의 협정(Five Freedoms Agreement)"이라고 한다. 다섯 가지의 하늘의 자유를 규정한 국제항공운송협정은 1945년 2월 8일에 발효되었지만, 영국을 비롯한 주요국이 참가하지 않았고 당초에 참가했던 미국도 나중에 탈퇴함으로써 실효를 잃고 말았다. 이 협정의 의의는 하늘의 자유의 개념을 명확하게 분류하고 정의하였다는 점에 있다.

　국제항공운송협정은 국제항공업무통과협정에서 규정하고 있는 2개의 자유(무해항공의 자유, 기술착륙의 자유)에 3개의 자유를 합하여 정기국제항공업무에 관한 5개의 자유를 이 협정 제1조에서 규정하고 있으며, 이를 열거하면 다음과 같다.

① 제1의 자유 : 체약국의 영역을 무착륙으로 횡단하는 특권(무해항공의 자유)을 의미한다. 즉, 한국의 K 항공사가 미국의 영공을 통과하는 특권을 받는 경우를 예로 들 수 있다.
② 제2의 자유 : 운수 이외의 목적으로 착륙하는 특권(기술착륙의 자유)을 의미한다. 예를 들어, 한국의 K 항공사가 미국내 지점에 운수 이외의 목적으로 즉, 급유 또는 정비등 기술상의 목적으로 착륙하는 권리를 말한다.
③ 제3의 자유 : 자국 내에서 적재한 여객 및 화물을 체약국인 타국에서 하기하는 자유이다. 즉 K 항공사의 소속국인 한국의 서울에서 승인국인 미국의 로스엔젤레스로 여객, 화물, 우편물을 유상으로 수송하는 권리를 말한다.
④ 제4의 자유 : 다른 체약국의 영역에서 자국을 향해 여객 및 화물을 적재하는 자유이다. 즉 한국의 K 항공사가 미국의 로스엔젤레스로부터 한국의 서울로 수송할 수 있는 유상 운송권을 의미한다.
⑤ 제5의 자유 : 제3국의 영역으로 향하는 여객 및 화물을 다른 체약국의 영역 내에서 적재하는 자유 또는 제3국의 영역으로부터 여객 및 화물을 다른 체약국의 영역 내에서 하기하는 자유를 의미한다.

　국제항공업무통과협정은 1944년의 시카고 국제민간항공회의에서 채택되었으며, 정기항공에 관한 다수국간 협정으로서 제1 및 제2의 자유만을 인정하고 있어, 2개의 자유의 협정이라고도 한다. 즉 정기국제항공업무에 있어서 각 체약국이 타체약국에 대하여 자국의 영역을 무착륙으로 횡단하는 특권과 운수 이외의 목적으로 착륙하는 기술착륙의 특권, 즉 두 가지의 하늘의 자유를 인정하였다.

또한 이러한 특권은 시카고조약의 규정에 따라 행사하지 않으면 안 된다는 것과, 운수 이외의 목적으로 착륙할 특권을 타체약국에 허용하는 경우에도 체약국은 그 착륙지점에서 합리적인 급유, 정비, 지상조업 등 상업상 업무의 제공을 요구할 수 있도록 규정하고 있다. 국제항공업무통과협정은 1945년 1월 30일에 발효되었다.

이와 같이 시카고 회의에서는 상업항공, 즉 정기국제항공업무에 필요한 제3, 제4 및 제5의 자유에 대한 자국 간 조약을 성립시키는 데 실패했으며, 이 때문에 정기국제항공업무의 개설은 2국간의 개별적인 항공협정에 의존하지 않을 수 없게 되었다.

1946년 2월에 미국과 영국은 2국간 항공협정을 처음으로 체결하였으며, 이것이 이후 각국의 2국간 항공협정체결에 있어서 표준형이 된 소위 버뮤다 협정이다. 버뮤다 협정은 시카고 표준방식을 채택해서 체계적인 형태를 갖춘 최초의 항공협정이며, 전후 각국이 체결한 항공협정의 기본모델이 되었으며 전후의 국제민간항공의 발전을 위한 초석이 되었다.

2. 국제민간항공기구(International Civil Aviation Organization : ICAO)

가. ICAO의 설립과 구성원

ICAO는 1944년 12월에 시카고 국제민간항공회의의 의제로서 국제민간항공기구의 설립이 제안되었으며, 현재는 국제연합의 산하기관의 하나이다. 국제민간항공기구는 1945년 6월 6일 "국제민간항공에 관한 잠정적 협정"에 의거 잠정적으로 발족되었으며, 국제민간항공조약이 1947년 4월 4일 발효됨에 따라 이 조약에 의거하여 정식으로 설립하게 되었다. 국제민간항공기구는 시카고조약 체약국으로 구성되며, 다음의 3종류 국가로 구분된다.

① 시카고조약 서명국으로서 비준서의 기탁을 한 국가
② 시카고조약 서명국 이외의 연합국 및 중립국으로서 시카고조약에 가입수속을 한 국가
③ ①, ② 이외의 국가들로서 일본·독일과 같은 제2차 세계대전의 패전국, 또는 한국과 같은 대전 후 독립한 국가

나. ICAO의 목적

ICAO의 설립목적은 시카고조약의 기본원칙인 기회균등을 기반으로 하여 국제항공운송의 건전한 발전을 도모하는 데 있으며, 국제민간항공의 발달 및 안전의 확인 도모, 능률적·경제적 항공운송의 실현, 항공기술의 증진, 체약국의 권리존중, 국제항공기업의 기회균등 보장 등에 그 목적을 두고 있다.

ICAO의 국제항공에 있어서 수행임무를 보면 다음과 같다(시카고조약 제44조).

① 국제민간항공의 안전 및 건전한 발전의 확보
② 평화적 목적을 위한 항공기의 설계 및 운항기술의 장려
③ 국제민간항공을 위한 항공로, 공항 및 항행안전시설 발달의 장려
④ 안전, 정확, 능률, 경제적인 항공수송에 대한 제국가 간의 요구에 대응
⑤ 불합리한 경쟁으로 인한 경제적 낭비의 방지
⑥ 체약국 권리의 반영 및 국제항공에 대한 공정한 기회부여와 보장
⑦ 체약국의 차별대우의 지양
⑧ 국제항공의 비행안전의 증진 도모
⑨ 국제민간항공의 모든 부문에서의 발달의 촉진

다. ICAO 소재지

1946년 국제민간항공기구의 결의에 의하여 항구적인 소재지는 「캐나다 몬트리올」에 두기로 하였으며, 현재 ICAO의 본부는 캐나다 정부와의 협약에 의해 몬트리올에 두고 있다. 그러나 1954년 소재지에 관한 조약 제45조의 규정을 개정하여 총회에서 체약국의 5분의 3 이상의 결의로 국제민간항공기구의 본부를 다른 장소로 이동할 수 있게 되었다.

3. 국제항공운송협회(International Air Transport Association : IATA)

가. IATA의 설립 및 목적

IATA는 세계 각국의 항공기업(32개국의 61개 항공회사가 참여)이 1945년 4월 19일, 쿠바의 아바나에서 세계항공회사회의를 개최하여 제2차 대전 후의 항공수송의 비약적인 발전에 의해 예상되는 여러 가지 문제에 대처하고, 국제항공운송사업에 종사하는 항공회사 간의 협조강화를 목적으로 설립된 순수민간의 국제협력 단체이다. 국제운송협회 제1회 총회는 1945년 10월 캐나다 몬트리올에서 개최되었으며, 1945년 12월 국제민간항공운송협회에 관한 특별법을 제정하였다.

IATA의 목적은, 첫째 세계인류의 이익을 위해 안전하고 정기적이며 또한 경제적인 항공운송의 발달을 촉진함과 동시에, 이와 관련되는 제반 문제의 연구, 둘째 국제민간항공 운송에 직접적 또는 간접적으로 종사하고 있는 항공기업의 협력기관으로서 항공기업 간의 협력을 위한 모든 수단의 제공, 셋째 ICAO 및 기타 국제기구와 협력의 도모 등 세가지로 대별될 수 있다. 이 중에서도 가장 중요한 것이 항공기업 간의 협력이다.

나. IATA의 회원

IATA의 회원은 정회원과 준회원으로 구분되며, ICAO 가맹국의 국적을 가진 항공기업만이 IATA의 회원이 될 수 있다. 국제항공운송에 종사하고 있는 항공기업은 정회원, 국제항공운송 이외의 정기항공운송에 종사하고 있는 항공기업은 준회원이 될 수 있다.

IATA는 원래 정기항공기업의 단체로 발족했지만, 1945년에 개최된 캐나다 회의에서 특별법 및 정관을 개정함으로써 최근에 급속하게 발달하고 있는 부정기 항공기업도 IATA의 회원이 될 수 있게 하였다.

4. 기타 항공교통 안전에 관한 국제협약

가. 항공기 내에서 범한 범죄와 기타 행위에 관한 협약(동경협약, 1963)

국제 항공법에서 항공기 안에서 발생한 범죄에 대해 어느 나라가 관할권을 가지는 가를 결정하는 것이 필요됨에 따라 국제법학회와 형법학회에서 수차례에 걸쳐 이 문제를 논의한 결과 1963년 동경에서 개최된 ICAO 체약국 전체대표자 회의에서 채택되었다.

본 협약의 목적은 첫째, 공해상공에서 범죄가 발생했거나 어느 나라 영공인지 구분이 안 되는 곳에서 발생한 범죄에 대해 적용형법을 결정하고, 둘째, 항공기의 안전을 저해하는 기상에서의 범죄와 행위에 대한 기장의 권리와 의무를 명확히 하고, 셋째, 항공기의 안전을 저해하는 범죄와 행위가 발생한 후, 항공기가 착륙하는 지역당국의 권리와 의무를 명확히 하는 것이다.

나. 항공기의 불법납치 억제를 위한 협약(헤이그협약, 1970)

　1960년대 말경 증대되는 하이재킹에 대처하기 위해 국제적인 공동노력이 시작되었으며, 1970년 12월 하이재킹을 국제적으로 처벌해야 하는 범죄로 규정한 헤이그협약을 체결하였다.

다. 국제항공안전에 대한 불법적 행위의 억제를 위한 협약(몬트리올협약, 1971)

　동경협약과 헤이그협약이 전적으로 기내에서 행한 범죄의 억제에 관한 것이므로, 민간항공에 대한 여타 불법행위를 규제할 다른 협정이 필요하게 되었다. 이러한 범죄들은 헤이그협약이 체결된 다음 해인 1971년에 체결된 몬트리올협약에서 다루어졌다.

라. 국제민간항공의 공항에서 불법적 행위억제에 관한 의정서(1971년 몬트리올협약 보완, 1988)

마. 탐색목적의 플라스틱 폭발물의 표지에 관한 협약(1971년 몬트리올에서 서명, 1998년 발효)

국제민간항공협약
(Convention on International Civil Aviation)

[발효일 1952. 12. 11] [다자조약, 제38호, 1952. 12. 11, 제정]

국제민간항공의 장래의 발달은 세계의 각국과 각 국민간에 있어서의 우호와 이해를 창조하고 유지하는 것을 크게 조장할 수 있으나 그 남용은 일반적 안전에 대한 위협이 될 수 있으므로, 각국과 각 국민간에 있어서의 마찰을 피하고 세계평화의 기초인 각국과 각 국민간의 협력을 촉진하는 것을 희망하므로, 따라서 하기서명 정부는 국제민간항공이 안전하고 정연하게 발달하도록 또 국제항공운송업체가 기회균등주의를 기초로 하여 확립되어서 건전하고 또 경제적으로 운영되도록 하게 하기 위하여 일정한 원칙과 작정에 대한 의견이 일치하여, 이에 본협약을 결정한다.

제1부 항공

제 1 장 협약의 일반원칙과 적용

제1조 주 권
체약국은 각국이 그 영역상의 공간에 있어서 완전하고 배타적인 주권을 보유한다는 것을 승인한다.

제2조 영 역
본협약의 적용상 국가의 영역이라 함은 그 나라의 주권, 종주권보호 또는 위임통치하에 있는 육지와 그에 인접하는 영수를 말한다.

제3조 민간항공기 및 국가항공기
(a) 본협약은 민간 항공기에 한하여 적용하고 국가의 항공기에는 적용하지 아니한다.
(b) 군, 세관과 경찰업무에 사용하는 항공기는 국가의 항공기로 간주한다.
(c) 어떠한 체약국의 국가 항공기도 특별협정 또는 기타방법에 의한 허가를 받고 또한 그 조건에 따르지 아니하고는 타국의 영역의 상공을 비행하거나 또는 그 영역에 착륙하여서는 아니된다.
(d) 체약국은 자국의 국가항공기에 관한 규칙을 제정하는 때에는 민간항공기의 항행의 안전을 위하여 타당한 고려를 할 것을 약속한다.

제4조 민간항공의 남용
각체약국은, 본협약의 목적과 양립하지 아니하는 목적을 위하여 민간항공을 사용하지 아니할 것을 동의한다.

제 2 장 체약국영역 상공의 비행

제5조 부정기비행의 권리
각 체약국은, 타 체약국의 모든 항공기로서 정기 국제항공업무에 종사하지 아니하는 항공기가 사전의 허가를 받을 필요 없이 피비행국의 착륙요구권에 따를 것을 조건으로, 체약국의 영역 내에의 비행 또는 그 영역을 무착륙으로 횡단비행하는 권리와 또 운수 이외의 목적으로서 착륙하는 권리를 본협약의 조항을 준수하는 것을 조건으로 향유하는 것에 동의한다. 단 각 체약국은 비행의 안전을 위하여, 접근하기 곤란하거나 또는 적당한 항공 보안시설이 없는 지역의 상공의 비행을 희망하는 항공기에 대하여 소정의 항로를 비행할 것 또는 이러한 비행을 위하여 특별한 허가를 받을 것을 요구하는 권리를 보류한다. 전기의 항공기는 정기 국제항공업무로서가 아니고 유상 또는 대체로서 여객화물 또는 우편물의 운수에 종사하는 경우에도 제7조의 규정에 의할 것을 조건으로, 여객, 화물, 또는 우편물의 적재와 하재를 하는 권리를 향유한다. 단 적재 또는 하재가 실행되는 국가는 그가 필요하다고 인정하는 규칙, 조건 또는 제한을 설정하는 권리를 향유한다.

제6조　정기 항공업무

정기 국제항공업무는 체약국의 특별한 허가 또는 타의 인가를 받고 그 허가 또는 인가의 조건에 따르는 경우를 제외하고 그 체약국의 영역의 상공을 비행하거나 또는 그 영역에 비입할 수 없다.

제7조　국내영업

각 체약국은, 자국영역내에서 유상 또는 대체의 목적으로 타지점으로 향하는 여객, 우편물, 화물을 적재하는 허가를 타체약국의 항공기에 대하여 거부하는 권리를 향유한다. 각 체약국은 타국 또는 타국의 항공기업에 대하여 배타적인 기초위에 전기의 특권을 특별히 부여하는 협약을 하지 아니하고 또 타국으로부터 전기의 배타적인 특권을 취득하지도 아니할 것을 약속한다.

제8조　무조종자 항공기

조종자 없이 비행할 수 있는 항공기는 체약국의 특별한 허가 없이 또 그 허가의 조건에 따르지 아니하고는 체약국의 영역의 상공을 조종자 없이 비행하여서는 아니된다. 각 체약국은 민간 항공기에 개방되어 있는 지역에 있어서 전기 무조종자항공기의 비행이 민간 항공기에 미치는 위험을 예방하도록 통제하는 것을 보장하는데 약속한다.

제9조　금지구역

(a) 각 체약국은 타국의 항공기가 자국의 영역내의 일정한 구역의 상공을 비행하는 것을 군사상의 필요 또는 공공의 안전의 이유에 의하여 일률적으로 제한하고 또는 금지할 수 있다. 단, 이에 관하여서는 그 영역소속국의 항공기로서 국제정기 항공업무에 종사하는 항공기와 타 체약국의 항공기로서 우와 동양의 업무에 종사하는 항공기간에 차별을 두어서는 아니된다. 전기 금지구역은 항공을 불필요하게 방해하지 아니하는 적당한 범위와 위치로 한다. 체약국의 영역 내에 있는 이 금지구역의 명세와 그 후의 변경은 가능한 한 조속히 타 체약국과 국제민간항공기구에 통보한다.

(b) 각 체약국은 특별사태 혹은 비상시기에 있어서 또는 공공의 안전을 위하여, 즉각적으로 그 영역의 전부 또는 일부의 상공비행을 일시적으로 제한하고 또는 금지하는 권리를 보류한다. 단, 이 제한 또는 금지는 타의 모든 국가의 항공기에 대하여 국적의 여하를 불문하고 적용하는 것이라는 것을 조건으로 한다.

(c) 각 체약국은 동국이 정하는 규칙에 의거하여 전기 (a) 또는 (b)에 정한 구역에 들어가는 항공기에 대하여 그 후 가급적 속히 그 영역내 어느 지정한 공항에 착륙하도록 요구할 수가 있다.

제10조　세관공항에의 착륙

항공기가 본협약 또는 특별한 허가조항에 의하여 체약국의 영역을 무착륙 횡단하는 것이 허용되어 있는 경우를 제외하고 체약국의 영역에 입국하는 모든 항공기는 그 체약국의 규칙이 요구할 때에는 세관 기타의 검사를 받기 위하여 동국이 지정한 공항에 착륙한다. 체약국의 영역으로부터 출발할 때 전기의 항공기는 동양으로 지정된 세관공항으로부터 출발한다. 지정된 모든 세관공항의 상세는 그 체약국이 발표하고 또 모든 타 체약국에 통보하기 위하여 본협약의 제2부에 의하여 설립된 국제민간항공기구에 전달한다.

제11조 　항공에 관한 규제의 적용

국제항공에 종사하는 항공기의 체약국 영역에의 입국 혹은 그 영역으로부터의 출국에 관한 또는 그 항공기의 동영역내에 있어서의 운항과 항행에 관한 체약국의 법률과 규칙은 본 협약의 규정에 따를 것을 조건으로 하여 국적의 여하를 불문하고 모든 체약국의 항공기에 적용되고 또 체약국의 영역에의 입국 혹은 그 영역으로부터의 출국시 또는 체약국의 영역내에 있는 동안은 전기의 항공기에 의하여 준수된다.

제12조 　항공규칙

각 체약국은 그 영역의 상공을 비행 또는 동 영역 내에서 동작하는 모든 항공기와 그 소재의 여하를 불문하고 그 국적표지를 게시하는 모든 항공기가 당해지에 시행되고 있는 항공기의 비행 또는 동작에 관한 법규와 규칙에 따르는 것을 보장하는 조치를 취하는 것을 약속한다. 각 체약국은 이에 관한 자국의 규칙을 가능한 한 광범위하게 본협약에 의하여 수시 설정되는 규칙에 일치하게 하는 것을 약속한다. 공해의 상공에서 시행되는 법규는 본협약에 의하여 설정된 것으로 한다. 각 체약국은 적용되는 규칙에 위반한 모든 자의 소추를 보증하는 것을 약속한다.

제13조 　입국 및 출국에 관한 규칙

항공기의 여객 승무원 또는 화물의 체약국 영역에의 입국 또는 그 영역으로부터의 출국에 관한 동국의 법률과 규칙, 예를 들면 입국, 출국, 이민, 여권, 세관과 검역에 관한 규칙은 동국영역에의 입국 혹은 그 영역으로부터 출국을 할 때 또는 그 영역에 있는 동안 항공기의 여객, 승무원 또는 화물이 스스로 준수하든지 또는 이들의 명의에서 준수되어야 한다.

제14조 　병역의 만연의 방지

각 체약국은 콜레라, 티프스, 천연두, 황열, 흑사병과 체약국이 수시 지정을 결정하는 타의 전염병의 항공에 의한 만연을 방지하는 효과적인 조치를 취하는 것에 동의하고 이 목적으로서 체약국은 항공기에 대하여 적용할 위생상의 조치에 관하여 국제적 규칙에 관계가 있는 기관과 항시 긴밀한 협의를 한다. 이 협의는 체약국이 이 문제에 대한 현재국제조약의 당사국으로 있는 경우에는 그 적용을 방해하지 아니한다.

제15조 　공항의 사용료 및 기타의 사용요금

체약국내의 공항으로서 동국 항공기 일반의 사용에 공개되어 있는 것은 제86조의 규정에 따를 것을 조건으로, 모든 타 체약국이 항공기에 대하여 동일한 균등 조건하에 공개한다.

동일한 균등 조건은 무선전신과 기상의 업무를 포함한 모든 항공 보안시설로 항공의 안전과 신속화를 위하여 공공용에 제공되는 것을 각 체약국의 항공기가 사용하는 경우에 적용한다.

타 체약국의 항공기가 이 공항과 항공보안시설을 사용하는 경우에 체약국으로서 부과하고 또는 부과하는 것을 허여하는 요금은 다음의 것보다 고액이 되어서는 안된다.

(a) 국제정기항공업무에 종사하지 아니하는 항공기에 관하여서는 동양의 운행에 종사하고 있는 자국의 동급의 항공기가 지불하는 것;

(b) 국제정기항공업무에 종사하고 있는 항공기에 관하여는 동양의 국제항공기업무에 종사하고 있는 자국의 항공기가 지불하는 것.

전기의 요금은 모두 공표하고 국제민간항공기구에 통보한다. 단, 관계체약국의 신입이 있을 때에는 공항과 타시설의 사용에 대하여 부과된 요금은 이사회의 심사를 받고 이사회는 관계국 또는 관계제국에 의한 심의를 위하여 이에 관하여 보고하고 또 권고한다. 어느 체약국이라도 체약국의 항공기 또는 동양상의 인 혹은 재산이 자국의 영역의 상공의 통과, 동영역에의 입국 또는 영역으로부터의 출국을 하는 권리에 관한 것에 대해서만은 수수료, 세 또는 타의 요금을 부과하여서는 아니된다.

제16조 항공기의 검사

각 체약국의 당해 관헌은 부당히 지체하는 일 없이, 착륙 또는 출발시에 타 체약국의 항공기를 검사하고 또 본 협약에 의하여 규정된 증명서와 타서류를 검열하는 권리를 향유한다.

제 3 장 항공기의 국적

제17조 항공기의 국적

항공기는 등록국의 국적을 보유한다.

제18조 이중등록

항공기는 일개이상의 국가에 유효히 등록할 수 없다. 단, 그 등록은 일국으로부터 타국으로 변경할 수는 있다.

제19조 등록에 관한 국내법

체약국에 있어서 항공기의 등록 또는 등록의 변경은 그 국가의 법률과 규칙에 의하여 시행한다.

제20조 기호의 표시

국제항공에 종사하는 모든 항공기는 그 적당한 국적과 등록의 표지를 게시한다.

제21조 등록의 보고

각 체약국은 자국에서 등록된 특정한 항공기의 등록과 소유권에 관한 정보를, 요구가 있을 때에는, 타 체약국 또는 국제민간항공기구에 제공할 것을 약속한다. 또 각 체약국은 국제민간항공기구에 대하여 동기구가 규정하는 규칙에 의하여 자국에서 등록되고 또 항상 국제항공에 종사하고 있는 항공기의 소유권과 관리에 관한 입수가능한 관계자료를 게시한 보고서를 제공한다. 국제민간항공기구는 이와 같이 입수한 자료를 타 체약국이 청구할 때에는 이용시킨다.

제 4 장 운항을 용이케하는 조치

제22조 수적의 간이화

각 체약국은 체약국 영역간에 있어서 항공기의 항행을 용이하게 하고 신속하게 하기 위하여 또 특히 입국항 검역, 세관과 출국에 관한 법률의 적용에 있어서 발생하는 항공기 승무원 여객 및 화물의 불필요한 지연을 방지하기 위하여 특별한 규칙의 제정 또는 타 방법으로 모든 실행 가능한 조치를 취하는 것에 동의한다.

제23조 세관 및 출입국의 수속

각 체약국은, 실행 가능하다고 인정하는 한 본협약에 의하여 수시 인정되고 권고되는 방식에 따라 국제항공에 관한 세관 및 출입국절차를 설정할 것을 약속한다. 본조약의 여하한 규정도 자유공항의 설치를 방해하는 것이라고 해석되어서는 아니된다.

제24조 관 세

(a) 타 체약국의 영역을 향하여, 그 영역으로부터 또는 그 영역을 횡단하고 비행하는 항공기는, 그 국가의 세관규정에 따를 것을 조건으로, 잠정적으로 관세의 면제가 인정된다. 체약국의 항공기가 타 체약국의 영역에 도착할 때에 동항공기상에 있는 연료, 윤활유, 예비부분품 및 항공기저장품으로서 그 체약국으로부터 출발하는 때에 기상에 적재하고 있는 것은 관세, 검사, 수수료등 국가 혹은 지방세와 과금이 면제된다. 이 면제는 항공기로부터, 내려진 양 또는 물품에는 적용하지 아니한다. 단, 동량 또는 물품을 세관의 감시하에 두는 것을 요구하는 그 국가의 세과규칙에 따르는 경우에는 제외한다.

(b) 국제항공에 종사하는 타 체약국의 항공기에 부가하거나 또는 그 항공기가 사용하기 위하여 체약국의 영역에 수입된 예비부분품과 기기는 그 물품을 세관의 감시와 관리하에 두는 것을 규정한 관계국의 규칙에 따를 것을 조건으로 관세의 면세가 인정된다.

제25조 조난 항공기

각 체약국은 그 영역 내에서 조난한 항공기에 대하여 실행 가능하다고 인정되는 구호조치를 취할 것을 약속하고 또 동 항공기의 소유자 또는 동항공기의 등록국의 관헌이 상황에 따라 필요한 구호조치를 취하는 것을, 그 체약국의 관헌의 감독에 따르는 것을 조건으로, 허가할 것을 약속한다. 각 체약국은 행방불명의 항공기의 수색에 종사하는 경우에 있어서는 본 협약에 따라 수시 권고되는 공동조치에 협력한다.

제26조 사고의 조사

체약국의 항공기가 타 체약국의 영역에서 사고를 발생시키고 또 그 사고가 사망 혹은 중상을 포함하든가 또는 항공기 또는 항공보안시설의 중대한 기술적 결함을 표시하는 경우에는 사고가 발생한 국가는 자국의 법률이 허용하는 한 국제민간항공기구가 권고하는 절차에 따라 사고의 진상 조사를 개시한다. 그 항공기의 등록국에는 조사에 임석할 입회인을 파견할 기회를 준다. 조사를 하는 국가는 등록 국가에 대하여 그 사항에 관한 보고와 소견을 통보하여야 한다.

제27조 특허권에 의하여 청구된 차압의 면제

(a) 국제항공에 종사하고 있는 한 체약국의 항공기가 타체약국의 영역에의 허가된 입국, 착륙 혹은 무착륙으로 동 영역의 허가된 횡단을 함에 있어서는, 항공기의 구조, 기계장치, 부분품, 부속품 또는 항공기의 운항이, 동항공기가 입국한 영역 소속국에서 합법적으로 허여되고 또는 등록된 발명특허, 의장 또는 모형을 침해한다는 이유로 전기의 국가 또는 동국내에 있는 국민에 의하던가 또는 차등의 명의에 의하여 항공기의 차압 혹은 억류항공기의 소유자 혹은 운항자에 대한 청구 또는 항공기에 대한 타의 간섭을 하여서는 아니된다. 항공기의 차압 또는 억류로부터 전기의 면제에 관한 보증금의 공탁은 그 항공기가 입국한 국가에서는 여하한 경우에 있어서라도 요구되지 아니하는 것으로 한다.

(b) 본조 (a)항의 규정은, 체약국의 항공기를 위하여 예비부분품과 예비 기기를 타 체약국의 영역내에 보관하는 것에 대하여 또 체약국의 항공기를 타체약국의 영역내에서 수리하는 경우에 전기의 물품을 사용하고 또 장치하는 권리에 대하여 적용한다. 단, 이와 같이 보관되는 어떠한 특허부분품 또는 특허 기기라도 항공기가 입국하는 체약국에서 국내적으로 판매하고 혹은 배부하고 또는 그 체약국으로부터 상업의 목적으로서 수출하여서는 아니된다.

(c) 본조의 이익은 본협약의 당사국으로서, (1) 공업 소유권 보호에 관한 국제협약과 그 개정의 당사국인 국가 또는 (2) 본협약의 타 당사국 국민에 의한 증명을 승인하고 또 이에 적당한 보호를 부여하는 특허법을 제정한 국가에 한하여 적용한다.

제28조 항공시설 및 표준양식

각 체약국은, 실행 가능하다고 인정하는 한, 다음 사항을 약속한다.

(a) 본협약에 의하여 수시 권고되고 또는 설정되는 표준과 방식에 따라, 영역내에 공항, 무선업무, 기상업무와 국제항공을 용이하게 하는 타의 항공보안시설을 설정하는 것.

(b) 통신수속, 부호, 기호, 신호, 조명의 적당한 표준양식 또는 타의 운항상의 방식과 규칙으로서 본협약에 의하여 수시 권고되고 또는 설정되는 것을 채택하여 실시하는 것.

(c) 본협약에 의하여 수시 권고되고 또는 설정되는 표준에 따라, 항공지도와 항공지도의 간행을 확실하게 하기 위한 국제적 조치에 협력하는 것.

제 5 장   항공기에 관하여 이행시킬 요건

제29조   항공기가 휴대하는 서류

국제항공에 종사하는 체약당사국의 모든 항공기는, 본협약에 정한 조건에 따라 다음의 서류를 휴대하여야 한다:

(a) 등록증명서;
(b) 내항증명서;
(c) 각 승무원의 적당한 면허장;
(d) 항공일지;
(e) 무선전신장치를 장비할 때에는 항공기무선전신국면허장;
(f) 여객을 수송할 때는 그 성명 및 승지와 목적지의 표시;
(g) 화물을 운송할 때는 적하목록과 화물의 세목신고서.

제30조   항공기의 무선장비

(a) 각 체약국의 항공기는, 그 등록국의 적당한 관헌으로부터, 무선송신기를 장비하고 또 운용하는 면허장을 받은 때에 한하여, 타 체약국의 영역내에서 또는 그 영역의 상공에서 전기의 송신기를 휴행할 수 있다. 피비행 체약국의 영역에서의 무선송신기의 사용은 동국이 정하는 규칙에 따라야 한다.

(b) 무선송신기의 사용은 항공기등록국의 적당한 관헌에 의하여 발급된 그 목적을 위한 특별한 면허장을 소지하는 항공기 승무원에 한한다.

제31조   내항증명서

국제항공에 종사하는 모든 항공기는 그 등록국이 발급하거나 또는 유효하다고 인정한 내항증명서를 비치한다.

제32조   항공종사자의 면허장

(a) 국제항공에 종사하는 모든 항공기의 조종자와 기타의 운항승무원은 그 항공기의 등록국이 발급하거나 또는 유효하다고 인정한 기능증명서와 면허장을 소지한다.

(b) 각 체약국은 자국민에 대하여 타 체약국이 부여한 기능증명서와 면허장을 자국영역의 상공 비행에 있어서 인정하지 아니하는 권리를 보류한다.

제33조   증명서 및 면허장의 승인

항공기의 등록국이 발급하거나 또는 유효하다고 인정한 내항증명서, 기능증명서 및 면허장은 타 체약국도 이를 유효한 것으로 인정하여야 한다. 단, 전기의 증명서 또는 면허장을 발급하거나 또는 유효하다고 인정한 요건은 본협약에 따라 수시 설정되는 최저 표준과 그 이상이라는 것을 요한다.

제34조   항공일지

국제항공에 종사하는 모든 항공기에 관하여서는 본협약에 따라 수시 특정하게 되는 형식으로 그 항공기 승무원과 각항공의 세목을 기입한 항공일지를 보지 한다.

제35조   화물의 제한

(a) 군수품 또는 군용기재는 체약국의 영역내 또는 상공을 그 국가의 허가 없이 국가항공에 종사하는 항공기로 운송하여서는 아니된다. 각국은 통일성을 부여하기 위하여 국제민간항공기구가 수시로 하는 권고에 대하여 타당한 고려를 하여 본조에 군수품 또는 군용기재가 무엇이라는 것은 규칙으로서 결정한다.

(b) 각 체약국은 공중의 질서와 안전을 위하여 (a)항에 게시된 이외의 물품에 관하여 그 영역내 또는 그 영역의 상공운송을 제한하고 또는 금지하는 권리를 보류한다. 단, 이에 관하여서는 국제항공에 종사하는 자국의 항공기와 타체약국의 동양의 항공기관에 차별을 두어서는 아니되며, 또한 항공기의 운항 혹은 항행 또는 직원 혹은 여객의 안전을 위하여 필요한 장치의 휴행과 기상사용을 방해하는 제한을 하여서는 아니된다.

제36조 사 진 기

각 체약국은 그 영역의 상공을 비행하는 항공기에서 사진기를 사용하는 것을 금지하거나 또는 제한할 수 있다.

제 6 장 국제표준과 권고관행

제37조 국제표준 및 수속의 채택

각 체약국은, 항공기직원, 항공로 및 부속업무에 관한 규칙, 표준, 수속과 조직에 있어서의 실행 가능한 최고도의 통일성을 확보하는데에 협력할 것을 약속하여, 이와 같은 통일성으로 운항이 촉진되고 개선되도록 한다.

이 목적으로서 국제민간항공기구는 다음의 사항에 관한 국제표준 및 권고되는 방식과 수속을 필요에 응하여 수시 채택하고 개정한다.

(a) 통신조직과 항공 보안시설 (지상표지를 포함);
(b) 공항과 이착륙의 성질;
(c) 항공규칙과 항공 교통관리방식;
(d) 운항관계 및 정비관계 종사자의 면허;
(e) 항공기의 내항성;
(f) 항공기의 등록과 식별;
(g) 기상정보의 수집과 교환;
(h) 항공일지;
(i) 항공지도 및 항공도;
(j) 세관과 출입국의 수속;
(k) 조난 항공기 및 사고의 조사.

또한 항공의 안전, 정확 및 능률에 관계가 있는 타의 사항으로서 수시 적당하다고 인정하는 것.

제38조 국제표준 및 수속의 배제

모든 점에 관하여 국제표준 혹은 수속에 추종하며, 또는 국제표준 혹은 수속의 개정후 자국의 규칙 혹은 방식을 이에 완전히 일치하게 하는 것이 불가능하다고 인정하는 국가, 혹은 국제표준에 의하여 설정된 것과 특정한 점에 있어 차이가 있는 규칙 또는 방식을 채용하는 것이 필요하다고 인정하는 국가는, 자국의 방식과 국제표준에 의하여 설정된 방식간의 차이를 직시로 국제민간항공기구에 통고한다. 국제표준의 개정이 있을 경우에, 자국의 규칙 또는 방식에 적당한 개정을 가하지 아니하는 국가는, 국제표준의 개정의 채택으로부터 60일 이내에 이사회에 통지하든가 또는 자국이 취하는 조치를 명시하여야 한다.

이 경우에 있어서 이사회는 국제표준의 특이점과 이에 대응하는 국가의 국내 방식간에 있는 차이를 직시로 타의 모든 국가에 통고하여야 한다.

제39조 증명서 및 면허장의 이서
(a) 내항성 또는 성능의 국제표준이 존재하는 항공기 또는 부분품으로서 증명서에 어떤 점에 있어 그 표준에 합치하지 못한 것은 그 합치하지 못한 점에 관한 완전한 명세를 그 내항증명서에 이서하든가 또는 첨부하여야 한다.

제40조 이서된 증명서 및 면허장의 효력
전기와 같이 보증된 증명서 또는 면허장을 소지하는 항공기 또는 직원은 입국하는 영역의 국가의 허가 없이 국제항공에 종사하여서는 아니 된다. 전기의 항공기 또는 증명을 받은 항공기 부분품으로서 최초에 증명을 받은 국가 이외의 국가에 있어서의 등록 또는 사용은 그 항공기 또는 부분품을 수입하는 국가가 임의로 정한다.

제41조 내항성의 현행표준의 승인
본장의 규정은 항공기기로서 그 기기에 대한 내항성의 국제표준을 채택한 일시후 3년을 경과하기 전에 그 원형이 적당한 국내 관헌에게 증명을 받기 위하여 제출된 형식의 항공기와 항공기 기기에는 적용하지 아니한다.

제42조 항공종사자의 기능에 관한 현행표준의 승인
본장의 규정은 항공종사자에 대한 자격증명서의 국제표준을 최초로 채택한 후 1년을 경과하기 전에 면허장이 최초로 발급되는 직원에게는 적용하지 아니한다. 그러나 전기의 표준을 채택한 일자 후 5년을 경과하고 상금 유효한 면허장을 소지하는 모든 항공종사자에게는 어떠한 경우에 있어서도 적용한다.

제 2 부 국제민간항공기구

제 7 장 기구

제43조 명칭 및 구성
본협약에 의하여 국제민간항공기구라는 기구를 조직한다. 본 기구는 총회, 이사회 및 필요한 타의 기관으로 구성된다.

제44조 목 적
본기구의 목적은 다음의 사항을 위하여 국제항공의 원칙과 기술을 발달시키고 또한 국제항공수송의 계획과 발달을 조장하는 것에 있다:
(a) 세계를 통하여 국제민간항공의 안전하고도 정연한 발전을 보장하는 것;
(b) 평화적 목적을 위하여 항공기의 설계와 운항의 기술을 장려하는 것;
(c) 국세민산항공을 위한 항공보, 공항과 항공 보안시설의 발달을 장려하는 것;
(d) 안전하고 정확하며 능률적인 그리고 경제적인 항공수송에 대한 세계제인민의 요구에 응하는 것;
(e) 불합리한 경쟁으로 발생하는 경제적 낭비를 방지하는 것;
(f) 체약국의 권리가 충분히 존중될 것과 체약국이 모든 국제항공 기업을 운영하는 공정한 기회를 갖도록 보장하는 것;
(g) 체약국간의 차별대우를 피하는 것;
(h) 국제항공에 있어서 비행의 안전을 증진하는 것;
(i) 국제민간항공의 모든 부문의 발달을 일반적으로 촉진하는 것:

제45조 항구적 소재지

본 기구의 항구적 소재지는 1944년 12월 7일 시카고에서 서명된 국제민간항공에 관한 중간협정에 의하여 설립된 임시 국제민간항공기구의 중간총회의 최종회합에서 결정되는 장소로 한다. 이 소재지는 이사회의 결정에 의하여 일시적으로 타의 장소에 또한 총회의 결정에 의하여 일시적이 아니 타의 장소로 이전할 수 있다. 이러한 총회의 결정은 총회가 정하는 표수에 의하여 취하여져야 한다. 총회가 정하는 표수는 체약국의 총수의 5분의3 미만이어서는 아니된다.[1]

제46조 총회의 제1차 회합

총회의 제1차 회합은 전기의 임시기구의 중간이사회가 결정하는 시일과 장소에서 회합하도록 본협약의 효력발생후 직시 중간이사회가 소집한다.

제47조 법률상의 행위능력

기구는, 각 체약국의 영역내에서 임무의 수행에 필요한 법률상의 행위능력을 향유한다. 완전한 법인격은 관계국의 헌법과 법률에 양립하는 경우에 부여된다.

제8장 총회

제48조 총회의 회합 및 표결

(a) 총회는 적어도 매 3년에 1회 회합하고 적당한 시일과 장소에서 이사회가 소집한다. 임시총회는 이사회의 소집 또는 사무장에게 발송된 10개 체약국의 요청이 있을 때 하시라도 개최할 수 있다.[2]

(b) 모든 체약국은 총회의 회합에 대표를 파견할 평등한 권리를 향유하고, 각 체약국은 일개의 투표권을 보유한다. 체약국을 대표하는 대표는 회합에는 참가할 수 있으나 투표권을 보유하지 아니하는 기술고문의 원조력을 받을 수 있다.

(c) 총회의 정족수를 구성하기 위하여서는 체약국의 과반수를 필요로 한다. 본협약에 별단의 규정이 없는 한, 총회의 결정은 투표의 과반수에 의하여 성립된다.

제49조 총회의 권한 및 임무

총회의 권한과 임무는 다음과 같다.

(a) 매 회합시에 의장 및 기타 역원을 선출하는 것;
(b) 제9장의 규정에 의하여 이사회에 대표자를 파견할 체약국을 선출하는 것;
(c) 이사회의 보고를 심사하고 적당한 조치를 취할 것과 이사회로부터 총회에 위탁한 사항을 결정하는 것;
(d) 자체의 의사규칙을 결정하고 필요하다고 인정하는 보조위원회를 설립하는 것;
(e) 제12장의 규정에 의하여 기구의 연도예산을 표결하고 재정상의 분배를 결정하는 것;[2]
(f) 기구의 지출을 검사하고 결산보고를 승인하는 것;
(g) 그 활동범위내의 사항을 이사회, 보조위원회 또는 타 기관에 임의로 위탁하는 것;
(h) 기구의 임무를 이행하기 위하여 필요한 또는 희구되는 권능과 권한을 이사회에 위탁하고 전기의 권한의 위탁을 하시라도 취소 또는 변경하는 것;
(i) 제13장의 적당한 규정을 실행하는 것;
(j) 본협약의 규정의 변경 또는 개정을 위한 제안을 심의하고 동제안을 승인한 경우에는 제21장의 규정에 의하여 이를 체약국에 권고하는 것;
(k) 기구의 활동 범위내의 사항에서 특히 이사회의 임무로 되지 아니한 것을 처리하는 것.

제9장   이 사 회

제50조   이사회의 구성 및 선거

(a) 이사회는 총회에 대하여 책임을 지는 상설기관이 된다. 이사회는 총회가 선거한 27개국의 체약국으로서 구성된다. 선거는 총회의 제1차 회합에서 또 그 후는 매3년에 행하고 또 이와 같이 선거된 이사회의 구성원은 차기의 선거까지 재임한다.[3]

(b) 이사회의 구성원을 선거함에 있어서, 총회는, (1) 항공운송에 있어 가장 중요한 국가 (2) 타점에서 포함되지 아니하나 국제민간항공을 위한 시설의 설치에 최대의 공헌을 하는 국가 (3) 타점에서는 포함되지 아니하나 그 국가를 지명함으로써 세계의 모든 중요한 지리적 지역이 이사회에 확실히 대표되는 국가를 적당히 대표가 되도록 한다. 이사회의 공석은 총회가 가급적 속히 보충하여야 한다. 이와 같이 이사회에 선거된 체약국은 전임자의 잔임기간중 재임한다.

(c) 이사회에 있어서 체약국의 대표자는, 국제항공업무의 운영에 적극적으로 참여하거나 또는 그 업무에 재정적으로 관계하여서는 아니 된다.

제51조   이사회의 의장

이사회는 그 의장을 3년의 임기로서 선거한다. 의장은 재선할 수 있다. 의장은 투표권을 보유하지 아니한다. 이사회는 그 구성원 중에서 1인 또는 2인 이상의 부의장을 선거한다. 부의장은 의장대리가 되는 때라도 투표권을 보지한다. 의장은 이사회의 구성원의 대표자중에서 선거할 필요는 없지만 대표자가 선거된 경우에는 그 의석은 공석으로 간주하고 그 대표자가 대표하는 국가에서 보충한다. 의장의 임무는 다음과 같다:

(a) 이사회, 항공운송위원회 및 항공위원회의 회합을 소집하는 것;

(b) 이사회의 대표자가 되는 것;

(c) 이사회가 지정하는 임무를 이사회를 대리하여 수행하는 것.

제52조   이사회에 있어서의 표결

이사회의 결정은 그 구성원의 과반수의 승인을 필요로 한다. 이사회는 특정의 사항에 관한 권한을 그 구성원으로서 구성되는 위원회에 위탁할 수 있다. 이사회와 위원회의 결정에 관하여서는 이해관계가 있는 체약국이 이사회에 소송할 수 있다.

제53조   투표권 없는 참석

체약국은 그 이해에 특히 영향이 미치는 문제에 관한 이사회 또는 그 위원회와 전문위원회의 심의에 투표권 없이 참가할 수 있다. 이사회의 구성원은 자국이 당사국이 되는 분쟁에 관한 이사회의 심의에 있어 투표할 수 없다.

제54조   이사회의 수임기능

이사회는 다음 사항을 장악한다:

(a) 총회에 연차보고를 제출하는 것;

(b) 총회의 지령을 수행하고 본협약이 부과한 임무와 의무를 이행하는 것;

(c) 이사회의 조직과 의사규칙을 결정하는 것;

(d) 항공운송위원회를 임명하고 그 임무를 규정하는 것. 동 위원회는 이사회의 구성원의 대표자중에서 선거되고 또 이사회에 대하여 책임을 진다.

(e) 제10장의 규정에 의하여 항공위원회를 설립하는 것;

(f) 제12장과 제15장의 규정에 의하여 기구의 재정을 관리하는 것;

(g) 이사회 의장의 보수를 결정하는 것;

(h) 제11장의 규정에 의하여 사무총장이라 칭하는 수석 행정관을 임명하고 필요한 타직원의 임명에 관한 규정을 작성하는 것;
(i) 항공의 진보와 국제항공업무의 운영에 관한 정보를 요청, 수집, 심사 그리고 공표하는 것. 이 정보에는 운영의 비용에 관한 것과 공공 자금으로부터 항공기업에 지불된 보조금의 명세에 관한 것을 포함함.
(j) 본협약의 위반과 이사회의 권고 또는 결정의 불이행을 체약국에 통보하는 것;
(k) 본협약의 위반을 통고한 후, 상당한 기한내에 체약국이 적당한 조치를 취하지 아니 하였을 경우에는 그 위반을 총회에 보고하는 것;
(l) 국제표준과 권고되는 방식을, 본협약 제6장의 규정에 의하여, 채택하여 편의상 이를 본협약의 부속서로 하고 또한 취한 조치를 모든 체약국에 통고하는 것;
(m) 부속서의 개정에 대한 항공위원회의 권고를 심의하고, 제20장의 규정에 의하여 조치를 취하는 것;
(n) 체약국이 위탁한 본협약에 관한 문제를 심의하는 것.

제55조 이사회의 임의기능

이사회는 다음의 사항을 행할 수 있다:
(a) 적당한 경우와 경험에 의하여 필요성을 인정하는 때에는 지역적 또는 타의 기초에 의한 항공운송소위원회를 창설할 것과 국가 또는 항공기업의 집합 범위를 정하여 이와 함께 또는 이를 통하여 본협약의 목적 수행을 용이하게 하도록 하는 것;
(b) 본협약에 정한 임무에 추가된 임무를 항공위원회에 위탁하고 그 권한위탁을 하시든지 취소하거나 또는 변경하는 것;
(c) 국제적 중요성을 보유하는 항공운송과 항공의 모든 부문에 관하여 조사를 하는 것; 그 조사의 결과를 체약국에 통보하고 항공운송과 항공상의 문제에 관한 체약국간의 정보교환을 용이하게 하는 것;
(d) 국제간선항공업무의 국제적인 소유 및 운영을 포함하는 국제항공운송의 조직과 운영에 영향을 미치는 문제를 연구하고 이에 관한 계획을 총회에 제출하는 것;
(e) 피할 수 있는 장해가 국제항공의 발달을 방해한다고 인정하는 사태를 체약국의 요청에 의하여 조사하고 그 조사후 필요하다고 인정하는 보고를 발표하는 것.

제10장 항공위원회

제56조 위원의 지명 및 임명

항공위원회는 이사회가 체약국이 지명한 자중에서 임명된 12인의 위원으로서 구성한다. 이들은 항공의 이론과 실제에 관하여 적당한 자격과 경험을 가지고 있어야 한다. 이사회는 모든 체약국에 지명의 제출을 요청한다. 항공위원회의 위원장은 이사회가 임명된다.

제57조 위원회의 의무

항공위원회는 다음의 사항을 관장한다.
(a) 본협약의 부속서의 변경을 심의하고 그 채택을 이사회에 권고하는 것;
(b) 희망된다고 인정되는 경우에는 어떠한 체약국이라도 대표자를 파견할 수 있는 전문소위원회를 설치하는 것;
(c) 항공의 진보에 필요하고 또한 유용하다고 인정하는 모든 정보의 수집과 그 정보의 체약국에의 통보에 관하여 이사회에 조언하는 것.

제11장 직원

제58조 직원의 임명

총회가 정한 규칙과 본협약의 규정에 따를 것을 조건으로, 이사회는 사무총장과 기구의 타직원의 임명과 임기종료의 방법, 훈련, 제수당 및 근무조건을 결정하고 또 체약국의 국민을 고용하거나 또는 그 역무를 이용할 수 있다.

제59조 직원의 국제적 성질

이사회의 의장, 사무총장 및 타 직원은 그 책임의 이행에 있어 기구외의 권위자로부터 훈령을 요구하거나 또는 수락하여서는 아니 된다. 각 체약국은 직원의 책임의 국제적인 성질을 충분히 존중할 것과 자국민이 그 책임을 이행함에 있어서 이들에게 영향을 미치지 아니할 것을 약속한다.

제60조 직원의 면제 및 특권

각 체약국은, 그 헌법상의 절차에 의하여 가능한 한도 내에서, 이사회의 의장, 사무총장 및 기구의 타직원에 대하여 타의 공적 국제기관이 상당하는 직원에 부여되는 면제와 특권을 부여할 것을 약속한다. 국제적 공무원의 면제와 특권에 관한 일반 국제 협정이 체결된 경우에는, 의장, 사무총장 및 기구의 타 직원에 부여하는 면제와 특권은 그 일반 국제협정에 의하여 부여하는 것으로 한다.

제12장 재정

제61조 예산 및 경비의 할당

이사회는 연차예산, 연차 결산서 및 모든 수입에 관한 개산을 총회에 제출한다. 총회는 적당하다고 인정하는 수정을 가하여 예산을 표결하고 또 제15장에 의한 동의국에의 할당금을 제외하고 기구의 경비를 총회가 수시 결정하는 기초에 의하여 체약국간에 할당한다. 2)

제62조 투표권의 정지

총회는 기구에 대한 재정상의 의무를 상당한 기간내에 이행하지 아니한 체약국의 총회와 이사회에 있어서의 투표권을 정지할 수 있다.

제63조 대표단 및 기타대표자의 경비

각 체약국은 총회에의 자국 대표단의 경비, 이사회 근무를 명한 자 및 기구의 보조적인 위원회 또는 전문 위원회 또는 전문 위원회에 대한 지명자 또는 대표자의 보수, 여비 및 기타 경비를 부담한다.

제13장 기타 국제약정

제64조 안전보장 약정

기구는 그 권한내에 있는 항공문제로서 세계의 안전보장에 직접으로 영향을 미치는 것에 관하여 세계의 제국이 평화를 유지하기 위하여 설립한 일반기구와 총회의 표결에 의하여 상당한 협정을 할 수 있나.

제65조 타 국제단체와의 약정

이사회는, 공동업무의 유지 및 직원에 관한 공동의 조정을 위하여, 그 기구를 대표하여, 타 국제단체와 협정을 체결할 수 있고 또한 총회의 승인을 얻어, 기구의 사업을 용이하게 하는 타의 협정을 체결할 수 있다.

제66조 타 협정에 관한 기능

(a) 기구는 또 1944년 12월 7일 시카고에서 작성된 국제항공업무통과협정과 국제항공운송협정에 의하여 부과된 임무를 이 협약에 정한 조항과 조건에 따라 수행한다.

(b) 총회 및 이사회의 구성원으로서 1944년 12월 7일 시카고에서 작성된 국제항공업무통과협정 또는 국제항공운송협정을 수락하지 아니한 구성원은 관계협정의 규정에 의하여 총회 또는 이사회에 기탁된 사항에 대하여서는 투표권을 보유하지 아니한다.

제3부 국제항공운송

제14장 정보와 보고

제67조 이사회에 대한 보고제출

각 체약국은, 그 국제항공기업이 교통보고, 지출통계 및 재정상의 보고서로서 모든 수입과 그 원천을 표시하는 것을, 이사회가 정한 요건에 따라 이사회에 제출할 것을 약속한다.

제15장 공과 타의 항공보안시설

제68조 항공로 및 공항의 지정

각 체약국은, 본협약의 규정을 따를 것을 조건으로, 국제항공업무가 그 영역내에서 종사할 공로와 그 업무가 사용할 수 있는 공항을 지정할 수 있다.

제69조 항공시설의 개선

이사회는, 무선전신과 기상의 업무를 포함하는 체약국의 공항 또는 타의 항공보안시설이 현존 또는 계획중의 국제항공업무의 안전하고 정확하며, 또 능률적이고 경제적인 운영을 기하기 위하여 합리적으로 고찰하여 적당하지 아니한 경우에는 그 사태를 구제할 방법을 발견하기 위하여 직접 관계국과 영향을 받은 타국과 협의하고 또 이 목적을 위하여 권고를 할 수 있다. 체약국은 이 권고를 실행하지 아니한 경우라도 본협약의 위반의 책임은 없다.

제70조 항공시설비용의 부담

체약국은 제69조의 규정에 의하여 생기는 사정하에 전기의 권고를 실시하기 위하여 이사회와 협정을 할 수 있다. 동 체약국은 전기의 협정에 포함된 모든 비용을 부담할 수 있다. 동국이 이를 부담하지 아니할 경우에 이사회는 동국의 요청에 의하여 비용의 전부 또는 일부의 제공에 대하여 동의할 수 있다.

제71조 이사회에 의한 시설의 설치 및 유지

체약국이 요청하는 경우에는, 이사회는 무선전신과 기상의 업무를 포함한 공항과 기타 항공보안시설의 일부 또는 전부로서 타체약국의 국제항공업무의 안전하고 정확하며, 또 능률적이고 경제적인 운영을 위하여 영역내에서 필요하다고 하는 것에 설치, 배원, 유지 및 관리를 하는 것에 동의하고 또 설치된 시설의 사용에 대하여 정당하고 합리적인 요금을 정할 수 있다.

제72조 토지의 취득 및 사용

체약국의 요청에 의하여 이사회가 전면적으로 또는 부분적으로 출자하는 시설을 위하여 토지가 필요한 경우에는, 그 국가는 그가 희망하는 때에는 소유권을 보류하고 토지 그 자체를 제공하든가 또는 이사회가 정당하고 합리적인 조건으로 또 당해국의 법률에 의하여 토지를 사용할 것을 용이하게 한다.

제73조 자금의 지출 및 할당

이사회는, 총회가 제12장에 의하여 이사회의 사용에 제공하는 자금의 한도내에서, 기구의 일반자금으로부터 본장의 목적을 위하여 경상적 지출을 할 수 있다. 이사회는 본장의 목적을 위하여 필요한 시설자금을 상당한 기간에 선하여 사전에 협정한 율로서 시설을 이용하는 항공기업에 속하는 체약국에서 동의한 자에게 할당한다. 이사회는 필요한 운영자금을 동의하는 국가에 할당할 수 있다.

제74조 기술원조 및 수입의 이용

체약국의 요청에 의하여, 이사회가 자금을 전불하든가 또는 항공 혹은 타시설을 전면적으로 혹은 부분적으로 설치하는 경우에, 그 협정은, 그 국가의 동의를 얻어, 그 공항과 타 시설의 감독과 운영에 관하여 기술적 원조를 부여할 것을 규정하고 또 그 공항과 타 시설의 운영비와 이자 그리고 할부상환비를 그 공항과 타시설의 운영에 의하여 생긴 수입으로부터 지불할 것을 규정할 수 있다.

제75조 이사회로부터의 시설의 인계

체약국은, 하시라도 그 상황에 따라 합리적이라고 이사회가 인정하는 액을 이사회에 지불하는 것에 의하여, 제70조에 의하여 부담한 채무를 이행하고 또 이사회가 제71조와 제72조의 규정에 의하여 자국의 영역내에 설치한 공항과 타 시설을 인수할 수 있다. 체약국은, 이사회가 정한 액이 부당하다고 인정하는 경우에는, 이사회의 결정에 대하여 총회에 이의를 제기할 수 있다. 총회는 이사회의 결정을 확인하거나 또는 수정할 수 있다.

제76조 자금의 반제

이사회가 제55조에 의한 변제 또는 제74조에 의한 이자와 할부상환금의 수령으로부터 얻은 자금은, 제73조에 의하여 체약국이 최초에 전불금을 출자하고 있을 경우에는, 최초에 출자가 할당된 그 할당시에 이사회가 결정한 율로서 반제한다.

제16장 공동운영조직과 공동계산업무

제77조 공동운영조직의 허가

본 협약은 두 개 이상의 체약국이 공동의 항공운송운영조직 또는 국제운영기관을 조직하는 것과 어느 공로 또는 지역에서 항공 업무를 공동 계산하는 것을 방해하지 아니한다. 단, 그 조직 또는 기관과 그 공동 계산 업무는 협정의 이사회에의 대 등록에 관한 규정을 포함하는 본 협약의 모든 규정에 따라야 한다. 이사회는 국제운영기관이 운영하는 항공기의 국적에 관한 본 협약의 규정을 여하한 방식으로 적용할 것인가를 결정한다.

제78조 이사회의 기능

이사회는 어느 공로 또는 지역에 있어 항공업무를 운영하기 위하여 공동 조직을 설치할 것을 관계 체약국에 제의할 수 있다.

제79조 운영조직에의 참가

국가는 자국정부를 통하여 또는 자국정부가 지정한 1 또는 2이상의 항공회사를 통하여 공동운영조직 또는 공동 계산협정에 참가할 수 있다. 그 항공 회사는 관계국의 단독적인 재량으로 국유 또는 일부국유 또는 사유로 할 수 있다.

제4부 최종규정

제17장 타항공협정의 항공약정

제80조 파리협약 및 하바나협약

체약국은, 1919년 10월 13일 파리에서 서명된 항공법규에 관한 조약 또는 1928년 2월 20일 하바나에서 서명된 상업 항공에 관한 협약중 어느 하나의 당사국인 경우에는, 그 폐기를 본협약의 효력 발생후 즉시 통보할 것을 약속한다. 체약국간에 있어 본협약은 전기 파리협약과 하바나 협약에 대치한다.

제81조 현존협정의 등록

본 협약의 효력발생시에 존재하는 모든 항공협정으로서 체약국과 타국간 또는 체약국의 항공기업과 타국 혹은 타국의 항공기업간의 협정은 직시로 이사회에 등록되어야 한다.

제82조 양립할 수 없는 협정의 폐지

체약국은, 본협약이 본협약의 조항과 양립하지 아니하는 상호간의 모든 의무와 양해를 폐지한다는 것을 승인하고 또한 이러한 의무와 양해를 성립시키지 아니할 것을 약속한다. 기구의 가맹국이 되기 전에 본협약의 조항과 양립하지 아니하는 의무를 비체약국 혹은 비체약국의 국민에 대하여 약속한 체약국은 그 의무를 면제하는 조치를 즉시 그 조치를 취하여야 한다.

제83조 신 협정의 등록

체약국은 전조의 규정에 의할 것을 조건으로, 본협약의 규정과 양립하는 협정을 체결할 수 있다. 그 협정은 직시 이사회에 등록하게 되고 이사회는 가급적 속히 이를 공표한다.

제18장 분쟁과 위약

제84조 분쟁의 해결

본 협약과 부속서의 해석 또는 적용에 관하여 둘 이상의 채약국간의 의견의 상위가 교섭에 의하여 해결되지 아니하는 경우에는, 그 의견의 상위는 관계 국가의 신청이 있을 때 이사회가 해결한다. 이사회의 구성원은 자국이 당사국이 되는 분쟁에 관하여 이사회의 심리중에는 투표하여서는 아니된다. 어느 체약국도 제85조에 의할 것을 조건으로, 이사회의 결정에 대하여 타의 분쟁 당사국과 합의한 중재재판 또는 상설국제사법재판소에 제소할 수 있다. 그 제소는 이사회의 결정통고의 접수로부터 60일 이내에 이사회에 통고한다.

제85조 중재절차

이사회의 결정이 제소되어 있는 분쟁에 대한 당사국인 어느 체약국이 상설 국제사법재판소 규정을 수락하지 아니하고 또 분쟁당사국인 체약국이 중재재판소의 선정에 대하여 동의할 수 없는 경우에는 분쟁당사국인 각 체약국은 일인의 재판위원을 지명하는 일인의 중재위원을 지명한다. 그 분쟁 당사국인 어느 체약국의 제소의 일자로부터 3개월의 기간내에 중재위원을 지정하지 아니할 경우에는 중재위원도 이사회가 조치하고 있는 유자격자의 현재원 명부중에서 이사회의 의장이 그 국가를 대리하여 지명한다. 중재위원이 중재재판장에 대하여 30일 이내에 동의할 수 없는 경우에는 이사회의 의장은 그 명부중에서 중재재판장을 지명한다. 중재의원과 중재재판장은 중재재판소를 공동으로 구성한다. 본조 또는 전조에 의하여 설치된 중재재판소는 그 절차를 정하고 또 다수결에 의하여 결정을 행한다. 단 이사회는 절차문제를 심산 지연이 있다고 인정하는 경우에는 스스로 결정할 수 있다.

제86조 이의신청

이사회가 별도로 정하는 경우를 제외하고, 국제항공기업이 본협약의 규정에 따라서 운영되고 있는 가의 여부에 관한 이사회의 결정은, 이의신입에 의하여 파기되지 아니하는 한, 계속하여 유효로 한다. 타의 사항에 관한 이사회의 결정은, 이의신청이 있는 경우에는, 그 이의신청이 결정되기까지 정지된다. 상설국제사법재판소와 중재재판소의 결정은 최종적이고 구속력을 가진다.

제87조 항공기업의 위반에 대한 제재

각 체약국은 자국의 영토상의 공간을 통과하는 체약국의 항공기업의 운영을 당해항공기업이 전조에 의하여 표시된 최종결정에 위반하고 있다고 이사회가 결정한 경우에는 허가하지 아니할 것을 약속한다.

제88조 국가의 위반에 대한 제재

총회는 본장의 규정에 의하여 위약국으로 인정된 체약국에 대하여 총회 및 이사회에 있어서의 투표권을 정지하여야 한다.

제19장 전 쟁

제89조 전쟁 및 긴급사태

전쟁의 경우에, 본협약의 규정은, 교전국 또는 중립국으로서 영향을 받는 체약국의 행동자유에 영향을 미치지 아니한다. 이러한 원칙은 국가긴급사태를 선언하고 그 사실을 이사회에 통고한 체약국의 경우에도 적용한다.

제20장 부 속 서

제90조 부속서의 채택 및 개정

(a) 제54조에 언급된 이사회에 의한 부속서의 채택은 그 목적으로 소집된 회합에 있어 이사회의 3분의 2의 찬성투표를 필요로 하고, 다음에 이사회가 각 체약국에 송부한다. 이 부속서 또는 그 개정은 각 체약국에 의 송달후 3개월 이내, 또는 이사회가 정하는 그 이상의 기간의 종료시에 효력을 발생한다. 단, 체약국의 과반수가 그 기간내에 그 불승인을 이사회에 계출한 경우에는 차한에 부재한다.

(b) 이사회는 부속서 또는 그 개정의 효력 발생을 모든 체약국에 직시 통고한다.

제21장 비준, 가입, 개정과 폐기

제91조 협약의 비준

(a) 본협약은 서명국에 의하여 비준을 받을 것을 요한다. 비준서는 미합중국정부의 기록 보관소에 기탁된다. 동국 정부는 각 서명국과 가입국에 기탁일을 통고한다.

(b) 본협약은 26개국이 비준하거나 또는 가입한 때 제26번의 문서의 기탁후 30일에 이들 국가간에 대하여 효력을 발생한다. 본협약은 그 후 비준하는 가국에 대하여서는 그 비준서의 기탁후 30일에 효력을 발생한다.

(c) 본협약이 효력을 발생한 일을 각 서명국과 가입국의 정부에 통고하는 것은 미합중국정부의 임무로 한다.

제92조 협약에의 가입

(a) 본협약은 연합국과 이들 국가와 연합하고 있는 국가 및 금차 세계전쟁중 중립이었던 국가의 가입을 위하여 개방된다.

(b) 가입은 미합중국정부에 송달하는 통고에 의하여 행하고 또 미합중국정부가 통고를 수령후 30일부터 효력을 발생한다. 동국정부는 모든 체약국에 통고한다.

제93조   기타 국가의 가입승인

제91조와 제92조(a)에 규정한 국가 이외의 국가는, 세계의 제국이 평화를 유지하기 위하여 설립하는 일반적 국제기구의 승인을 받을 것을 조건으로, 총회의 5분의 4의 찬성투표에 의하여 또 총회가 정하는 조건에 의하여 본협약에 참가할 것이 용인된다. 단, 각 경우에 있어 용인을 요구하는 국가에 의하여 금차 전쟁중에 침략되고 또는 공격된 국가의 동의를 필요로 한다.

제94조   협약의 개정

(a) 본협약의 개정안은 총회의 3분의 2의 찬성투표에 의하여 승인되어야 하고 또 총회가 정하는 수의 체약국이 비준한 때에 그 개정을 비준한 국가에 대하여 효력을 발생한다. 총회의 정하는 수는 체약국의 총수의 3분의 2의 미만이 되어서는 아니된다.

(b) 총회는 전항의 개정이 성질상 정당하다고 인정되는 경우에는, 채택을 권고하는 결의에 있어 개정의 효력 발생후 소정의 기간내에 비준하지 아니하는 국가는 직시 기구의 구성원과 본협약의 당사국의 지위를 상실하게 된다는 것을 규정할 수 있다.

제95조   협약의 폐기

(a) 체약국은 이 협약의 효력 발생의 3년후에 미합중국정부에 보낸 통고에 의하여서 이 협약의 폐기를 통고할 수 있다. 동국정부는 직시 각 체약국에 통보한다.

(b) 폐기는 통고의 수령일로부터 1년후에 효력을 발생하고 또 폐기를 행한 국가에 대하여서만 유효하다.

제 22 장   정 의

제96조   본협약의 적용상:

(a) 「항공업무」라 함은 여객, 우편물 또는 화물의 일반수송을 위하여 항공기로서 행하는 정기항공업무를 말한다.

(b) 「국제항공업무」라 함은 2이상의 국가의 영역상의 공간을 통과하는 항공업무를 말한다.

(c) 「항공기업」이라 함은 국제항공업무를 제공하거나 또는 운영하는 항공수송기업을 말한다.

(d) 「운수이외의 목적으로서의 착륙」이라 함은 여객, 화물 또는 우편물의 적재 또는 하재 이외의 목적으로서의 착륙을 말한다.

협약의 서명

이상의 증거로서 하명의 전권위원은, 정당한 권한을 위임받아, 각자의 정부를 대표하여 그 서명의 반대편에 기재된 일자에 본협약에 서명한다.

1944년 12월 7일 시카고에서 영어로서 본문을 작성한다. 영어, 불란서어와 서반아어로서 기술한 본문 1통을 각어와 같이 동등한 정문으로 하고 워싱톤 D.C.에서 서명을 위하여 공개한다. 양 본문은 미합중국정부의 기록보관소에 기탁되고 인증등본은 동국 정부가 본협약에 서명하거나 또는 가입한 모든 국가의 정부에 송달한다.

---

1) 제8차 총회(1954)에서 개정되고 1958년 5월 16일 효력을 발생한 조항임.
2) 제8차 총회에서 개정되고 1956년 12월 12일 효력을 발생한 항임.
3) 제13차 총회(1961)에서 개정되고 1962년 7월 17일 효력을 발생한 항임.

항공정비사

머리에 쏙쏙 항공법규

| **2판 1쇄 발행** | 2025년 8월 10일 |
| **1판 1쇄 발행** | 2021년 7월 30일 |

지은이 손형수·윤광수 공저
펴낸이 박 용
펴낸곳 도서출판 세화 **주소** 경기도 파주시 회동길 325-22(서패동 469-2)
영업부 (031)955-9331~2 **편집부** (031)955-9333 **FAX** (031)955-9334
등록 1978. 12. 26 (제 1-338호)

정가 25,000원
ISBN 978-89-317-1337-4 13360
Copyright ⓒ Sehwa Publishing Co.,Ltd.

※도서출판 세화의 서면동의 없이 이 책을 무단 복사, 복제, 전재하는 것은 저작권법에 저촉됩니다. 파손된 책은 교환하여 드립니다.